教育部高等学校电子电气基础课程教学指导分委员会推荐教材

电路PSpice仿真实训教程（配光盘）

DIANLU PSPICE FANGZHEN SHIXUN JIAOCHENG

■ 孙　玲　包志华　张　威　编著
■ 王志功　主审

OrCAD

高等教育出版社·北京

内容简介

本教材紧密结合电路课程的理论教学内容，借助专业的仿真软件，介绍CAD工具在电路原理实践教学中的应用。主要内容包括三大部分：通过PSpice软件的直流分析功能指导学习和理解直流电路基础理论和基本分析方法；通过时域分析功能指导学习和理解动态电路的特点；通过交流分析功能指导学习和理解*RLC*电路的频率特性曲线。最后简单介绍了PSpice部分常用高级仿真功能。为了方便读者上机练习，本书附有Cadence公司上海办事处提供的OrCAD 16.5软件学习版光盘一张。

本书可作为高等院校电气信息类专业或其他相关专业本科生电路课程实验教学的教材，也可供从事电子电路CAD的工程技术人员参考。

图书在版编目(CIP)数据

电路PSpice仿真实训教程/孙玲，包志华，张威编著.
—北京：高等教育出版社，2013.5（2022.12重印）
ISBN 978-7-04-037160-4

Ⅰ.①电… Ⅱ.①孙…②包…③张… Ⅲ.①电子电路—计算机辅助设计—应用软件—高等学校—教材 Ⅳ.①TN702

中国版本图书馆CIP数据核字(2013)第068972号

策划编辑 吴陈滨　责任编辑 杨 希　封面设计 赵 阳　版式设计 马敬茹
插图绘制 宗小梅　责任校对 杨凤玲　责任印制 耿 轩

出版发行 高等教育出版社
社　　址 北京市西城区德外大街4号
邮政编码 100120
印　　刷 北京天宇星印刷厂
开　　本 787mm×1092mm 1/16
印　　张 12.25
字　　数 270千字
购书热线 010-58581118
咨询电话 400-810-0598
网　　址 http://www.hep.edu.cn
　　　　 http://www.hep.com.cn
网上订购 http://www.landraco.com
　　　　 http://www.landraco.com.cn
版　　次 2013年5月第1版
印　　次 2022年12月第7次印刷
定　　价 27.70元

物 料 号 37160-00

序

自1999年以来,我国高等教育的规模发生了历史性变化,开始进入大众化的发展阶段。高等院校从生源基础知识水平、课程设置、教学目的到培养目标都趋于多元化,原有教材类型和种类较少的现状已经难以满足不同类型高等院校培养不同类型人才的需求。而在本科教育中,基础课程建设是保证和提高教学质量的关键。为此,“教育部高等学校电子电气基础课程教学指导分委员会”与高等教育出版社合作,以教育部高等学校电子电气基础课程教学指导分委员会最新制定的《电子电气基础课程教学基本要求》、电子信息科学类与电气信息类各教学指导分委员会最新制定的专业规范以及《全国工程教育专业认证标准(试行)》为依据,共同组织制订了“电子信息科学类与电气信息类专业平台课程教材规划”。

这套规划教材的制订和编写遵循了以下几点原则:

1. 尊重历史,将高等教育出版社经过半个多世纪的积淀所形成的名家名作、精品教材纳入规划。这些教材经过数十年的教学实践检验,具有很好的教学适用性。此次规划将依据新的《电子电气基础课程教学基本要求》以及电气信息学科领域的最新发展,对教材内容进行修订。

2. 突出分类指导,突出不同类型院校工程教育的特点。大众化教育阶段,不同类型院校的人才培养目标定位不同,应当根据不同类型院校学生的特点组织编写与之相适应的教材。鼓励有编写基础的一般院校和应用型本科院校经过2~3年的试用,形成适用于本层次教学的教材。

3. 理论知识与实际应用相结合。提倡在教材编写中把理论知识与在实际生产和生活中的应用紧密结合,着重培养学生的工程实践能力和创新能力,以适应社会对工程教育人才的要求。

4. 数字化的多媒体资源与纸质教材内容相结合。在教育部“加快教育信息化进程”的倡导下,提倡利用多样化、立体化的信息技术手段(如动画、视频等),将课程教学内容展现给学习者,以加深他们对知识的理解,达到更好的教学效果。

教材建设是一项长期、艰巨的工程。我们将本着成熟一批出版一批的指导思想,把这项工作扎实持续地推进下去,为电子信息科学类与电气信息类专业基础课程建设一批基础扎实、教学适用性强、体现时代气息的规划教材,为提高高等教育教学质量,深化高等教育教学改革做出应有的贡献。

教育部高等学校电子电气基础课程教学指导分委员会主任委员

2010年12月

前　言

随着计算机技术飞速发展，电子电路 CAD 技术水平不断地提高，设计软件功能越来越强大，用户界面也趋于完美，成为现代电子产品设计不可缺少的工具。复杂电子系统的设计尤其是集成电路的设计更离不开 CAD 技术。同时，CAD 技术也是提高设计效率、降低成本和增强可靠性的重要手段。因此，在工科电气信息类专业教学中引入先进的电路 CAD 技术已经成为国内众多高校专业教师的共识。同时，电路 CAD 的应用能力已成为现代电类专业学生必须具有的一种基本能力。

本教材主要目的是为了帮助所有电气信息类专业的本科学生学好第一门专业基础课程“电路”（或称“电路原理”、“电路分析”等）部分的理论知识和基本分析方法等内容，主要涉及线性元器件和网络问题。虽然 SPICE 是面向集成电路开发的，其最重要的功能涉及双极型晶体管和场效应晶体管等多种非线性器件和大规模电路的各种特性求解，但线性元器件求解和分析却是 SPICE 最基本的功能。因此，对初学者而言，从线性元器件和电路入门符合由浅入深、循序渐进的学习准则。

本书作为学习电路 CAD 的入门教材，主要是依靠教师在讲懂基本理论的同时，引导学生学会使用 CAD 应用软件来进行电路的辅助分析和设计，让学生以工程设计的眼光来思考问题。并通过简单电路的设计激发学生学习的积极性和主动性，培养他们分析问题和解决问题的综合能力。实践证明，CAD 软件的应用有助于学生拓宽电子线路设计的知识面、开阔眼界，为他们今后进行更高层次电路与系统的设计打下基础。

本教材主要利用 SPICE 的直流分析、交流分析和瞬态分析三大基本功能，介绍含有电阻、电容、电感和互感等基本电路元器件以及这几类元器件所组成的网络的分析。为了讨论问题方便并遵循循序渐进的原则，首先给出含直流电源和电阻电路的直流分析；接着给出含储能元件电路的瞬态分析，以简单的 *RC*、*RL* 和 *RLC* 电路为基础，通过得出对时变信号源响应的时域波形的方法分析一阶、二阶电路的特点。根据这些分析可以得到 *RC* 和 *RL* 电路的微分与积分特性以及 *RLC* 电路的谐振特性。交流分析实际上是线性电路稳态时单一频率的分析。由于是单一频率，又是稳态的，电路分析不考虑初始值，最终反映的是分析输入、输出信号的幅度和相位关系，这样的关系对于线性网络而言是确定的。这样，就可以得到网络的幅频特性，并进行二端口网络 *Y*、*Z* 和 *H* 等参数的求解。

PSpice 是国际著名的电子设计自动化软件之一，不仅可以应用于电类专业本科生课程电路原理、模拟电路、高频电子线路和数字电路的分析和优化设计中，还可以与印制电路板设计软件配合使用，完成各种电路从设计到提交制作的流程。将 PSpice 作为这些课程教学的辅助工具，可以弥补理论教学抽象、传统实验教学设备不足导致内容受限的缺陷。学生结合学习内容，进行接近于实际电路的设计、分析与调试,有利于加深对理论的理解,提高感知与动手实践能力,激发学习兴趣。

本书的编写得到了东南大学王志功教授的支持和帮助,他根据亲自编写的《电路与电子线路基础》(电路部分)的课程改革思路指导了本书的编写,并欣然担任本书主审;Cadence 公司上海办事处为本书提供了书后所附的 OrCAD16.5 软件学习版,Ellen Tam、王辉、何凡和熊文先生对本书的编写给予了大力支持,并审阅了软件部分的内容。同时胡小军提供了宝贵的修改意见。在此向他们表示真诚的感谢!

本书在编写过程中参考了不少专家、学者的著作和研究成果,在此表示感谢!感谢南通大学杏林学院集成电路设计与集成系统专业 09 级和 10 级的所有同学在“电路原理实践”课程教学中提出的宝贵意见!

本书的编写还得到了江苏省 2010 年度“青蓝工程”项目和南通大学杏林学院重点专业建设项目的支持,并被列为学院“应用型人才培养系列教材”。

鉴于 Cadence OrCAD 系列软件功能丰富,可应用于多种不同电子系统的仿真,使得编写一本既能覆盖软件功能使用,又能紧密结合理论知识的教材显得十分困难。加之编者水平有限,书中难免还存在遗漏和错误,恳请读者批评指正。

建议和意见请发至编著者邮箱:sun.l@ntu.edu.cn

编著者
2012 年 12 月于南通

目　　录

第1章 电路CAD概述

电子技术的飞速发展,特别是集成电路的发展,使得现代电子系统的功能越来越强大、复杂程度越来越高,简单的手工设计已经无法应对,以计算机辅助设计(CAD:Computer Aided Design)技术为基础的电子设计自动化(EDA:Electronic Design Automation)已成为现代电子电路设计必不可少的工具。

1.1 电路与CAD

电路课程不仅是高等学校电气信息类专业本科生必修的一门专业基础课程,也是计算机类、机械类、交通运输类中相关专业的一门技术基础课。该课程作为联系公共基础课与专业课程的第一座桥梁,集实际元器件、工程分析和工程计算于一体,是学生进入电气信息类专业领域的启蒙课程。

电路课程教学主要讲解电路的基本概念、基本定理、基本分析方法和基本设计方法。这些分析和设计方法在20世纪80年代主要是由手工或借助于计算尺等工具来完成的。好在那时电路规模不大,特别是电路课程中主要涉及由电阻、电容和电感等基本元件组成的简单线性电路,分析和设计时的计算工作量还没有大到和难到完全不能承受的地步。随着集成电路的发明和从小规模到超大规模再到SOC即系统芯片的发展,电路分析和设计的任务已经到了手工完全不可及,必须引入计算机辅助分析(CAA:Computer Aided Analysis)和设计(CAD)的程度。而计算机硬软件技术的发展已经为电路的辅助分析和设计奠定了基础,强有力的CAD工具如SPICE已应运而生。因此,从学生的第一门专业或技术基础课程开始到电子技术等专业课程,再到最后的毕业设计,由浅入深、由简单到复杂,逐渐帮助他们在大学学习期间熟练掌握甚至精通至少一种CAD软件工具,非常有助于提高他们的就业适应力和竞争力。因此,在电路课程中开展CAD仿真实训教学,不仅可以弥补传统电路实验教学方法的不足,也符合现代社会对电子设计人员的要求。

2011年度,由教育部高等学校电子电气基础课程教学指导分委员会编写出版的《电子电气基础课程教学基本要求》中将“了解一种电路分析软件,能用其求解电路理论基础课程的习题”列入“电路理论基础”和“电路分析基础”课程的教学基本要求。近几年出版的多部电路类优秀教材也都不同程度地融入了电路分析软件的内容。例如,邱关源和罗先觉教授编著的普通高等教育“十五”国家级规划教材、《电路》(第5版)以及王松林教授等编著的《电路基础》在附录部分都给出了PSpice在电路分析中的应用简介。2012年最新出版的王志功教授等编著的《电路与电子线路基础》(电路部分)更是以SPICE贯穿全书,在介绍各种电路基本元件时均给出了它们的SPICE描述。“了解一种仿真软件在电路分析中的应用”作为电子设计自动化(EDA)部分的教学内容还被列入了电子电气5大类基础课程(电路、信号与系统、电磁场、电子线路与电子技术、电工学)之一的“电工学”课程的教学要求中。

尽管可用于电路分析的计算机辅助设计软件工具有多种,但考虑到其标准性、普及性、操作平台、使用许可以及与后续模拟电子技术课程的衔接等因素,本教材选用以SPICE为核心开发的电路仿真软件PSpice为读者介绍如何借助CAD工具进行电路分析。

有关CAD技术和SPICE软件的概述以及PSpice软件的集成环境介绍如下。

1.2 电子设计自动化技术概述

电子电路CAD技术是指以计算机硬件和系统软件为基本工作平台,综合运用图论、拓扑逻辑优化、人工智能、电路与系统等多学科的科技成果而开发形成的应用软件包。其目的是在计算机上实现调用元器件、连线画图、产生激励信号、确定跟踪点、调用参数库以及模拟程序等,以帮助电子设计工程师更有效地完成电路设计,迅速开发出新的电子系统,包括印制电路板(PCB:Printed Circuit Board)、专用集成电路(ASIC:Application Specific Integrated Circuit)、现场可编程门阵列(FPGA:Field Programmable Gate Array)以及复杂可编程逻辑器件(CPLD:Complex Programmable Logic Devices)等产品。

第一代用于电子设计的CAD工具出现于20世纪60年代末70年代初,主要用于以SSI/MSI(小/中规模集成)标准IC组成的PCB的设计。受当时计算机平台的制约,CAD工具能支持的电子设计功能有限,性能也差,只有一些拥有大型机的公司开发了一些能做逻辑仿真的CAD软件工具。对IC设计而言,当时的CAD工具还只能用于芯片的版图绘制及版图设计规则的检查,尚不能提供电气规则检查以保证所设计的版图满足电路性能的要求。

到了20世纪80年代,随着工作站(Workstation)的推出,以Dasiy、Mentor Graphics、Valid等公司为代表的一些CAD公司推出了第二代CAD系统。新的应用软件在功能和性能上较前大为进步,不仅具有图形处理能力,而且还具有原理图输入和仿真能力。随着PC机的出现与普及,这种IC CAD开发工具又很快进入到个人计算机领域。与此同时,另一家美国公司ECAD推出了非常实用的版图验证软件Dracula,包括了设计规则检查(DRC)、电气规则检查(ERC)、版图参数提取(LPE)和版图电路图对照(LVS)等功能。

如今CAD工具已进入了第三代,称为电子设计自动化EDA系统。其主要标志是系统级设计工具的推出(包括目前已广泛流行的硬件描述语言VHDL和Verilog及其仿真器)和逻辑设计工具的广泛应用。这些EDA系统功能覆盖了电子产品的设计全过程,从系统描述输入、综合、仿真、布图、验证到测试都有对应的 CAD 工具，且具有方便美观的用户界面、开放的环境和标准化的数据接口，如静态数据交换标准 EDIF、动态数据交换标准 CIF 和版图级的标准 GDSII 等。由于有标准化的数据交换接口，因此允许用户将多个不同 CAD 公司的工具集成在一个 EDA 系统中，系统的设计能力已经达到每个芯片几十万到上百万门。

EDA 软件产品的发展可以大致归为两个方面，一方面是单一产品的功能越来越细；另一方面是产品的覆盖面越来越全，即所谓的全流程解决方案。作为 EDA 业界世界著名公司之一的 Cadence 公司就为电子工程师提供了完整的 EDA 解决方案。除了 Cadence 公司之外，目前国内市场上的 EDA 公司还有 Synopsys、Silvaco 和华大九天软件等。

由于电子电路 CAD 技术将计算机的快速、高精度、大的存储容量和优良的数据处理与人的创造性思维能力充分结合起来了，因而，与传统的设计方法相比，采用 CAD 技术进行电子电路的分析和设计具有以下优点：

(1) 提高了设计效率，缩短了设计周期。用计算机仿真代替搭实验电路的方法，可以减轻设计方案验证阶段的工作量，极大地加速设计进程。另外，在设计印制电路板时，目前也有不少具有自动布局布线和后处理功能的印制电路板设计软件可供采用，将人们从繁琐的纯手工式布线中解放出来，缩短了设计周期。借助 CAD 工具的容差分析和优化设计，还能事先预计产品的生产合格率，进一步缩短了设计周期。

(2) 提高了设计质量，降低了设计成本。传统的设计过程必须投入大量的人力、物力进行设计和调试。通过搭实验电路板的方式进行验证，很难进行多种方案的比较，更难以进行灵敏度分析、容差分析、成品率模拟、最坏情况分析和优化设计等。为了提高产品的成品率，还必须进行小批量生产来进行测试。这样的产品开发过程费用高、效率低。采用计算机进行模拟验证有助于提高设计质量，有效减少研制费用。

(3) 共享设计资源，优化电路设计。在 CAD 系统中，成熟的单元设计及各种模型和模型参数均存放在数据库文件中，用户可直接分享这些设计资源。特别是对数据库内容进行修改或增加新内容后，用户可及时利用这些最新的结果，不断优化自己的电路设计。

1.3 SPICE 软件简介

电子产品的设计一般先从功能框图开始，然后细化到原理图，再经过复杂和繁琐的调试验证过程，最终才能完成。为了验证原理图的正确性，人们开发出电路仿真软件，通过快速的仿真，提高设计速度和效率，也节省了时间和成本。最早、最出色的仿真软件就是 SPICE。

SPICE(Simulation Program With Integrated Circuit Emphasis)是由美国加州大学伯克利分校的电子研究实验室于 1975 年开发出来的一种功能非常强大的通用模拟电路仿真器。正如 SPICE 的名字所表示的，它最初主要被用来验证集成电路中的电路设计，预测电路的性能。第一个版本 SPICE1 于 1971 年推出，通过围绕晶体管建立电流和电压变量来仿真电路的行为，称为模拟仿真或电路级仿真,且只能模拟100个晶体管的电路。1975年SPICE2发布,开始正式实用化。1983年发布的SPICE2G.6在很长时间内都是工业标准,它包含超过15000条FORTRAN语句,运行于多种中小型计算机上。1985年SPICE3推出,改用C语言开发,易于运行于UNIX工作站,还增加了图形后处理工具和原理图工具,提供了更多的器件模型和分析功能。1988年SPICE被定为美国国家标准。

SPICE可对电路进行非线性直流分析、非线性瞬态分析和线性交流分析。被分析电路中的元件可包括电阻、电容、电感、互感、独立电压源、独立电流源、各种线性受控源、传输线以及有源半导体器件。SPICE内建半导体器件模型,用户只需选定模型级别并给出合适的模型参数即可。

各种以SPICE为核心的商用模拟电路仿真软件,在SPICE的基础上做了大量实用化工作。PSpice就是SPICE家族的一员,其主要算法与SPICE2相同。随着版本的不断升级,其功能不断完善,能够快速地完成模拟与混合信号电路的仿真,并且支持蒙特卡洛等高级分析,来确定电路失效的原因,从而提高设计的可生产性和产品性能的一致性。

除了已归属于Cadence公司的PSpice之外,还有Synopsys公司的HSpice、Silvaco公司的SmartSpice等其他电路仿真软件。

1.4 SPICE仿真模型及电路描述语句

SPICE程序能够对复杂的电路与系统进行分析,主要是由于SPICE程序含有高精度的元器件模型。SPICE模型是由SPICE仿真器使用的基于文本描述的电路器件,它能够用数学模型预测不同情况下元器件的电气行为。

SPICE模型由两部分组成:模型方程式和模型参数。它是建立在电路基本元器件(如晶体管、电阻、电容等)的工作机理和物理细节之上的,是一个根据原理图中各元器件的连接关系创建的网表文件。该网表由一系列子电路组成,用户通过调用相关的子电路模块就可以简单地建立模拟网表。原理图中各元器件的SPICE参数主要表征元器件的物理特性和电特性。参数描述的充分性和精确性将决定模拟结果的准确性。利用SPICE模型,可以精确地在电路器件级仿真系统的工作特性、验证系统的逻辑功能,因此在集成电路设计中得到了广泛的应用。因为它能够精确计算出系统的静态和动态等各种工作特性,所以也可以用来进行系统级的信号完整性分析。

PSpice程序具有庞大的元器件库并支持用户自定义模型,用户还可以建立自己的宏模型电路,使得运算放大器、电压比较器等功能模块电路的模拟成为可能。在本教材附录B中列出了Cadence OrCAD 16.5(Demo)提供的各元器件库,其中包括电阻、电容、电感、传输线等无源器件模型,二极管、双极型晶体管、场效应晶体管等半导体器件模型,独立电源、受控电源等各种电源模型以及数模(D/A)、模数(A/D)转换接口电路和各种数字电路器件等。

为了使计算机能正确识别这些元器件,仅有模型是不够的,还需要有能够描述电路行为的语言,即 SPICE 语言。SPICE 程序最基本的数据与指令输入方式是遵循一定语法规定的特定格式的语句。这些语句主要可以分为电路描述语句、特性分析语句和特性控制语句三大类。

对于初学者而言,用抽象的 SPICE 语言来描述电路(写电路网表)比较困难,因此,Cadence OrCAD 提供了快速直观的原理图编辑工具 Capture/Capture CIS,并且在该环境下集成了电路网表查看工具,方便使用者循序渐进地了解、熟悉和掌握电路的 SPICE 语言。下面给出 SPICE 电路描述语言的基本知识,以方便读者在学习中对照。

1.4.1 输入描述语句的构成

通常,SPICE 文件的第一行是标题行,用于说明文件的内容,中间是电路描述行和控制行,最后是结束行,用.END 标识。除第一行外,以星号“*”开始的行是注释行。若位于第一列的字符是加号“+”,则表明该行是上一行的续行。SPICE 的分隔符号包括空格、逗号、等号以及左右括号。标识符由字母 A ~ Z 开头,而电路结点名则可以是任意字符串,但“地”结点必须是 0。SPICE 描述语句中要求每个结点都有到地的直流通路,至少与两个元件相连(少数特例除外)。

SPICE 文件由标题语句、注释语句、电路描述语句、电路特性分析和控制语句以及结束语句这五种语句构成,各语句具体说明如下。

1. 标题语句

标题语句是描述文件的第一行,它由任意字符串和字母组成,其内容作为输出文件的第一行被打印出来。这一行必须设置,任何时候 SPICE 都将第一行作为标题行打印而不作为电路的一部分进行分析。

2. 注释语句

为了对网表文件中的描述语句进行说明,可以采用注释语句,其一般形式是“*”后加字符串。注释语句不参与电路的模拟仿真,可以存在于输入文件除第一行和最后一行之间的任何位置。

3. 电路描述语句

描述语句包括定义电路拓扑结构和元件类型及其数值,半导体器件,电路描述语句等。其位置可以在文件的第二行到末行结束语句之间的任何地方。

4. 电路特性分析和控制语句

包括对电路特性的分析,如瞬态特性、频率特性以及输出的控制语句等。

5. 结束语句

结束语句标志着电路描述语句的结束,其格式为:

```
.END
```

它位于描述语句文件的最后一行。注意这里 END 和 SPICE 众多语句中特定字符之前的“.”是特定的标识,不能忽略。并且注意,所有语句应从每行的第一个字符位开始。

1.4.2 输入描述语句的规定

电路描述语句由定义电路拓扑结构和元器件参数的元器件描述语句、模型描述语句和电源语句等组成。SPICE对输入描述语句中的有关部分做了一些约定，简述如下，读者可参见附录B关于PSpice中的有关规定部分。

1. 名称

名称的第一个字符必须是A到Z的某一个字符，其他位字符没有限制，名称、长度最长允许131个字符。一般来说，整个名称的长度不超过8个字符，实际上名称也只有前8个字符是有效的。在描述元件时第一个字符必须是规定的元件类型字母，附录B.4列出了SPICE中元器件名称的首字母。

2. 结点编号

电路的结点编号一般采用正整数，可以不连续，但不能为负数，也可以用字符串代替结点编号。但是接地点必须规定为0结点。

3. 元件参数值

在电路描述语句中，元件参数值写在与该元件相连的结点后面。其值可用整数、浮点数书写，后面可跟（也可不跟）比例因子和（或）单位后缀。

4. 分隔符

一行语句的不同部分用一个或多个分隔符分开。空格、逗号、等号、左括号、右括号等都可以作为分隔符，多余的分隔符是无效的。

5. 续行号

一般一行最多有80个字符，如果语句过长，一行无法表达完全，可在第二行的开始加上"+"号，表示是第一行的继续。"+"号的个数不限。

6. 方向

采用常规的习惯标准，规定支路电流的正方向和支路电压的正方向一致。

7. 不能分析的电路

电路中不能包含以下部分：电压源回路、电感回路、电压源和电感组成的回路、开路的电流源和电容、开路的电容。不过这些电路都会在输入文件检查时给出警告。

1.5　Cadence OrCAD集成环境简介

Cadence公司是目前业内著名的EDA软件提供商，拥有完善的软件体系，软件产品覆盖基本电子线路的仿真、印制电路板（PCB：Printed Circuit Board）设计、集成电路晶体管级仿真、集成电路版图设计和版图验证以及系统级封装设计等，可以用于"电路"、"模拟电子技术"、"模拟集成电路"、"集成电路版图CAD"以及"电子设计自动化技术"等多门课程的实践教学，为普通高校的EDA教学提供一个集成平台，避免不同软件间的系统兼容性问题。此外，Cadence公司还为广大电子电路设计爱好者和学生提供具有一定功能限制的OrCAD软件学习版，虽然学习版提供的元器件库有限，部分高级功能受限，但作为学习EDA技术的入门，已能够满足学习需求。

Cadence OrCAD 集成了电路原理图设计软件、数字电路设计软件、数模混合模拟软件以及印制电路板设计等软件功能模块，利用 Capture 软件，能够实现绘制电路原理图以及为制作 PCB 和可编程的逻辑设计提供连续性的仿真信息。软件系统结构如图 1.1 所示，其每一部分可以根据需要独立使用，又可以通过相互之间的内在联系构成一个完整的系统，对设计项目进行统一管理。设计人员不必过多地考虑各个软件之间的调用、设计数据格式和交换格式。

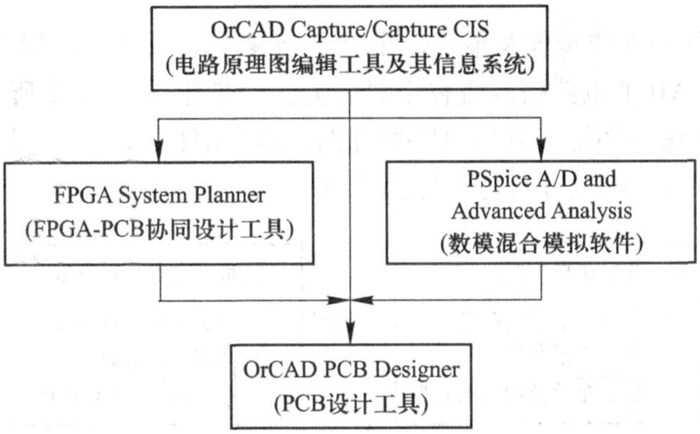

图 1.1 Cadence OrCAD 集成环境示意图

下面简要介绍该软件系统中主要软件的功能。

(1) OrCAD Capture：PSpice 的前端主程序模块。在它的菜单中可以调用与控制其他程序模块的运行，电路仿真分析的全过程均可通过此模块来完成。用户首先在 OrCAD Capture 程序中，根据需要创建、编辑与管理各类模拟电路、数字电路和数模混合电路的电路图，设置仿真分析类型和参数，然后运行仿真分析。因此，它是一个具有强大功能的电路图设计模块。

(2) OrCAD Capture CIS：OrCAD Capture 元器件信息系统(CIS：Component Information System)。它可对电路中的元器件信息进行管理，还可在设计电路图的过程中，从互联网上的元器件数据库中查阅、调用元器件。

(3) PSpice A/D：仿真分析程序模块。使用 PSpice A/D 模块除了能够完成对模拟电路、数字电路和数模混合电路的仿真分析外，还提供了一套专门用于观察和测量仿真结果的工具(Probe)，可将仿真分析的结果，以数据或曲线形式在屏幕或打印设备上显示。

(4) PSpice Advanced Analysis：PSpice 高级仿真功能。它以 PSpice A/D 分析为基础，通过高级分析工具来提高设计电路的性能及可靠性。该模块包含五个高级分析功能：

① 用于确定电路中的关键元件的灵敏度(Sensitivity)分析。

② 用于优化关键电路元件参数的优化(Optimizer)分析。

③ 用于电路成品率统计模型和可生产性的蒙特卡洛(Monte Carlo)分析。

④ 用于提高电路的可靠性的热电应力(Smoke)分析。

⑤ 用于扫描测量参数改善波形曲线轨迹的参数测绘仪(Parametric Plotter Analysis)分析。

(5) FPGA System Planner:FPGA - PCB 协同设计工具。它能够给一个 FPGA 自动创建优化后的管脚分配。

1.6　Cadence OrCAD 入门

Cadence OrCAD 软件安装步骤及菜单命令介绍请参考附录 A,这里给出软件使用的基本步骤。基于 Cadence OrCAD 的电路仿真流程主要分为三大步骤,如图 1.2 所示。第一步,根据设计电路在 Capture 原理图编辑环境下画出电路原理图,设置元件参数;第二步,确定分析类型,执行 PSpice 仿真程序;第三步,观察、分析仿真运行结果。

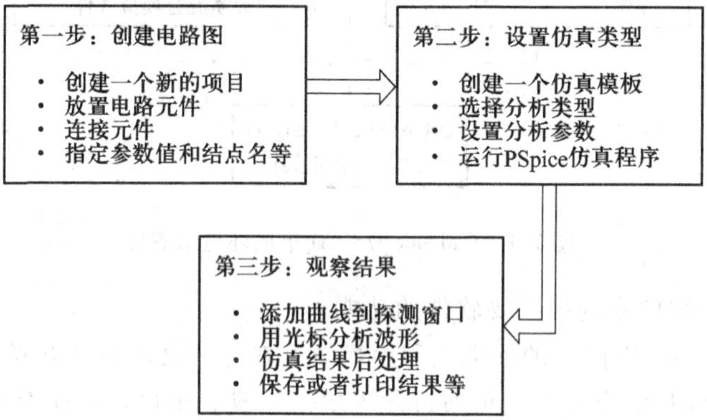

图 1.2　基于 Cadence OrCAD 的电路仿真基本步骤

上述三大基本步骤具体实现过程如下:

1. 启动软件

软件正确安装后,从电脑桌面的开始→程序中找到 Cadence 目录,点击 OrCAD Capture CIS Lite 启动软件。软件启动后,出现如图 1.3 所示的窗口界面。

2. 创建一个新项目

在图 1.3 所示的图形窗口中,首先选择 File→New→Project 命令创建一个新的项目(New Project),进入如图 1.4 所示的对话框。

在图 1.4 中,需要完成如下三项工作。

第一,在 Name(名字)下方的空白栏输入新建工程名,例如,Bias and DC Sweep。

第二,根据实际需要在 Create a New Project Using 栏选择合适的模块。Create a New Project Using 栏中有 4 个不同的功能模块可供选择,其中 Analog or Mixed A/D 表示模拟或数字混合仿真;PC Board Wizard 表示印制电路板设计;Programmable Logic Wizard 表示可编程逻辑器件的设计;Schematic 表示只进行原理图设计。这里选择进行模拟或数字混合仿真,其余三项不能用于模拟仿真。

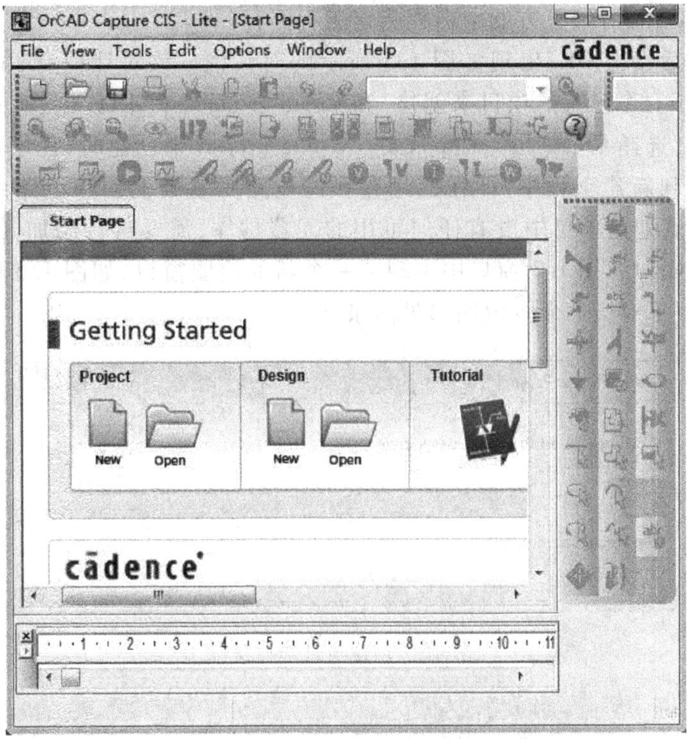

图 1.3 OrCAD Capture CIS Lite 窗口

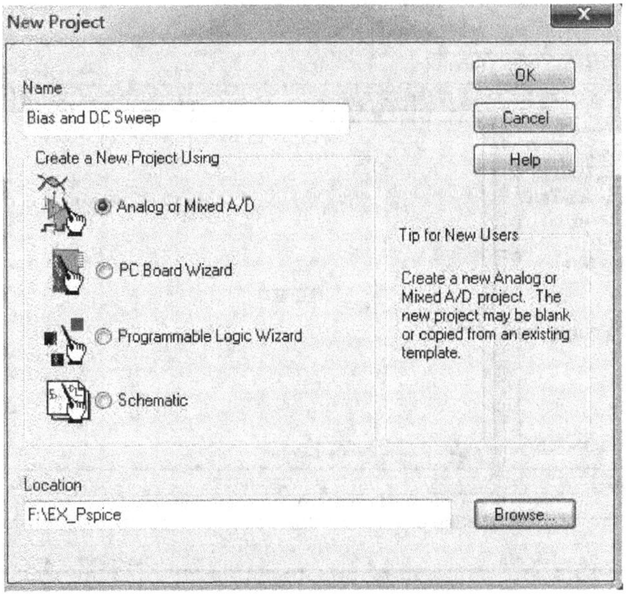

图 1.4 新建工程对话框

第三,在Location(位置)下方的空白栏指定工程路径。

完成上述工作后点击OK,出现如图1.5所示的对话框。该对话框有Create based upon an existing project(基于一个已有的项目来创建)和Create a blank project(创建一个空的项目)两个选项。其区别在于,选择Create based upon an existing project来创建时,程序自动将已有工程所带的元器件库加入到新建工程中,即在已经存在的电路图基础上创建电路图;若选择Create a blank project时,则新建的项目中没有任何可用的元器件库,需要自行添加。这里选择Create a blank project,点击OK后,图1.3窗口中出现了一个新的绘图窗口,如图1.6所示。在原理图编辑状态下,各菜单栏下对应的命令说明参见附录A。

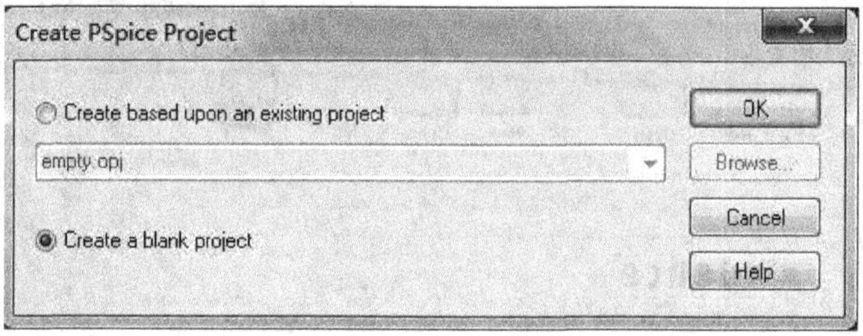

图1.5 创建项目选择窗口

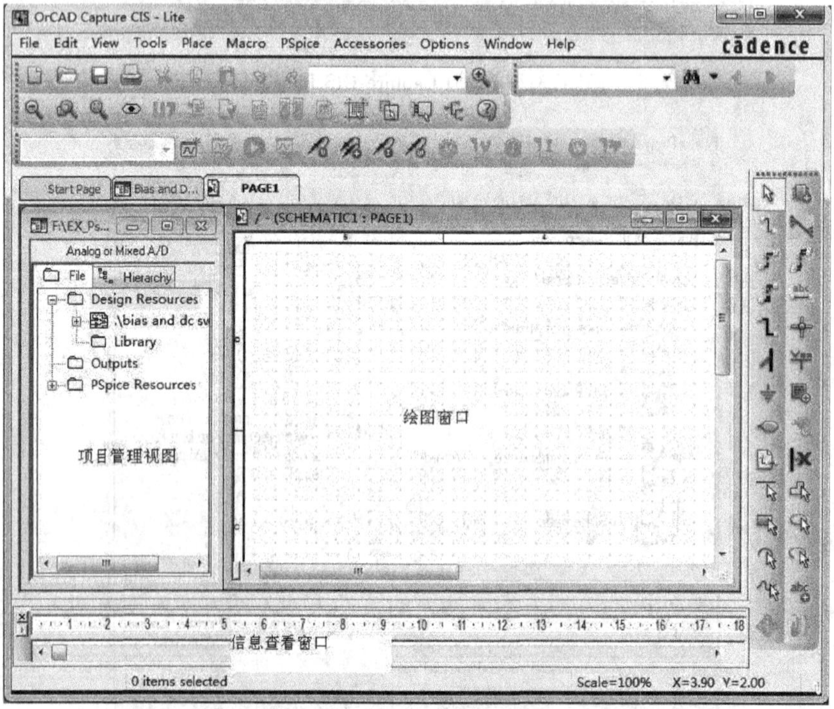

图1.6 新建绘制仿真电路图输入界面

图 1.6 中包含了项目管理视图(Analog or Mixed A/D)、绘图窗口(Schematic)和信息查看窗口(Session Log)3 个主要工作窗口。其中项目管理视图是一个资源管理器,综合管理电路原理图以及与它相关的一系列文件,窗口的标题栏同时显示了该工程的类型,例如,本例中为模拟或数字混合仿真“Analog or Mixed A/D”,若新建工程时,选择的是“PC Board Wizard”等其他类型,则窗口标题栏会有所不同;绘图窗口就是原理图编辑器,用来绘制电路原理图;信息查看窗口用于实时显示操作过程的提示及出错信息。Capture 程序主窗口融合了电路仿真的几个程序的功能,可大大提高设计效率。

值得注意的是:项目管理视图和绘图窗口只有一个为当前活动窗口,当鼠标点击项目管理视图时该窗口为当前窗口,当鼠标点击绘图窗口则激活该窗口。在这两个不同的活动窗口下,Capture 程序的主菜单栏有所不同。

3. 绘制电路原理图

这里以绘制图 1.7 所示的简单电阻电路为例,介绍电路原理图绘制主要步骤。

(1) 加载元器件库。在 Capture 中鼠标点击绘图窗口,则图 1.6 右侧的绘图工具栏由灰色变为可用状态。用菜单栏 Place 下的 Part 命令放置元件或点击右侧绘图工具中的 Place Part 图标,打开如图 1.8 所示的元件放置窗口。

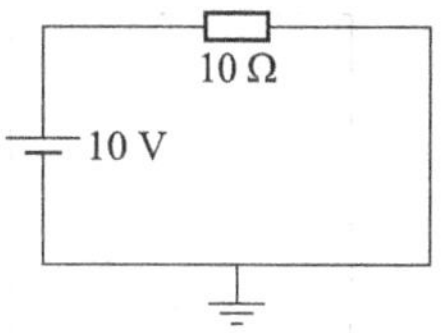

图 1.7 简单电阻电路

因为创建新的工程时,选择了“Create a blank Project”,因此图 1.8 中 Libraries 下的库文件列表中仅有一个设计缓存库“Design Cache”。点击图标 Libraries 右下侧的图标添加元器件库。Cadence OrCAD 提供的库文件参见附录 B,在基本电路分析中,选取元器件需要的主要库文件如下,它们存放在安装目录路径 Capture\Library\PSpice 下。

analog.olb:包含电子电路中的各种无源器件(电阻、电感和电容等)。

source.olb:包含电路分析中用到的各种电压源和电流源。

special.olb:包含分析时特殊处理用到的符号。

添加好库后,添加元件的窗口如图 1.9 所示。若要删除某个库文件,可用鼠标点选该库文件,再单击 Libraries 右下侧的图标 ✕ 即可。

(2) 取放元器件,编辑元器件属性。在 Part 文本框中输入元器件名的首字母,如图 1.9 中的 R,双击 Part List 中的 R 或者点击快捷图标便可将电阻元件添加到绘图窗口。同样的方法,可以将 SOURCE 库中的直流电源 VDC 添加到原理图中。在绘图窗口中放置好元器件后,通常需要对其属性进行编辑,最常用的是修改其参数值。具体方法是:双击元器件可以打开其属性编辑窗口,修改元器件参数值。图 1.10 给出了一个修改电阻元件参数值的示例,其中 Value 栏的参数值由默认的 1 k 被改为了 10,对应原理图 1.7 中指定的电阻阻值 10 Ω。元器件参数值也可以在原理图上通过双击参数值,在弹出的属性编辑对话框中直接修改。

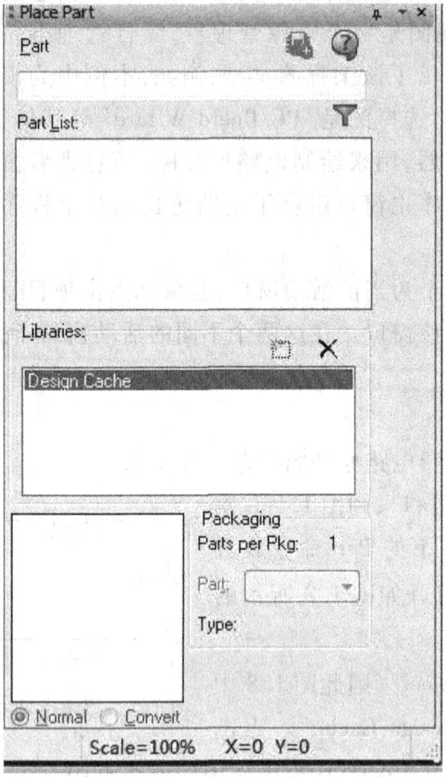

图 1.8　元件放置窗口

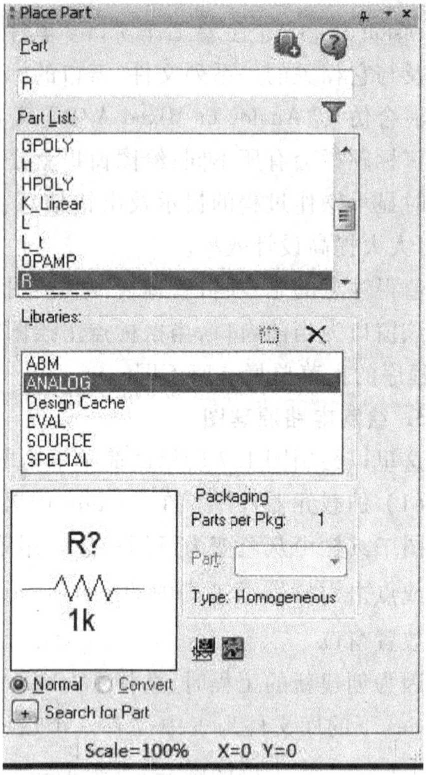

图 1.9　添加库文件后的元件放置窗口

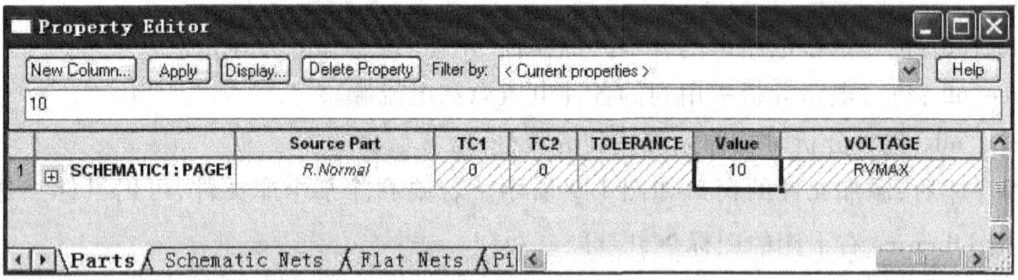

图 1.10　修改元件属性窗口

(3) 放置接地符号。每个仿真电路都必须有参考结点,接地是常用的符号,为方便用户快速完成原理图绘制,Capture 原理图编辑窗口右侧的绘图工具栏提供了快捷图标。点击该图标则出现如图 1.11 所示的 Place Ground(放置地)对话框。

需要说明的是:由于 SPICE 中接地点规定为 0 结点,因此,选择接地元件时,其名字必须为 0,否则 PSpice 将给出一个错误"Floating Node",仿真程序无法执行。

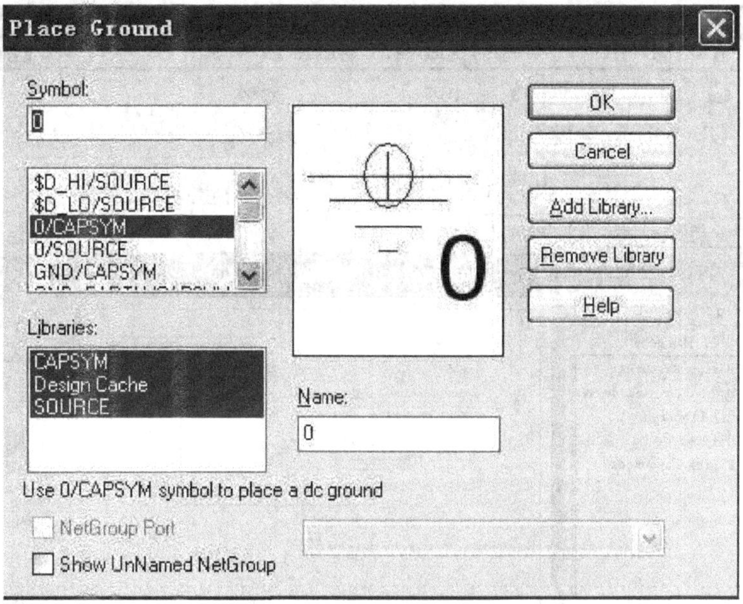

图 1.11 放置接地点对话框

（4）连线。当元器件、电源和接地点放置完毕后，接下来就是用导线连接电路了。在 Capture 中，元器件的引脚上都有一个小方块，表示接线端口。使用菜单 Place 下的 Wire 命令或点击 Place Wire 图标，光标变成十字形，将光标移动到元器件的引脚上，单击鼠标开始画线。移动光标可画出一条线，当到达另一个引脚时，再点击鼠标，就可以完成一段走线。此时光标仍处在画线状态，若要结束画线，可单击鼠标右键选择弹出的快捷菜单中的 End Wire 命令或者按 Esc 退出当前编辑状态。进行连线操作时，当两个电气对象的结点接触到一起就视为连接，绘制好的电路仿真图如图 1.12 所示。

以上只是简要介绍了绘制仿真原理图的基本步骤和基本操作，更多的操作和快捷方式需要我们在实践中逐步掌握，附录 A 列出了部分快捷方式。

4. 设置仿真类型

绘制好电路原理图后，选择 File 菜单下的 Save 命令或者单击图标进行保存。然后就可以通过 Capture 原理图编辑环境下的 PSpice 菜单设置仿真类型和仿真参数。PSpice 的仿真分析类型及其仿真参数设置方法，将在后续章节中详细介绍。这里为介绍基本仿真过程，给出一个简单仿真设置示例。

在 PSpice 菜单下选择 New Simulation Profile 新建仿真文件，如图 1.13 所示。在文本框 Name 中输入一个描述性的名字，例如 Bias。从 Inherit From 列表中选择 none 并点击 Create 后出现如图 1.14 所示的仿真设置窗口。在图 1.14 中完成仿真类型和仿真参数设置点击“确定”退出。

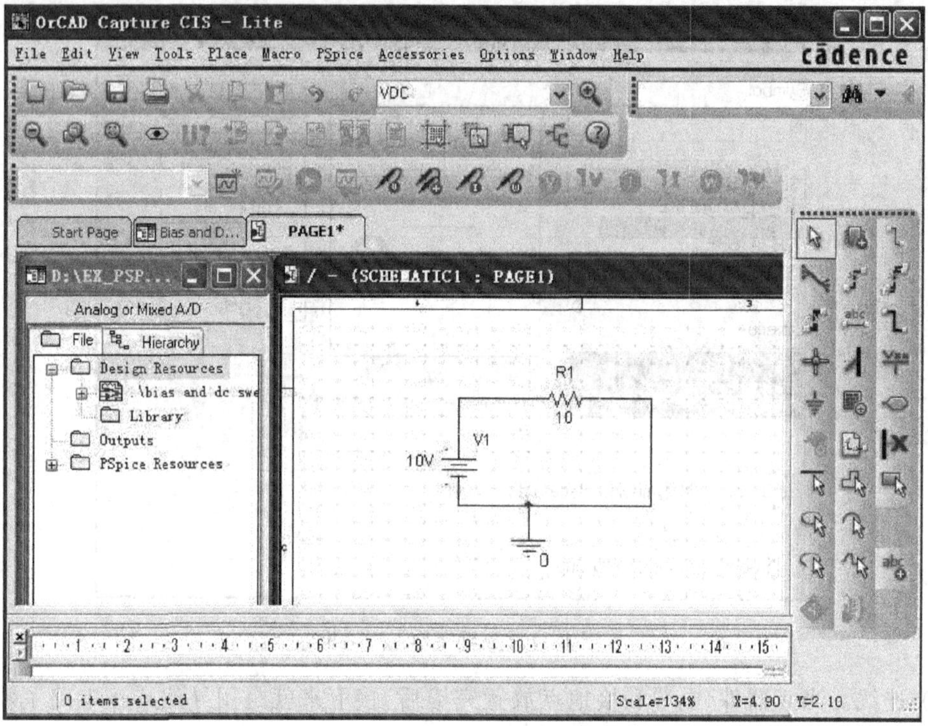

图 1.12 绘制好的电路原理图示例

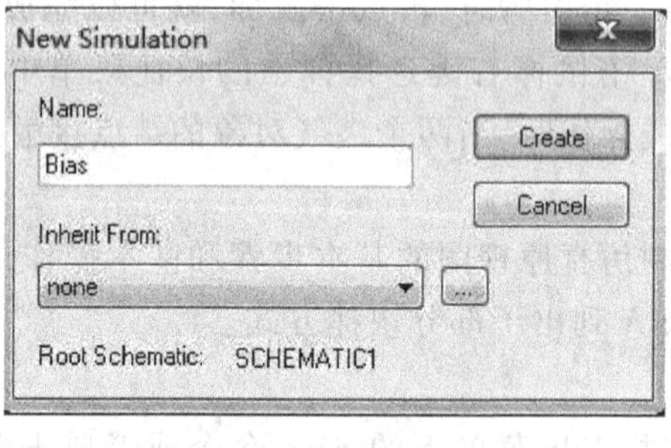

图 1.13 新建仿真文件

5. 执行 PSpice 仿真程序

选择 PSpice 菜单下的 Run 命令或者 Capture 工具栏的图标开始运行仿真分析。程序运行结束后,自动弹出如图 1.15 所示的波形输出显示窗口(Output Window)。

6. 查看并分析仿真结果

程序仿真结束后,就可以查看并分析各仿真结果了。由于本例中给出的直流点分析没有输出曲线,因此图 1.15 图形窗口的菜单栏没有 Trace 菜单项。其输出结果可以通过该窗口下 View

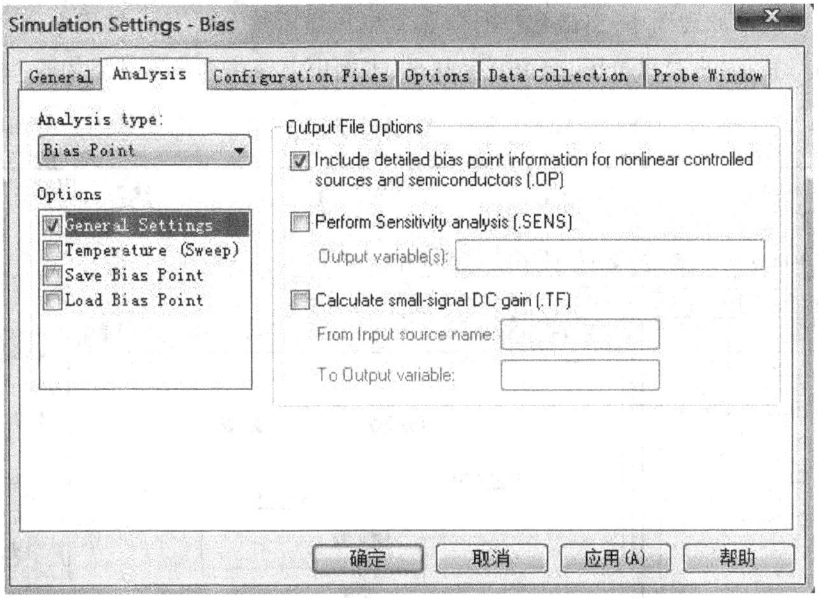

图 1.14 设置仿真类型及仿真参数示例

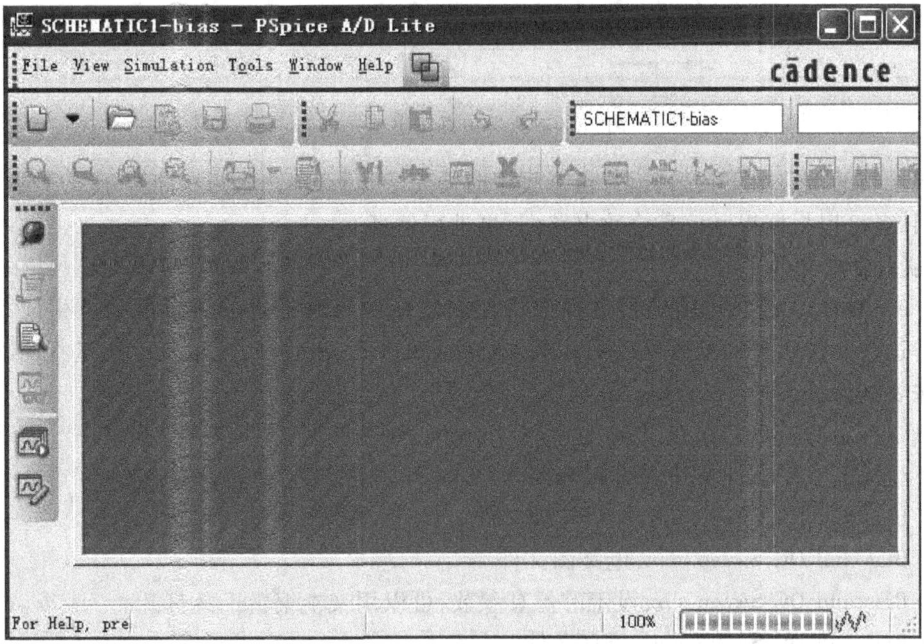

图 1.15 波形输出显示窗口

菜单栏的下拉子菜单“Output File”查看，即点击 View 菜单，在弹出的下拉子菜单中点击“Output File”项，也可以返回原理图中，点击 V 图标（偏置电压显示）、I 图标（偏置电流显示）或者 W 图标（元件功率显示）来显示电压、电流或者功率，本例中电路仿真输出结果如图 1.16 所示。

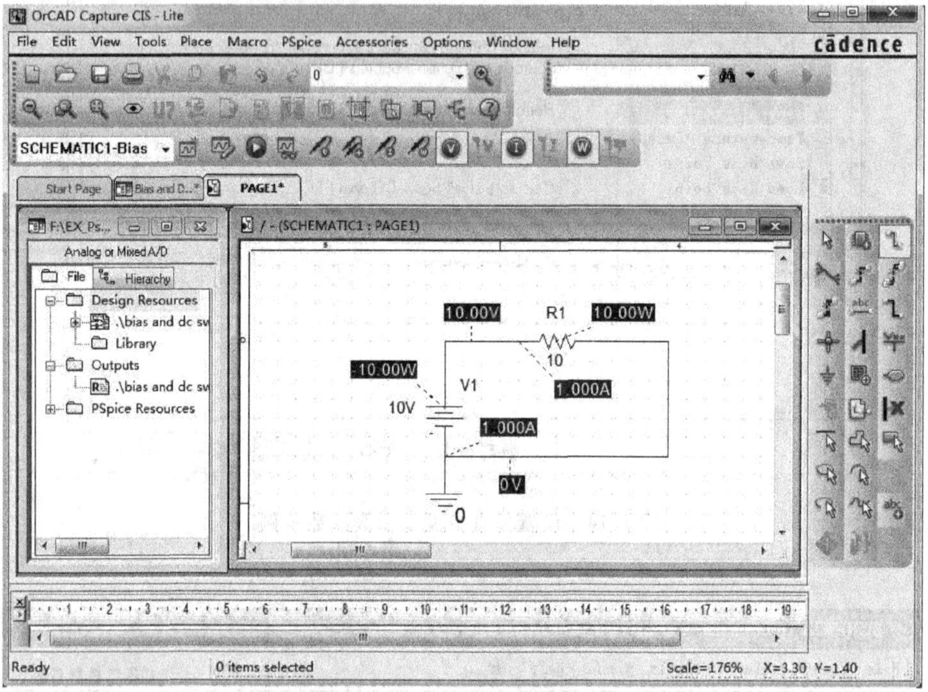

图 1.16 查看仿真输出结果示例

如果绘制的电路图不正确，运行仿真程序时便无法执行，输出窗口中将显示警告或错误信息提示，设计者可以根据提示信息修改电路图，再进行仿真。

7. 项目生成文件

Cadence OrCAD 进行电路仿真过程中将在创建新项目时指定的目录路径下生成一系列文件。了解这些文件代表的意思可以更好地进行项目的管理和共享，这里以上述过程为例简要介绍几个主要文件。

本例中指定的项目名称为“Bias and DC Sweep”，项目路径为“F:/ EX_PSpice”，程序执行后该路径下生成的主要文件及其说明如下：

（1）Bias and DC Sweep. opj：项目管理文件。

（2）Bias and DC Sweep. dsn：电路图文件。

（3）Bias and DC Sweep. cir：设定的仿真参数，可以用文本编辑工具打开。

（4）Bias and DC Sweep. sim：仿真文件。

（5）Bias and DC Sweep. dat ：存放支持波形窗口（Probe）显示的数据。

(6) Bias and DC Sweep. net:电路图产生的网表文件,可以用文本编辑工具打开。

(7) Bias and DC Sweep. out:PSpice 的标准输出文件,包括电路的网表、仿真参数和仿真结果等,可以用文本编辑工具打开。

当在同一个指定路径下创建了多个项目时,该路径下就会有多个项目管理文件以及多个电路图文件等。为了项目管理方便起见,可以为每个项目指定一个独立的文件夹。

本教材的主要目的是希望和读者一起学习如何借助软件工具来进行“电路”课程理论知识的辅助分析,因此,以上仅仅介绍了用 Cadence OrCAD 工具进行电路分析所涉及的基本功能和基本方法。关于软件的更多介绍读者可以参考书后列出的有关参考书或者通过互联网检索软件学习资料,也可以阅读软件的帮助文档。

1.7 实训练习:OrCAD Capture 使用初步

本实训练习的目的是:(1) 熟悉 Cadence OrCAD 集成环境;(2) 了解各菜单命令,掌握几种常用的命令;(3) 掌握 Cadence OrCAD 环境下电路仿真基本流程。具体实验内容为:

1. 根据 1.6 节介绍内容,完成图 1.7 所示电路的直流点仿真,并回答本章思考题与习题。

2. 通过 Capture 窗口中 Start Page 页面下方的 OrCAD 链接到 Cadence 网站查看关于 OrCAD 的更多信息。

思考题与习题

1. 怎样进入 Cadence OrCAD 原理图编辑界面?
2. 怎样添加元器件库?
3. 无源器件存放在哪个库中?
4. 信号源存放在哪个库中?
5. 在 Cadence OrCAD 环境下完成电路仿真有哪些基本步骤?

第2章 直流分析

电路的直流分析是电路分析的基础。“电路”课程中介绍了许多直流电路的分析方法，对于简单电阻电路的分析，可以采用等效变换，还可以采用基尔霍夫电压定律（KVL）和基尔霍夫电流定律（KCL）；对于复杂的网络，可以用结点电压法、网孔电流法以及电路的叠加定理、戴维宁定理等。SPICE 的基本原理就是利用计算机的程序化处理技术和结点电压法，建立电路方程并求解的一种专用软件。

本章首先简单介绍 SPICE 软件进行直流分析的基本特点，接着介绍 PSpice 软件工具中基本电路直流分析涉及的电路元件、仿真参数设置和分析方法，内容与“电路”课程中电阻电路的分析相对应。希望通过本章实训，读者不仅能掌握 PSpice 软件进行直流分析的方法，还可以加深对直流电路基础理论和基本分析方法的理解。

2.1 直流分析简介

直流分析（DC：Direct Current）是 SPICE 最基本的分析，它包括静态工作点分析、直流扫描分析、传递函数分析以及直流小信号灵敏度分析等。在“电路”基础课程中，主要涉及静态工作点分析和直流扫描分析两种。因此，本章将重点介绍这两种分析方法以及它们在电路分析中的应用。

静态工作点分析是指电路中独立电压源的电压或者独立电流源的电流为确定值时，SPICE 软件计算出电路中各结点的电压、各支路的电流以及各元件的功率等。静态工作点分析对应的点语句为 .OP，其输出只能以文本方式给出电路中结点电压、支路电流以及元件吸收或发出的功率等。PSpice 软件工具支持在电路原理图上直接显示静态工作点分析结果。

直流扫描分析则是将独立电压源的电压或者独立电流源的电流、温度、元器件模型参数和用户自定义的参数作为输入变量，其直接输出的是结点电压和支路电流，直流扫描分析可以看作是软件计算了多个静态工作点下电路响应的叠加。直流扫描分析对应的点语句为 .DC，其输出不仅以文本方式记录各扫描点下电路中结点电压和支路电流的值，还可以借助波形显示工具给出各种直流特性曲线。波形显示工具通常还具备了加、减、乘、除、平方、开方等各种基本运算功能，用户可以利用它们计算得到元件压降和功率等参量。

需要说明的是：在模拟电路中，电路常常包含电容、电感元件，此时，直流分析是在电容开路、电感短路的条件下，计算电路在恒定电源激励下的稳态值。

2.2　直流分析中的电路元器件

电路元器件主要分为无源元器件和有源元器件两大类，无源元器件包括电阻、电容、电感、变压器以及高频电路中使用的各类传输线等；有源元器件包括各种独立电源、受控电源、晶体管等。这里，主要围绕“电路”课程中电阻电路的相关知识，介绍线性直流分析中的常用电路元器件。

2.2.1　独立电源

任何电路描述中，信号源及电源是必不可少的。实际上，电源可以看作是一种特殊的信号源。在 PSpice 软件中，信号源分为独立信号源和受控信号源两种。独立信号源又分为直流源、交流源和瞬态源，分别用于直流分析、交流小信号分析和瞬态分析。这里首先介绍用于直流分析的电源。

PSpice 软件中用于直流分析的理想独立电源（Independent DC Sources）有直流电压源和直流电流源两种。其中，独立电压源的电压是由它本身确定，而流过它的电流则是由外电路确定的；而独立电流源的电流由它本身确定，其两端的电压随外电路变化而变化。图 2.1 给出了该软件中这两种独立电源的符号。图 2.1（a）中的正负号标明了电压源的电压参考方向，图 2.1（b）中的箭头标明了电流源的电流参考方向。特别需要指出的是：PSpice 软件中，所有元件的电压和电流参考方向默认取为关联参考方向。因此，在判断元件是吸收还是发出功率时，需要按照关联参考方向下的法则。

(a) 独立电压源　　(b) 独立电流源

图 2.1　独立电源符号示意图

SPICE 中独立电压源的描述语句以关键字 V 开头，其一般格式为：

VXX　N +　N -　DC　VALUE

例 1：VV1　1　0　DC　10；

表示在结点 1 和 0 之间定义了一个电压为 10 V 的电压源 V1。

SPICE 中独立电流源的描述语句以关键字 I 开头，其一般格式为：

IXX　N +　N -　DC　VALUE

例 2：II1　0　1　DC　10；

表示在结点 0 和 1 之间定义了一个电流为 10 A 的电流源 I1。

注意：语句中 N + 和 N - 是电源的正负参考结点，电流源的电流正方向是使电流从 N + 结点流出经过电流源流入 N - 结点的方向。

2.2.2　受控电源

电路中的受控电源（也称受控源）分为以下四种：

（1）电压控制电压源（VCVS：Voltage Controlled Voltage Source）；

（2）电压控制电流源（VCCS：Voltage Controlled Current Source）；

（3）电流控制电压源（CCVS：Current Controlled Voltage Source）；

（4）电流控制电流源（CCCS：Current Controlled Current Source）。

它们被看作是一种具有四个端子、两个端口的元件。为简便起见，一般情况下“电路”教材常将受控源的控制变量所在端口省略，只画出其受控变量端口，并将控制变量标注在受控变量元件上。但是，在 PSpice 软件中，必须正确连接控制变量所在端口。当控制变量是电压时，该端口应该并联在支路上；当控制变量是电流时，该端口则应该串联在支路中。四种受控电源在 PSpice 软件中的图形符号如图 2.2 所示，它们的控制系数由元件属性中的 Gain 来确定。

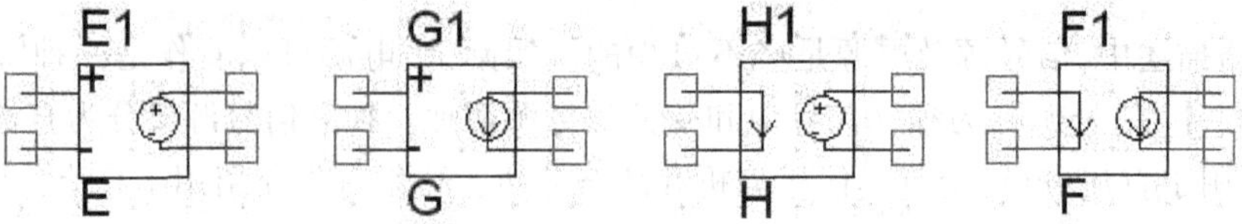

(a) VCVS　(b) VCCS　(c) CCVS　(d) CCCS

图 2.2　四种受控电源符号

这四种受控源的 SPICE 描述语句分别如下：

VCVS：

EXX　N+　N-　NC+　NC-　VALUE

VCCS：

GXX　N+　N-　NC+　NC-　VALUE

其中，N+和 N-分别是受控支路的正负结点，NC+和 NC-分别是控制电压支路的正负结点。

CCVS：

HXX　N+　N-　VNAME　VALUE

其中，VNAME 是控制电流流过的电压源的名称。

CCCS：

FXX　N+　N-　VNAME　VALUE

其中，VNAME 是控制电流流过的电流源的名称。

2.2.3　电阻

电阻（Resistor）是电路中最常用的无源元件，它用来模拟物理世界中对电流呈现阻碍作用的耗能元件。PSpice 软件中常用的是线性电阻元件，有固定电阻和可变电阻两种类型，它们的图形符号如图 2.3 所示。软件中电阻两端的电压与流过它的电流参考方向为关联参考方向。

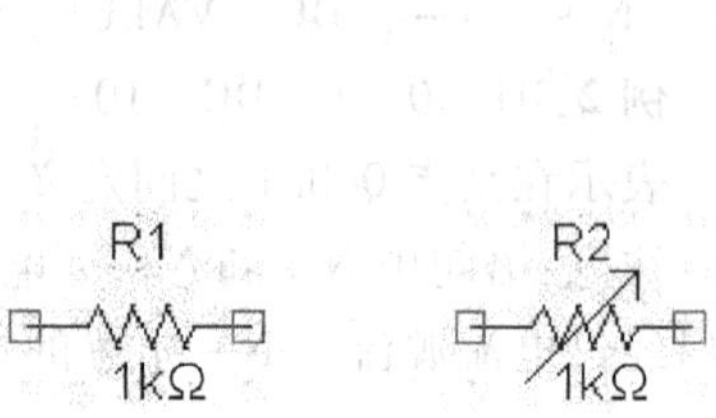

(a) 固定电阻　(b) 可变电阻

图 2.3　线性电阻

电阻元件的 SPICE 描述语句分别如下：

RXX N + N - <(MODEL)NAME> VALUE <TC = TC1 < ,TC2 >>

该语句中 N + 和 N - 是电阻所连接的正、负两个结点号。当电阻上为正电压时，电流从 N + 结点流出通过电阻流入 N - 结点。VALUE 表示电阻的阻值，单位为 Ω(欧[姆])。尖括号 < > 中表示的是可供选择的参数，<(MODEL)NAME> 为模型名，其内容由.MODEL 语句给出。TC1 和 TC2 是温度系数，缺省值为零。对于实际电路设计而言，这些可选参数是非常重要的。在这里，我们仅仅考虑电路的基本分析，暂忽略这些可选项。下面给出一个电阻描述语句示例：

R1 1 2 100;

表示在结点 1 和 2 之间定义了一个阻值为 100 Ω 的电阻 R1。

理想的线性电阻元件，其伏安特性曲线是一条通过原点、位于第一和第三象限的直线，阻值就是这条直线的斜率。在 PSpice 软件中，理想的电阻模型其阻值恒定，与温度无关。事实上，物理可实现的电阻元件的电阻值大小一般都与温度有关，衡量电阻受温度影响大小的物理量是温度系数，其定义为温度每升高 1℃ 时电阻值发生变化的百分数。因此，有些 SPICE 软件中的电阻模型也加入了电阻的温度效应，不同的仿真温度下，电阻的阻值不同。

值得说明的是：直流分析中，电阻元件表现出的就是电阻特性；但在在高频电路中，电阻模型还需要考虑其寄生电容、电感等参数，这时，电阻还会表现出电抗特性。在后续“模拟电子技术”、“高频电子线路”相关课程中将涉及。

2.3 静态工作点分析

静态(直流)工作点分析是直流分析的主要功能。在第 3 章将要讲述的瞬态分析中，SPICE 程序进行瞬态分析之前，首先自动进行静态工作点分析，以确定电路的初始条件；在第 4 章将要讲述的交流分析中，SPICE 程序进行交流分析之前，首先也是自动进行静态工作点分析；在后续课程“模拟电子技术”中，静态工作点分析对应于直流偏置分析，它不仅用来确定直流电压下，电路各结点电压、支路电路和总的功耗，还用来确定非线性半导体器件的线性化模型参数。

2.3.1 静态工作点分析设置

PSpice 软件中，静态工作点分析对应分析类型中的直流偏置点(Bias Point)分析。在 OrCAD Capture 集成环境中，选择 PSpice 菜单下的 New Simulation Profile 命令创建新的仿真文件，弹出如图 2.4 所示的 Simulation Settings(仿真设置)窗口。图 2.4 中的 Analysis(分析参数设置标签页)显示当前 Analysis type(分析类型)为 Bias Point，并且其 Options(选项)默认(Default)为 General Settings(一般设置)。

SPICE 中，静态工作点分析对应的命令语句为：

.OP

由图2.4可见,Bias Point分析的Options选项中还有Temperature(Sweep)(温度)、Save Bias Point(保存偏置点)和Load Bias Point(调用偏置点)三个可选项。

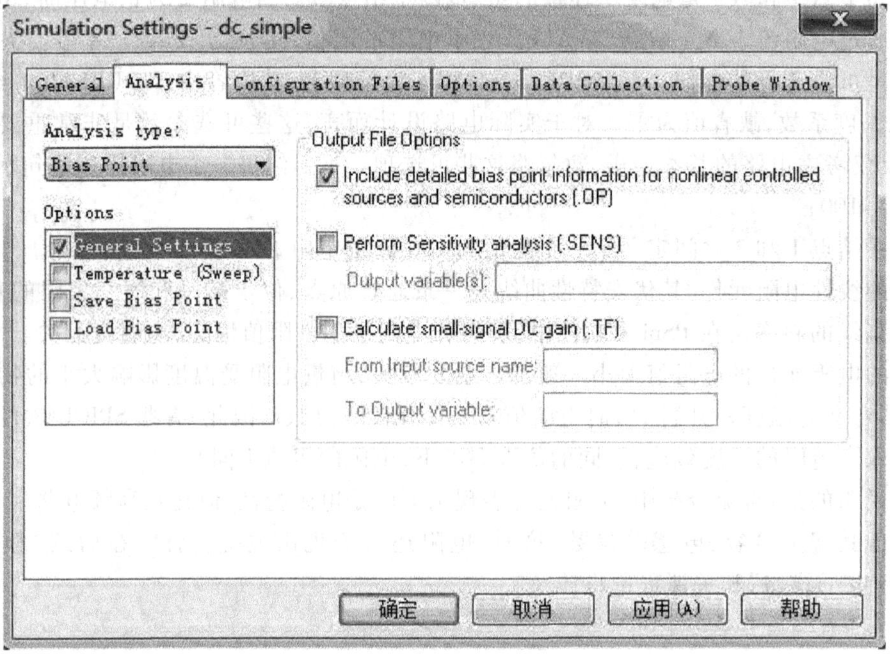

图2.4 静态工作点分析设置窗口

Bias Point分析在勾选General Setting下,其Output File Options(输出文件选项)栏中也有三个可选项,如图2.4所示,各选项作用分别说明如下:

(1) 选项Include detailed bias point information for nonlinear controlled sources and semiconductors(.OP)表示PSpice运行后输出详细的偏置点信息。

(2) 选项Perform Sensitivity analysis(.SENS)表示对指定的输出变量(Output variable(s))进行灵敏度分析,也就是说,勾选该项PSpice程序执行.SENS命令,这将在PSpice的高级分析中做详细介绍。

(3) 选项Calculate small-signal DC gain(.TF)表示对指定的输入信号源(From Input source name)和输出变量(To Output variable)进行传输特性分析,即,勾选该项PSpice程序执行.TF命令,此时,可以计算得到电路的小信号增益、输入电阻和输出电阻等数据,这将在2.4节具体介绍。

当勾选Temperature(Sweep)时,设置窗口如图2.5所示。这表明PSpice软件除了默认的工作温度(27 C°)外,还允许用户在指定的一个或多个温度下进行Bias Point分析。

勾选Save Bias Point用来指定保存仿真结果的文件路径,勾选Load Bias Point表示从指定文件中读取电路工作点信息。这两个功能对于规模较大的电路仿真是十分有用的,它们能够帮助设计者节约电路仿真时间。

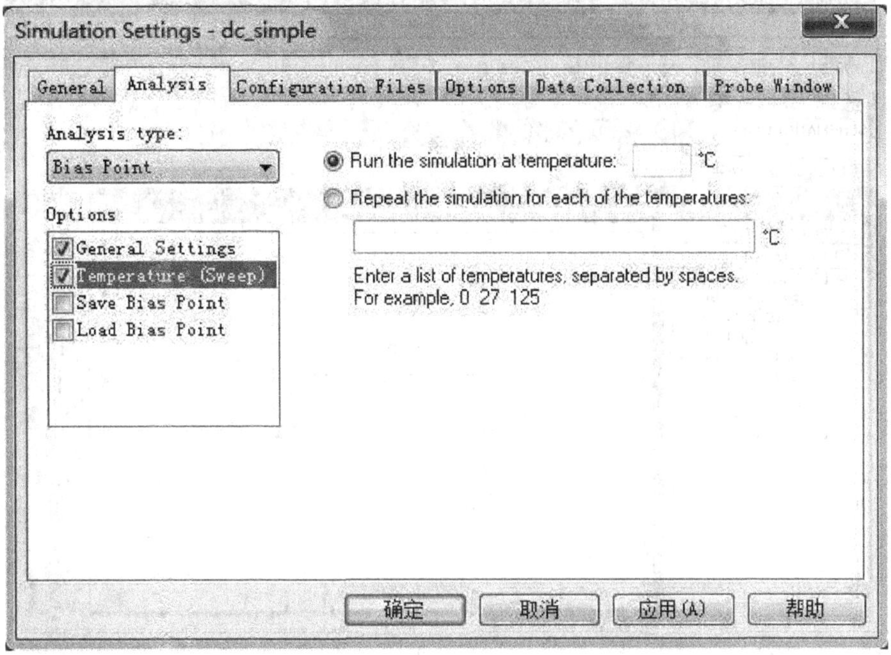

图 2.5 选中 Temperature 时的静态工作点设置窗口

2.3.2 静态工作点分析实例

下面通过一个由一个独立电压源和两只电阻组成的简单分压电路为例，介绍在 PSpice 软件环境下进行静态工作点分析的主要步骤。

(1) 在原理图编辑环境(OrCAD Capture)下绘制电路原理图，电路连接关系如图 2.6 所示。

点击 PSpice 菜单下的 Create Nctlist(创建网表)命令生成电路的 SPICE 网表文件，再点击 View Netlist 查看该电路的 SPICE 网表，如图 2.7 所示。

该电路网表中，第 1 行是以"＊"号开头的注释语句，表示电路原理图的名称为"T_ Bias"；第 2 行表示在结点"N00081"和结点"0"之间连接了一个电压为 10 V 的电压源 V1；第 3 行表示在结点"N00081"和结点"N00088"之间连接了一个阻值为 10 Ω 的电阻 R1，且温度系数为 0；第 4 行表示在结点"0"和结点"N00088"之间连接了一个阻值为 10 Ω 的电阻 R2，且温度系数为 0。PSpice 软件中，电路的"地"默认为结点"0"。

(2) 选择 PSpice 菜单下的 New Simulation Profile 命令，创建新的仿真文件，在弹出的 New Simulation 对话框中，将该仿真文件命名为 bias point，如图 2.8 所示。点击 Create，在弹出的 Simulation Settings-bias point 对话框中按 2.3.1 节中给出的静态工作点分析设置窗口图 2.4 所示完成 Bias Point 分析参数设置。

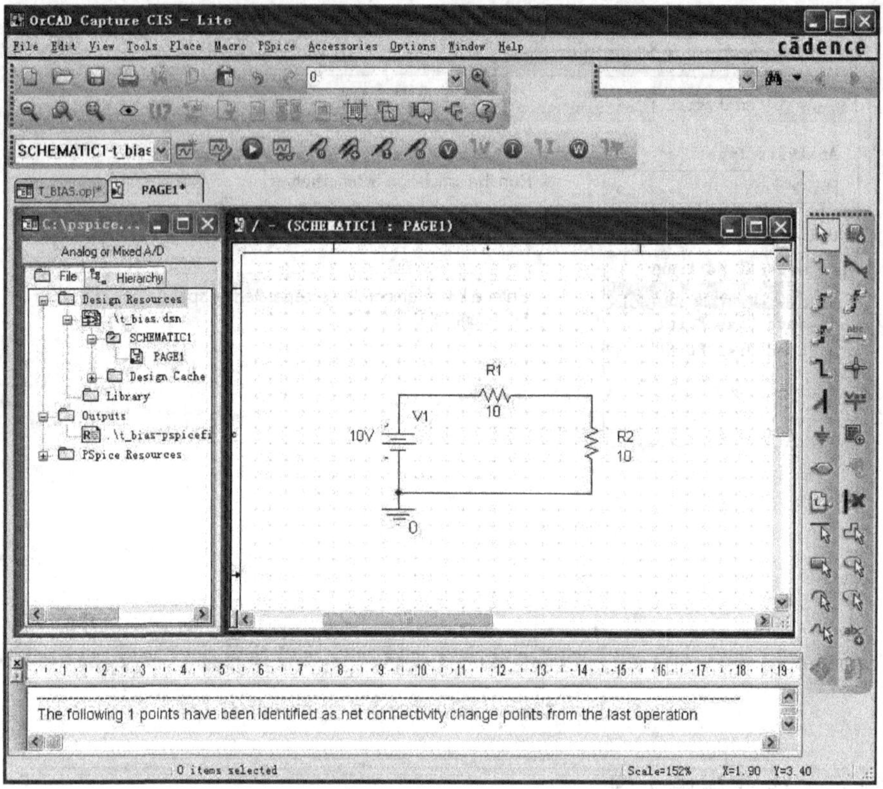

图 2.6 静态工作点分析实例图

图 2.7 静态工作点分析实例电路网表

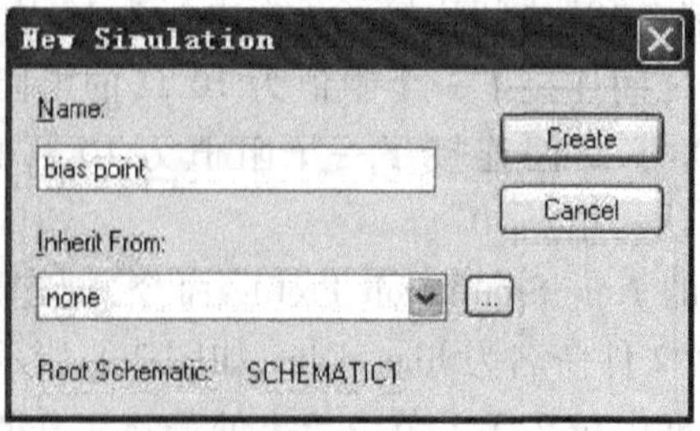

图 2.8 静态工作点分析设置

(3) 点击 PSpice 菜单下的 Run(运行)命令或者图形快捷方式执行 PSpice 分析程序,程序结束后将自动弹出波形查看窗口。此时,Bias Point 分析没有波形输出,但可以通过波形查看窗口中 View 菜单下的下拉子菜单 Output File 查看仿真分析结果,如图 2.9 所示。

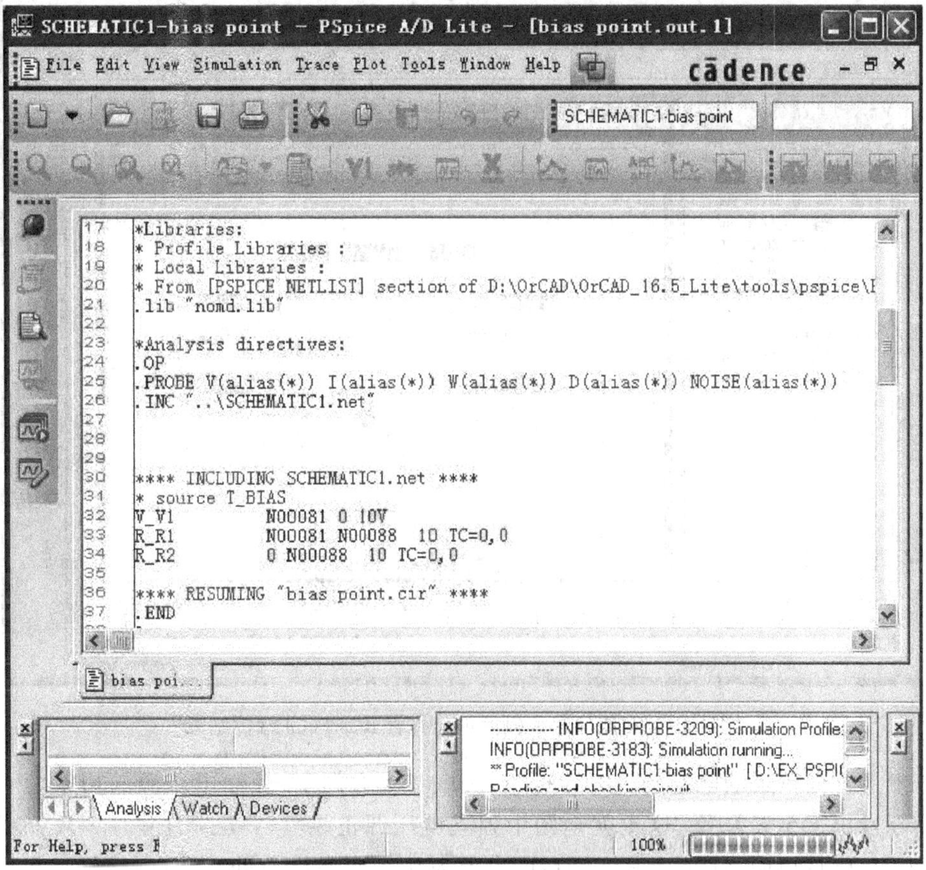

图 2.9 Bias Point 输出波形查看窗口示例

(4) 在原理图编辑窗口中,点击快捷图标、和,或者勾选 PSpice 菜单下 Bias Points 的子命令 Enable Bias Voltage Display、Enable Bias Current Display 和 Enable Bias Power Display,电路各结点电压、支路电流和元件功率的分析结果将显示在原理图上,如图 2.10 所示。

(5) 仿真结果分析。仅仅观察仿真结果是不够的,还要根据"电路"理论知识,学会对电路仿真结果进行分析。对于这样一个仅由电压源和两个电阻组成的简单电路,我们很容易计算出电路中的电流为 0.5 A,电压源发出 5 W 功率,电阻 R1 和 R2 均吸收 2.5 W 功率。图 2.10 中,独立电压源负端"-"处标注的 0.5 A 电流表示流入该结点的电流。由于 PSpice 软件中各元件的电压和电流都取为关联参考方向,该电流方向与独立电压源电流参考方向相反,因此,与独立电

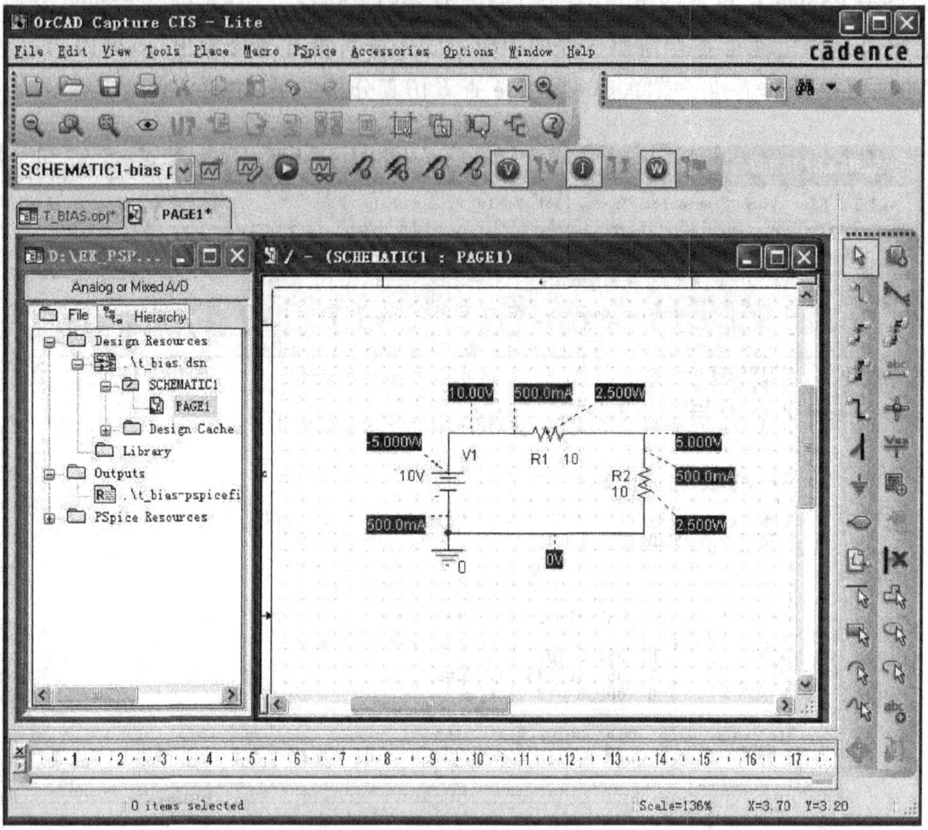

图 2.10 在原理图编辑窗口中查看 Bias Point 输出结果

压源电压参考方向一致的电流为 -0.5 A。在关联参考方向下，独立电压源的功率为 -5 W，表示元件实际发出了5 W 功率，这也就是图中独立电压源正端“+”处标注了 -5 W 的原因。图中，阻值为 10 Ω 的电阻 R1 流入其左端口的电流为 0.5 A，左端口处的结点电压为 10 V，右端口的结点电压为 5 V，因此，电阻 R1 两端的电压差为 5 V，方向为左正右负。可见，电阻 R1 电压与电流为关联参考方向，在关联参考方向下，电阻 R1 的功率为 2.5 W，表示元件实际吸收了 2.5 W 功率。

电阻 R2 的电压、电流和功率情况请读者自行分析，通过这个例子，希望能进一步理解元件电压、电流参考方向的概念，掌握元件功率的计算表达式并正确判断是吸收还是发出功率。

2.4 直流传输特性分析

直流传输特性分析可以计算电路的直流增益、输入端及输出端阻抗等数据。

2.4.1　传输特性分析设置

如图 2.11 所示,在仿真参数设置窗口中选择 Bias Point 分析类型,同时勾选 Output File Options 中的 Calculate small-signal DC gain,并在 From Input source name 栏填入电路原理图中电压源或电流源的名称,在 To Output variable 栏填入待分析的结点电压或支路电流,PSpice 分析程序将执行直流传输特性(Transfer Function)分析。

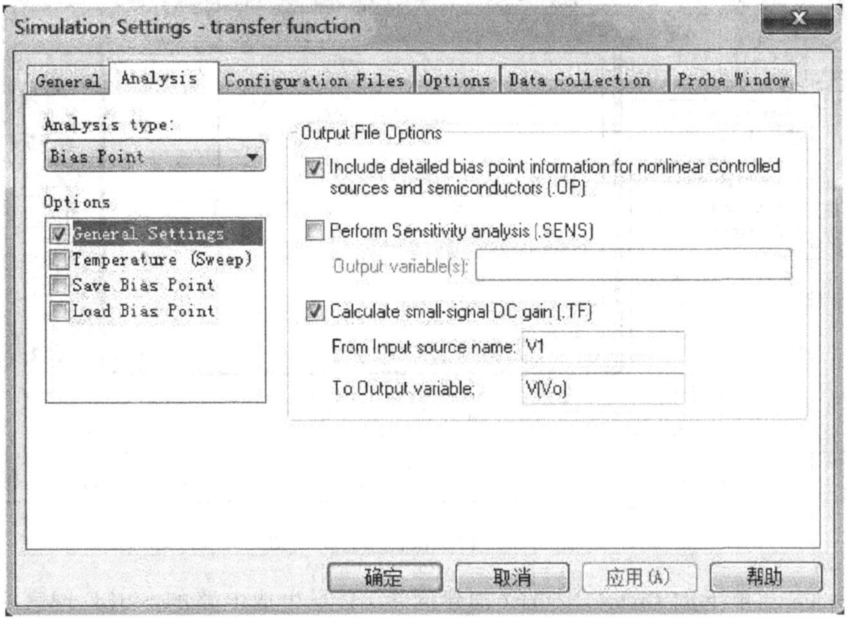

图 2.11　传输特性分析设置窗口

借助传输特性分析,我们可以验证或求解一端口电路的输入电阻,获得戴维宁等效电路的输入电阻等。

SPICE 中,传输特性分析的命令语句为:

.TF　OUTVAR　INSRC

其中 OUTVAR 是小信号输出变量,INSRC 是小信号输入电压源或电流源。

2.4.2　传输特性分析实例

下面以一个简单的电阻分压电路为例,介绍在 PSpice 软件环境下进行传输特性分析的主要步骤。

(1) 在原理图编辑环境(OrCAD Capture)下绘制电路原理图,电路连接关系如图 2.12 所示,并使用 Place 菜单下的 Net Alias 命令或点击右侧绘图工具栏的快捷图标 ,将电阻 R1 和 R2 之间的结点命名为 N1。

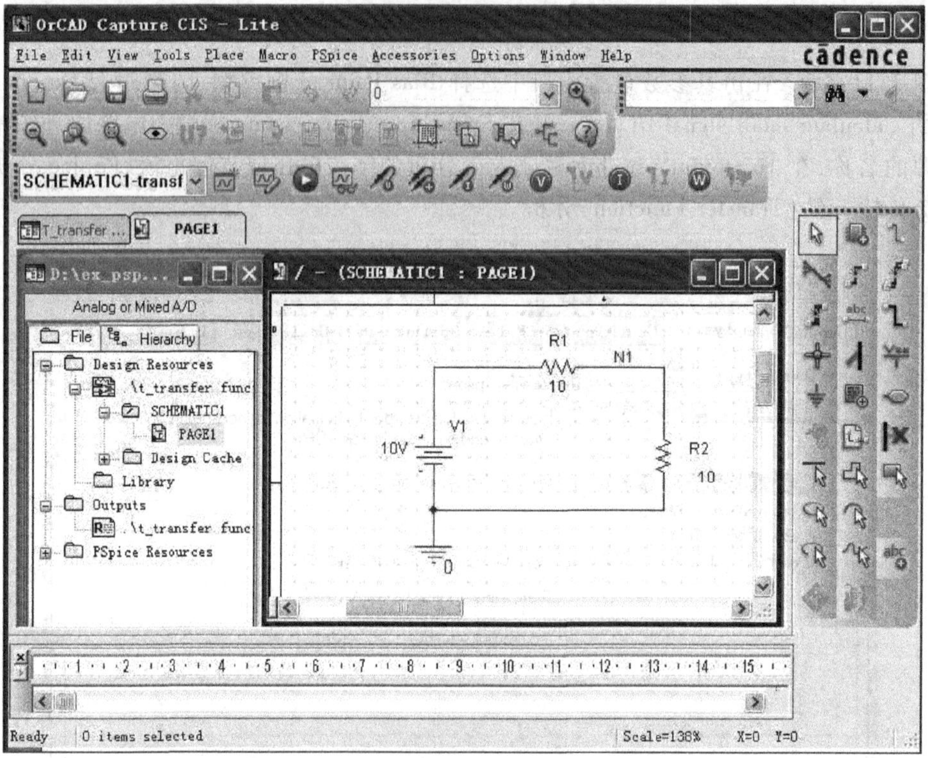

图 2.12　传输特性分析实例图

点击 PSpice 菜单下的 Create Netlist(创建网表)命令生成电路的 SPICE 网表文件,再点击 View Netlist 查看该电路的 SPICE 网表,如图 2.13 所示。可见,图中电阻 R1 和 R2 的一个结点已经被命名为 N1,而不再是系统默认的结点。请读者对照本章 2.2 节内容和图 2.7 的示例理解图 2.13 中各行语句代表的意思,并想一想给电路图结点命名的好处。

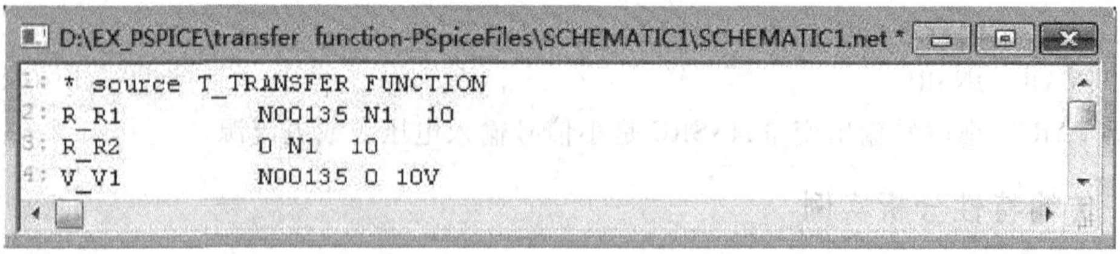

图 2.13　传输特性分析实例网表

(2) 选择 PSpice 菜单下的 New Simulation Profile 命令,创建新的仿真文件,将该仿真文件命名为 transfer function。为了计算结点 N1 和电源电压之间的电压增益,在弹出的 Simulation Settings - transfer function 对话框中按图 2.14 所示完成分析参数设置。其中,From Input source name

栏的 V1 表示原理图中电压源的名称，To Output variable 栏的 V(N1)表示结点 N1 处的结点电压。

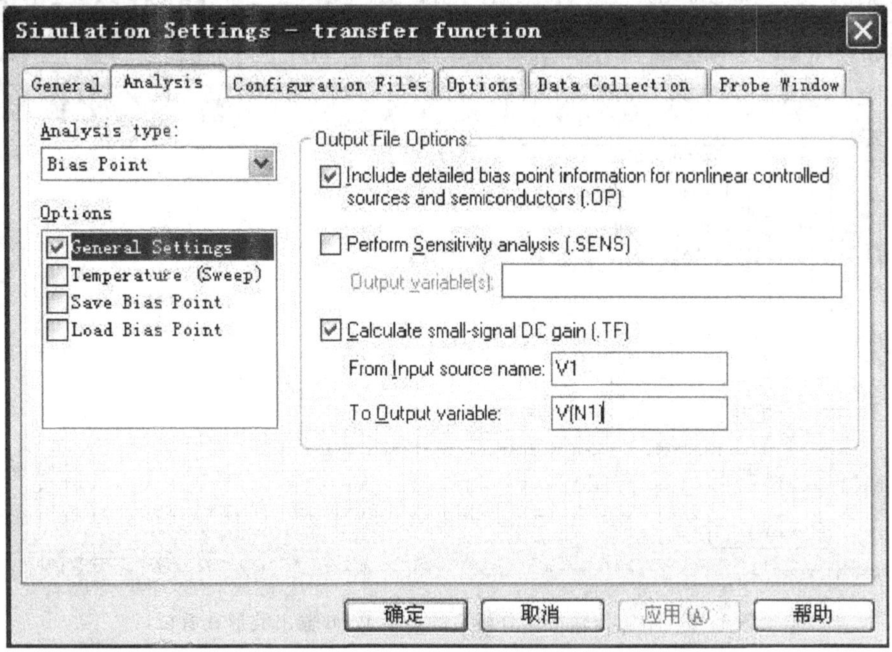

图 2.14 传输特性分析参数设置示例

(3) 点击 PSpice 菜单下的 Run(运行)命令或者图形快捷方式，执行 PSpice 分析程序，程序结束后在波形查看窗口中通过 View 菜单下的下拉子菜单 Output File 或左侧工具栏的图形快捷方式查看仿真分析结果，如图 2.15 所示。对比图 2.9 可见，增加传输特性分析后，输出结果文件中的分析模块(* Analysis directives)多了一行语句。将该窗口右侧的滚动条继续往下拉，可以看到输出的小信号分析结果，如图 2.16 所示。在输出结果文件中的小信号特性部分(SMALL - SIGNAL CHARACTERISTICS)，可以看到，该电路中结点 N1 与电压源电压间的直流增益为 0.5，电压源所在端口的输入电阻为 20 Ω，结点 N1 所在端口的输出电阻为 5 Ω。

(4) 仿真结果分析。根据串联电阻时，各电阻上的电压计算公式，可以得到图 2.12 中结点 N1 处的电压为

$$V(\mathrm{N1}) = \frac{R_2}{R_1 + R_2} \times V_1 \qquad (2.1)^*$$

因此，结点 N1 与电压源间的直流增益为

*：式(2.1)和式(2.2)中的 $V(\mathrm{N1})$ 和图 2.14 中的 V(N1)对应，R_1、R_2、V_1 分别和图 2.12 中的 R1、R2、V1 对应。

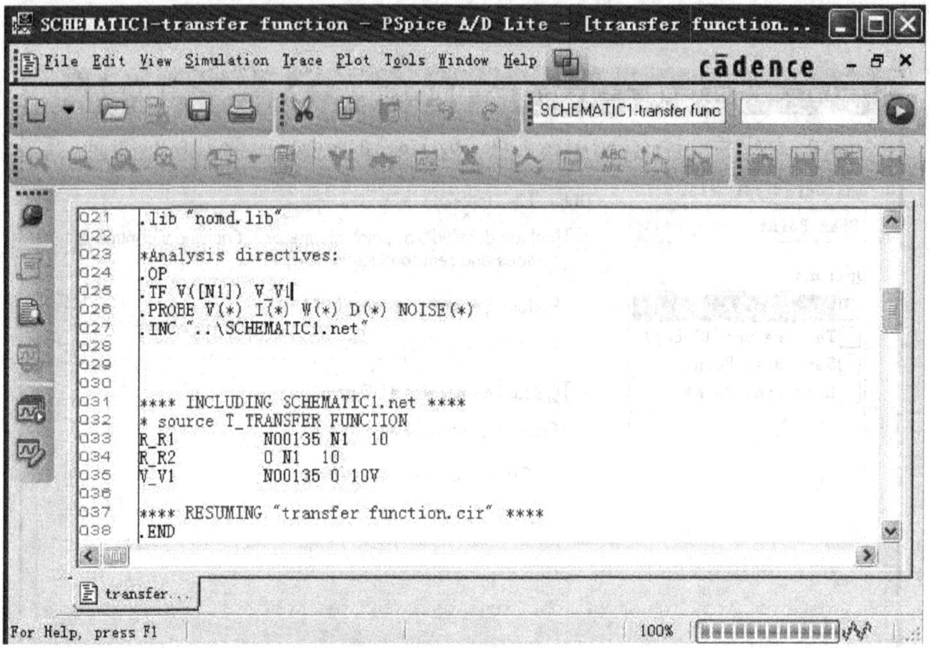

图 2.15 增加传输特性分析后的 Bias Point 输出波形查看窗口

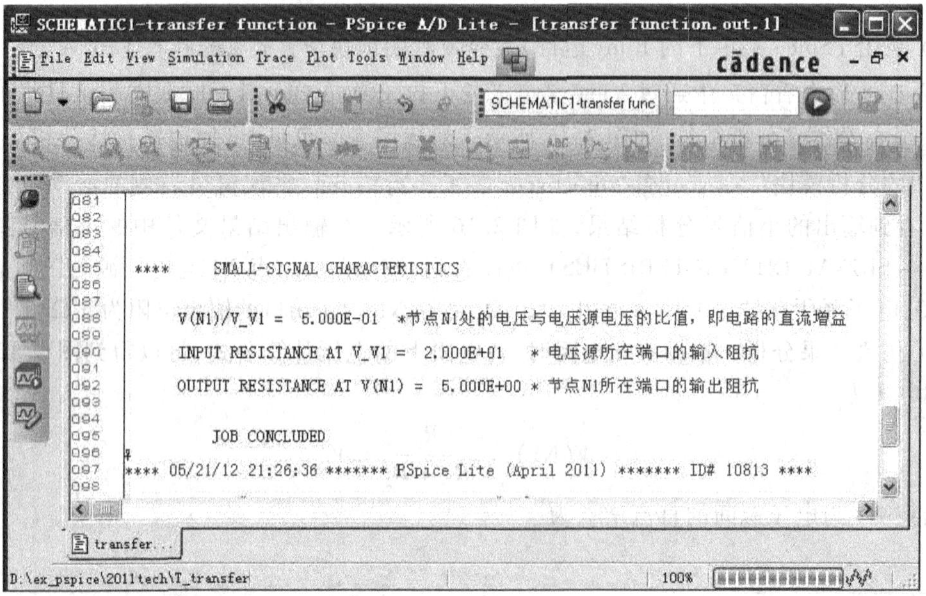

图 2.16 传输特性分析后的小信号输出结果示例

$$\frac{V(\mathrm{N1})}{V_1}=\frac{R_2}{R_1+R_2}=\frac{10}{10+10}=0.5 \tag{2.2}$$

可见,直流增益的计算结果与软件分析结果一致。

图 2.12 中,电压源所在端口的输入电阻就是电阻 R1 和 R2 的串联,因此,电路输入电阻为 20 Ω。结点 N1 所在端口的输出电阻是指将独立电源"置零"后该结点所在端口的输入电阻,这里就是将电压源电压置零,即电压源短路,此时,对 N1 端口而言,电阻 R1 和 R2 并联。因此,结点 N1 处电路的输出电阻为 5 Ω。

2.5 直流扫描分析

SPICE 的直流扫描功能帮助设计者分析电路中的某个电源或某些元件参数选取不同数值时,电路各支路电流、结点电压等响应随之变化的情况。它可以对一个输入变量进行扫描,也可以进行多个输入变量的扫描,其中,二次扫描分析最为常用。

2.5.1 直流扫描分析设置

PSpice 软件中,直流扫描分析设置窗口如图 2.17 所示。图中,在 Analysis type(分析类型)下拉列表框中点选 DC Sweep(直流扫描),其 Options(选项)默认为 Primary Sweep(基本扫描或一次扫描)。此时,对应的 Sweep variable(扫描变量)栏有 Voltage source(电压源)、Current source(电流源)、Global parameter(全局参数)、Model parameter(模型参数)和 Temperature(温度)5 种直流扫描变量可供选择。Sweep type(扫描类型)栏则有 Linear(线性)、Logarithmic(对数)和 Value list(数值列表)三种扫描方式,其中对数扫描方式又分为 Decade(十倍增量)和 Octave(八倍增量)两种。

SPICE 中,直流扫描分析对应的控制命令语句为:

.DC SRCNAM VSTART VSTOP VINCR <SRC2 START2 STOP2 INCR2>

其中,SRCNAM 是用于扫描的独立电压源或电流源,VSTART 是扫描电压(或电流)的起始值,VSTOP 是扫描电压(或电流)的结束值,VINCR 则是增量值。尖括号 < >内是可选择的第二个扫描源,若进行了设置,则对第二个扫描源内的每一个扫描值,第一个扫描源都在其范围内进行一次扫描。

需要说明的是,PSpice 软件将独立电压源和独立电流源的元件名默认为扫描变量。因此,当选择电压源或电流源为一次扫描变量时,只需要在 Name 栏输入待扫描电源在原理图中的名称即可。若需要选择原理图中其他更多的元件参量作为扫描变量,则可以通过在原理图中定义全局变量,再选择 Global parameter,并在 Parameter name(参数名称)栏指定已经定义过的全局变量的方法来进行。选择模型参数为扫描变量,主要用来分析晶体管等半导体器件的参数对电路性能的影响,这将在后续模拟电子技术、集成电路等课程的学习中涉及,这里暂时不作详细介绍。

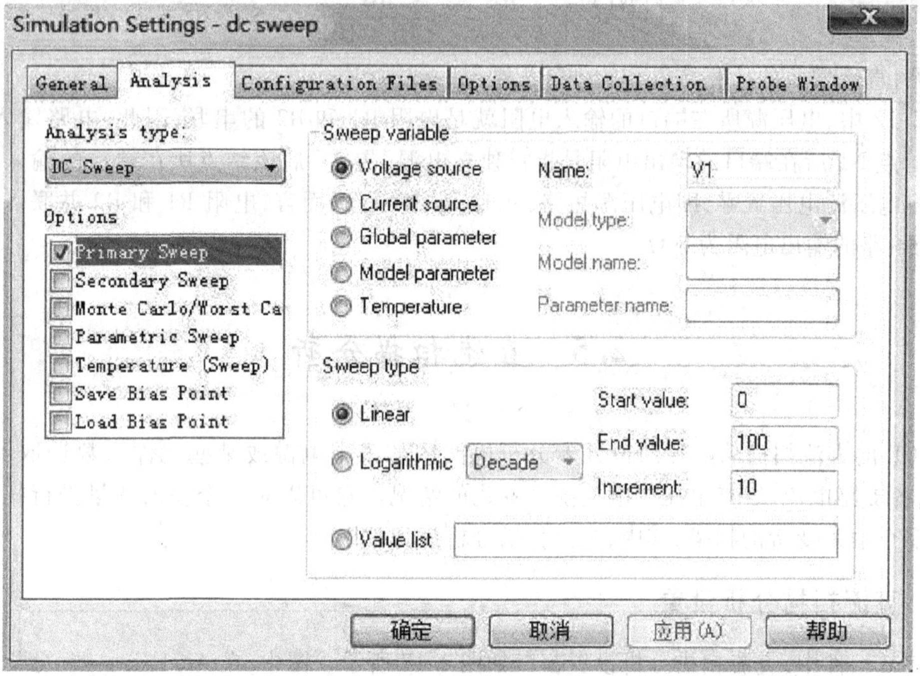

图 2.17 直流扫描分析设置

2.5.2 直流扫描分析实例

以图 2.12 所示的传输特性分析实例图为例,分析当独立电压源 V1 的电压从 0 到 100 V,以 10 V 步长线性变化时,电阻 R1 两端的电压和回路电流(参考方向为顺时针)的变化。PSpice 软件环境下直流扫描分析主要步骤如下。

(1) 在原理图编辑环境下绘制电路原理图并保存,定义电阻 R1 两端的结点名分别为 N1 和 N2,如图 2.18 所示。

(2) 创建新的仿真文件,并命名为"DC Sweep"。根据实例要求,设置直流扫描参数和扫描方式,如图 2.19 所示。

(3) 运行 PSpice 分析程序,在弹出的波形显示窗口中,选择 Trace(迹线)菜单下的 Add Trace (增加迹线)命令或者快捷图标,弹出如图 2.20 所示的增加迹线对话框。图 2.20 的左边为仿真输出变量(Simulation Output Variables),右边为运算函数或一些宏(Functions or Macros)。图中显示,PSpice 仿真输出变量主要有电流、电压和功率,分别以关键字 I、V 和 W 开头。其中,电流和功率是指元件的电流和元件的功率,本例中只有电压源 V1、电阻 R1 和电阻 R2 这三个元件,因此各自对应的仿真输出也只有三个,分别为 I(V1)、I(R1) 和 I(R2),W(V1)、W(R1) 和 W(R2)。由于软件将元件默认标注的端口 1 作为参考方向的正端,分析方便起见,同时给出了流

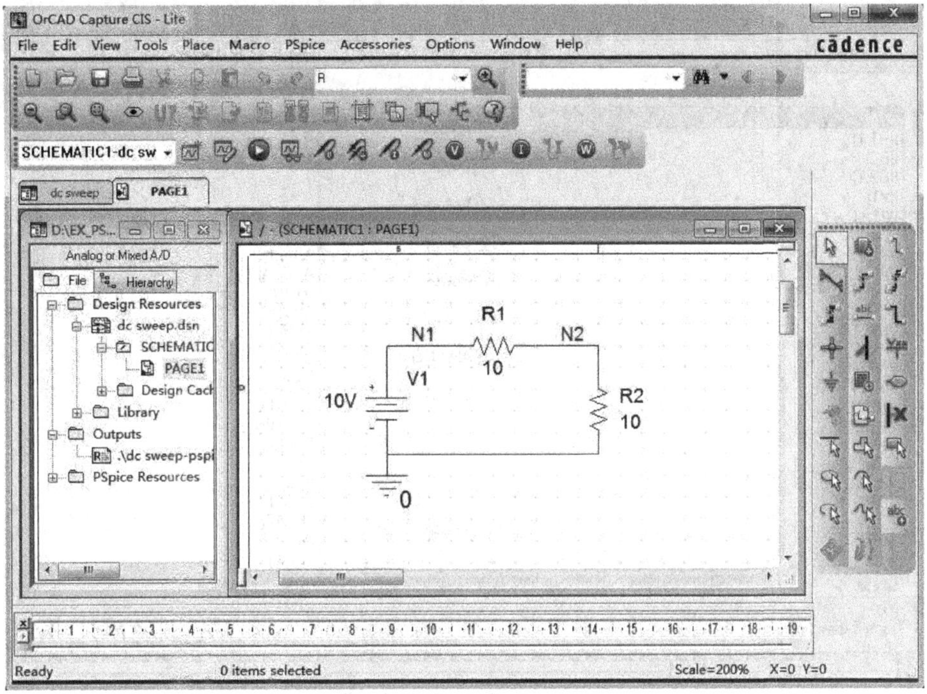

图 2.18　直流扫描分析实例图

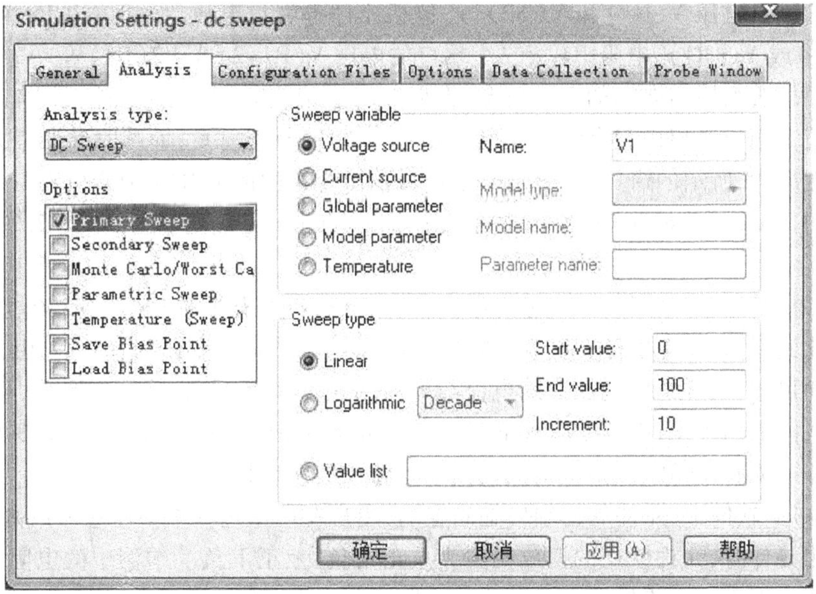

图 2.19　一次直流扫描分析设置示例

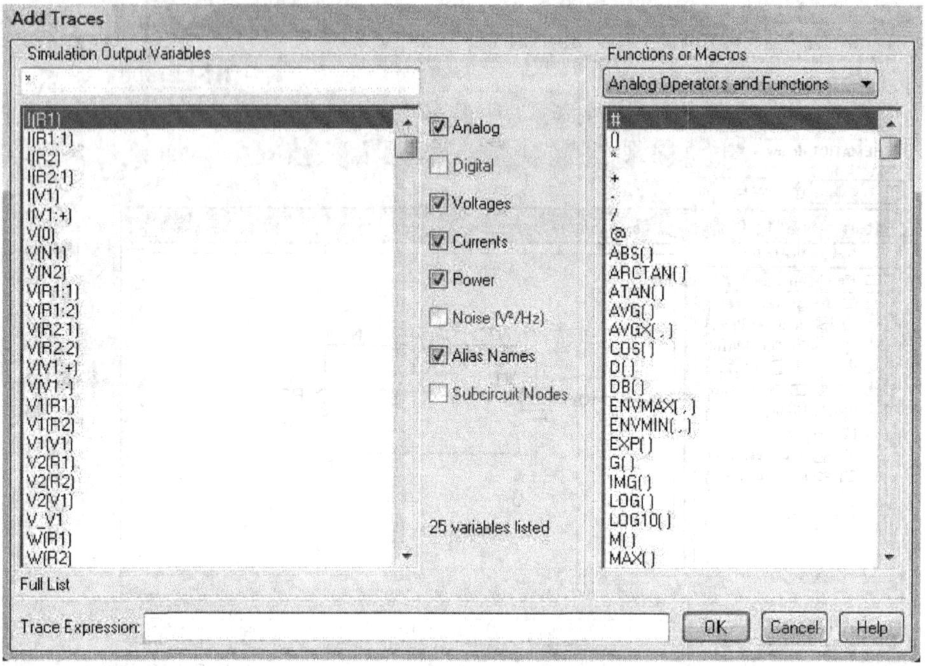

图 2.20 增加迹线对话框

入该端口的电流，例如 I(V1:+)、I(R1:1)和 I(R2:1)。但仿真输出的电压变量比较多，不仅包括了自定义的结点电压 V(N1)和 V(N2)，还包括元件各端口电压，例如电阻 R1 第一个端口的电压 V(R1:1)或 V1(R1)、电阻 R1 第二个端口的电压 V(R1:2)或 V2(R1)等。

本实例要求观察回路电流的变化情况，根据电路连接关系可知，这三个元件串联，流过元件的电流在数值上相等。但因为参考方向，它们的大小可能有正有负，而顺时针参考方向的回路电流为正。在图 2.20 所示的窗口中，分别点击仿真输出变量栏的 I(R1)、I(R2)和 I(V1)；此时，对话框最下方的 Trace Expression 依次出现这三个选项；点击 OK 确定，输出如图 2.21 所示的电流仿真波形。

图 2.21 中，横坐标为电压，纵坐标为电流，当电压从 0 V 增加到 100 V 时，流过电阻 R1 的电流从 0 A 变化到 5 A，而流过电压源 V1 和电阻 R2 的电流从 0 A 变化到 -5 A。由 2.2 节介绍的元件参考方向可知，软件默认电压源的电流与电压为关联参考方向，因此，输出的电流曲线为负值。但流过电阻 R2 的电流为什么是负值呢？查看电路的网表，如图 2.22 所示，其中电阻 R2 的 SPICE 描述语句显示：电阻 R2 的正结点接到了电路中的参考地上。

可见，PSpice 软件中，元件的正端口是确定的，用户在使用过程中要注意加以区别。通常，从元件库中调用元件时，元件默认的摆放位置为左正右负、上正下负。本例中的电阻元件 R2 是在默认的摆放状态下逆时针旋转了 90°，因此，正端连接到了地上。

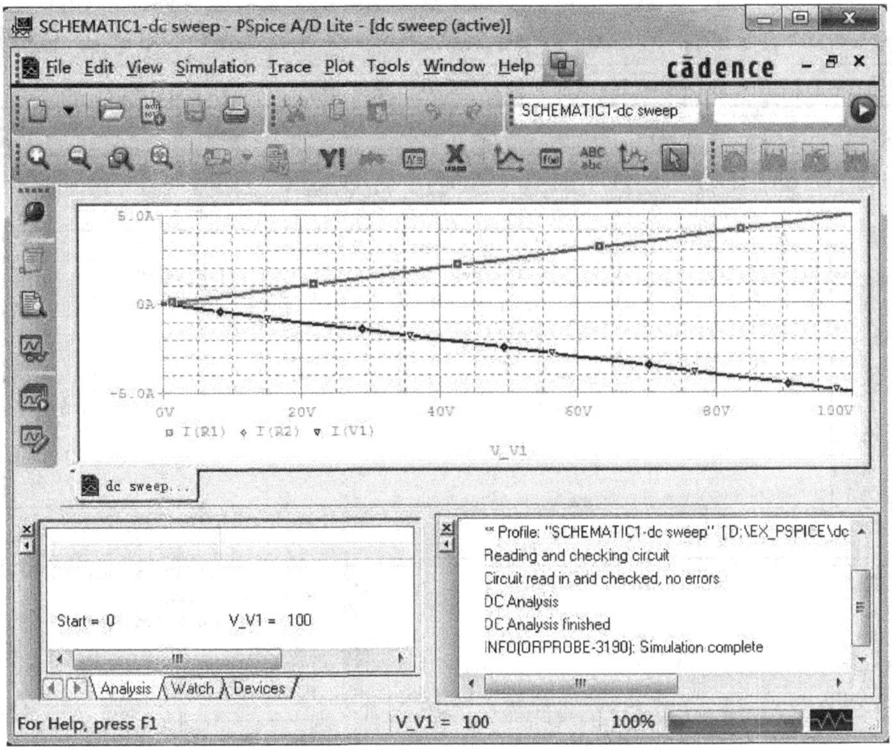

图 2.21　回路电流仿真波形

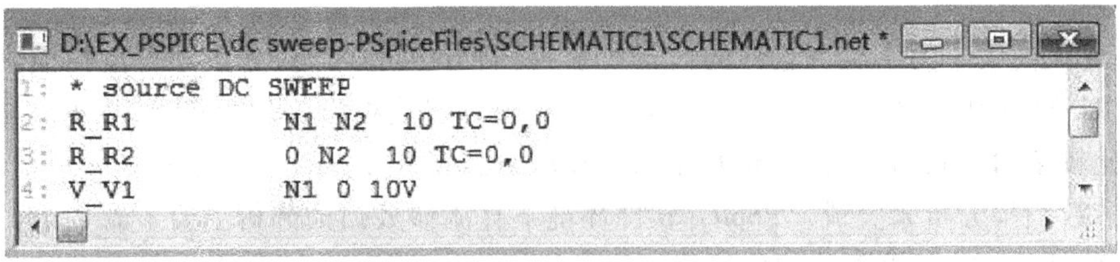

图 2.22　直流扫描实例电路网表

本实例还要求观察电阻 R1 两端的电压变化情况，电阻 R1 两端的电压就是结点 N1 与结点 N2 的电压差。若取从左到右为正方向，这时，电阻 R1 两端的电压为 V(N1) - V(N2)。在图 2.20 所示的增加迹线对话框最下方的 Trace Expression 输入计算表达式 V(N1) - V(N2)，点击 OK 确定，得到如图 2.23 所示的电阻 R1 两端电压变化曲线。

2.5.3　参数扫描分析实例

仍然以图 2.12 所示的传输特性分析实例图为例，分析当独立电压源 V1 的电压从 0 到 100 V，以步长 10 V 线性变化，并且电阻 R1 的阻值分别为 5 Ω、10 Ω 和 20 Ω 的情况下，电阻 R1 和电阻

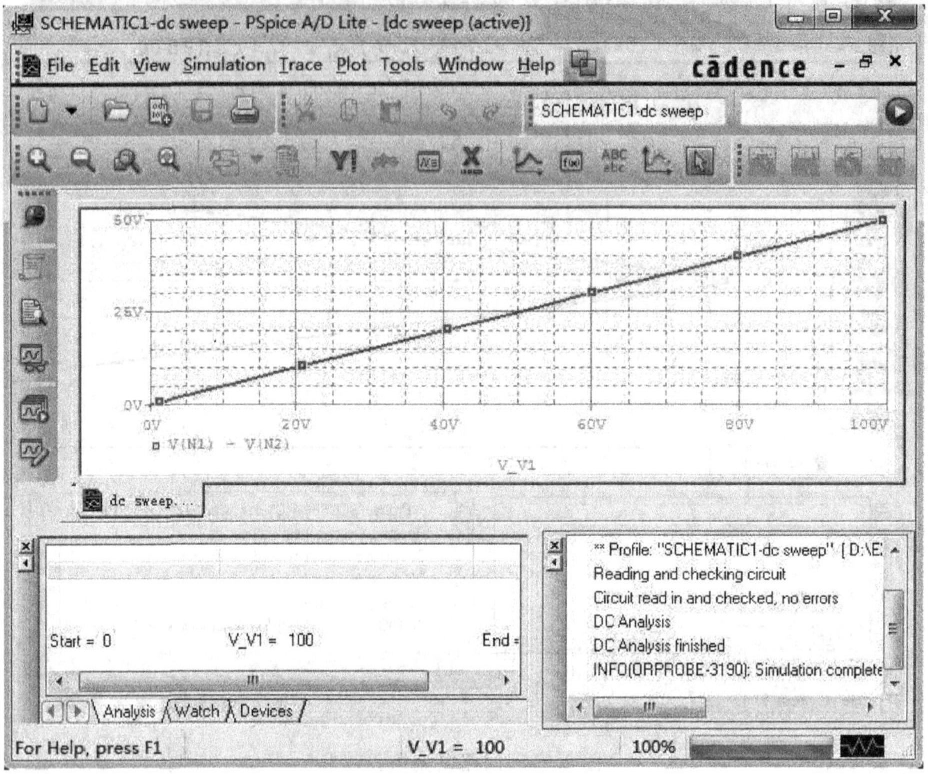

图 2.23 电阻 R_1 两端电压仿真波形

R2 的功率变化曲线。为了实现这样的仿真要求,我们当然可以通过在上述直流扫描分析实例中改变电阻 R1 的阻值,执行三次直流扫描分析来实现。但这种方法比较麻烦,尤其当电阻 R1 的阻值变化比较多时,而且也不便于仿真结果的比较分析。对于这样有两个扫描变量的情况,我们可以通过参数扫描分析来完成。PSpice 软件环境下直流参数扫描分析主要步骤如下。

1. 在原理图编辑环境下绘制电路原理图并保存

这里将电压源 V1 设为一次扫描变量,电阻 R1 的阻值设为参数扫描变量。由于电阻的阻值不是系统默认的变量,因此需要在原理图中给予定义。在 Capture 原理图编辑环境下定义参变量的方法如下。

(1) 定义变量名。在原理图上,双击电阻 R1 的阻值,即图 2.18 所示原理图中电阻 R1 下方的阻值 10,弹出如图 2.24 所示的元件属性显示窗口(Display Properties),将 Value 一栏的阻值 10 改为 {Rvar},点击 OK 保存。这样就将电阻的阻值定义为变量 Rvar。注意,这里的大括号不能少。

(2) 添加全局参数定义元件。点击原理图编辑环境右侧图形快捷方式中的放置元件(Place Part)图标 ,添加 SPECIAL 库(专用库)并查找 PARAM 元件,如图 2.25 所示。点击 OK 将 PARAMETERS元件放置到原理图中。此时,原理图如图 2.26 所示。

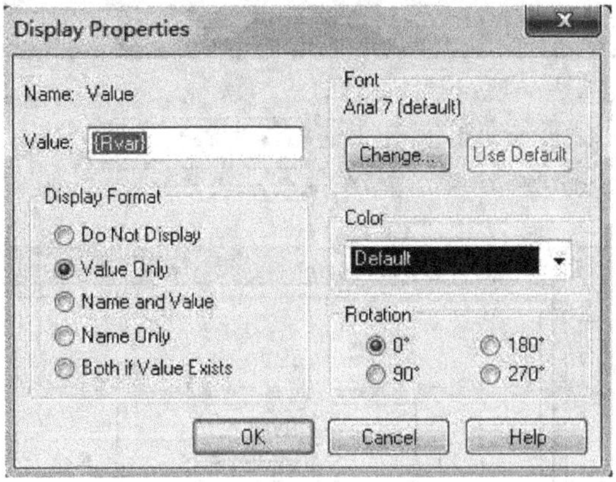

图 2.24 电阻 R1 的属性编辑窗口

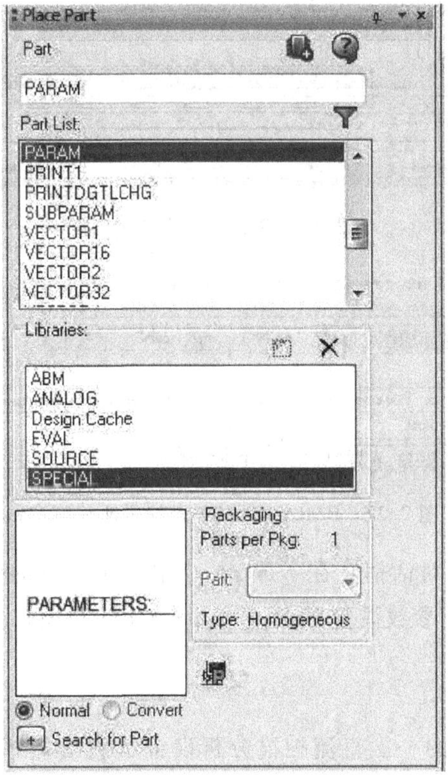

图 2.25 放置 PARAMETERS 元件

(3) 设置 PARAM 元件属性。双击图 2.26 中的字符 PARAMETERS，出现如图 2.27 所示的 Property Editor(属性编辑)窗口。点击图中的按钮 New Column(新栏)，出现如图 2.28 所示的

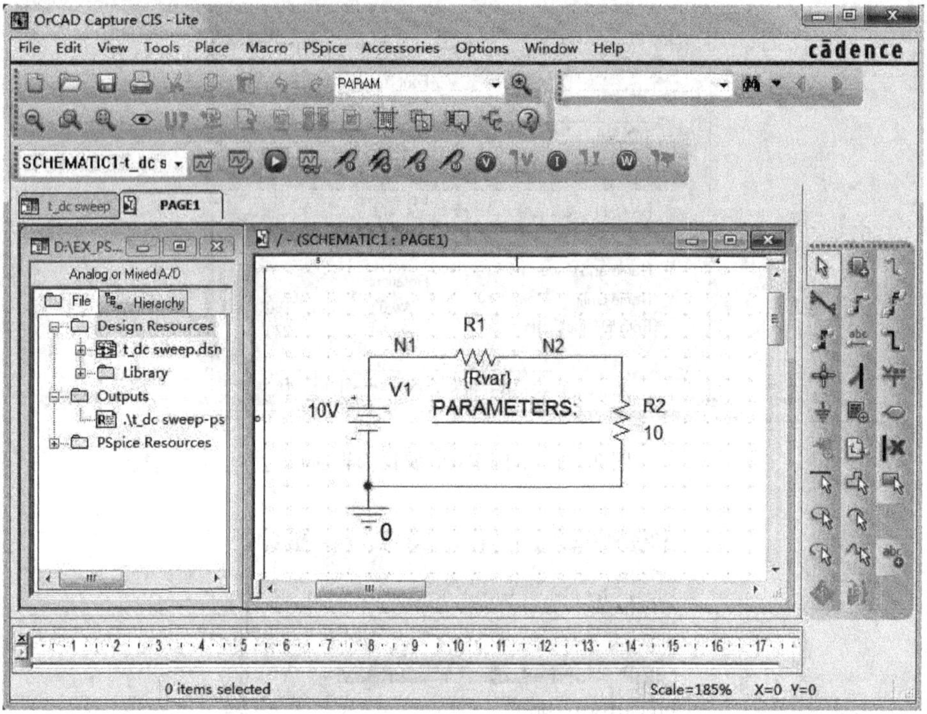

图 2.26　参数扫描分析实例图

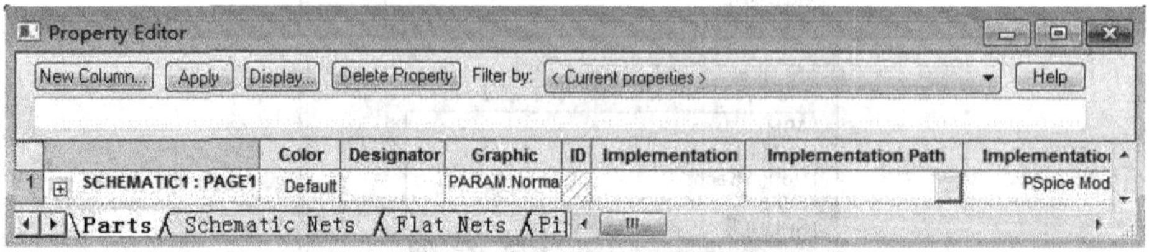

图 2.27　PARAMETERS 元件属性编辑窗口

Add New Column(添加新栏)对话框。在 Name 栏中输入定义过的变量名 Rvar,在 Value 栏输入变量的初值 10,点击 OK 完成参数设置并点击 Property Editor 窗口右上方的图标 ☒ 退出参数元件的属性编辑。

2. 创建新的仿真文件

首先参照 2.5.2 节给出的一次直流扫描分析设置示例图 2.19 完成 Primary Sweep(一次扫描)设置,再勾选 Parametric Sweep(参数扫描)项设置仿真参数。如图 2.29 所示,在参数扫描对应的 Sweep variable(扫描变量)栏内选中 Global parameter(全局参数),在 Parameter name(参数名)栏输入参变量 Rvar;在 Sweep type 栏内选中 Value list 扫描方式,并在该栏依次输入各扫描变量值,各扫描变量值之间以空格分隔。

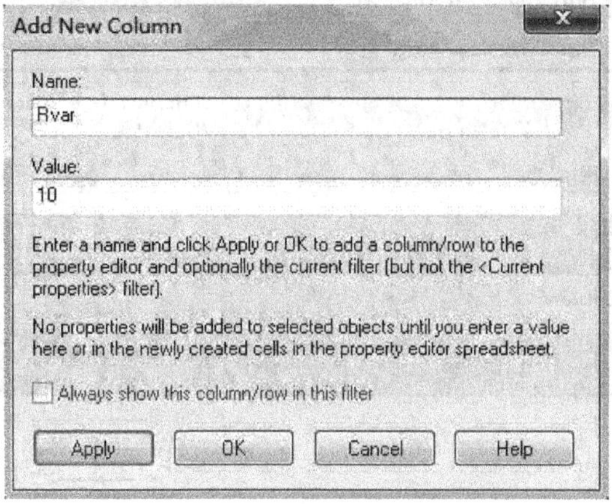

图 2.28 PARAMETERS 元件属性添加新栏

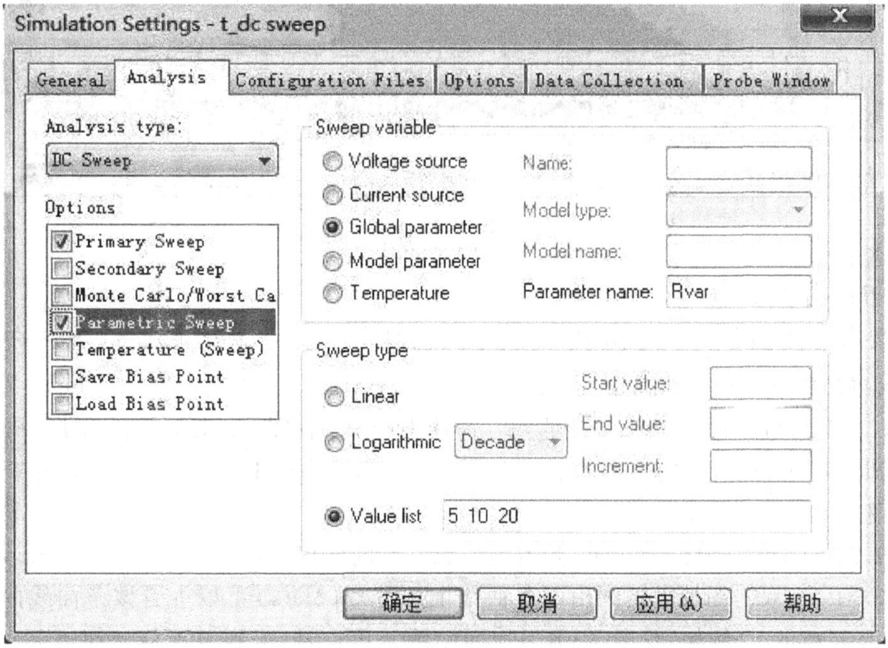

图 2.29 参数扫描仿真设置

3. 运行分析程序

仿真分析程序运行结束后弹出的波形显示窗口如图 2.30 所示。波形显示窗口的前端增加了一个有效选项(Available Sections)窗口,该窗口中列出了各参数扫描值,点击 OK 确定。

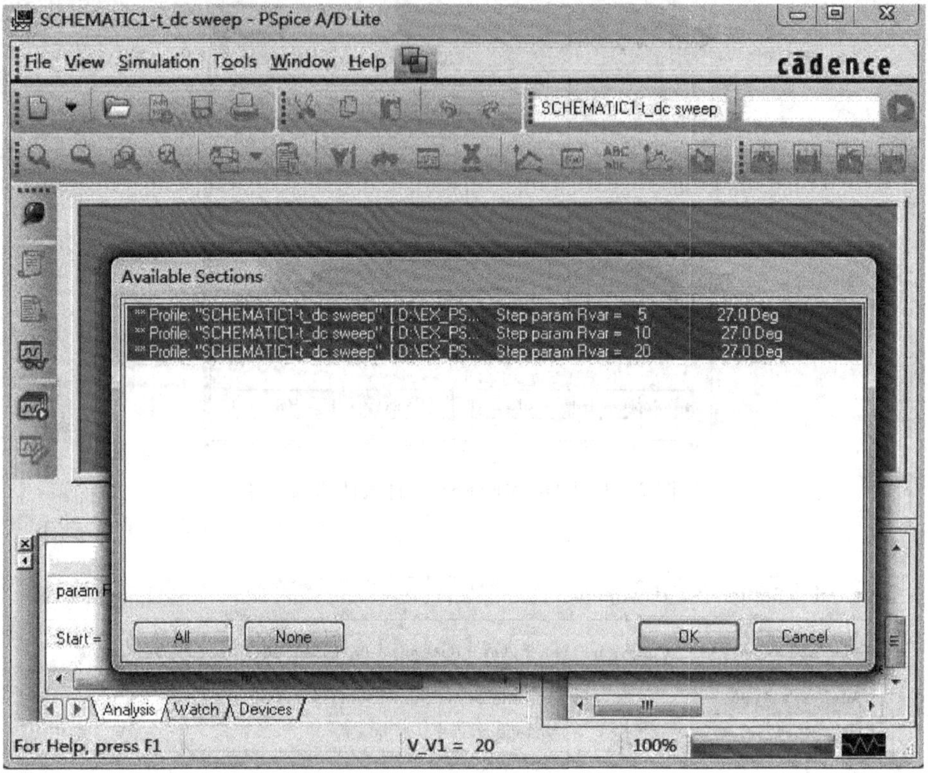

图 2.30　参数扫描波形输出窗口

4. 查看输出波形

本例要求查看电阻 R1 和电阻 R2 的功率变化曲线，通过 Trace（迹线）菜单下的 Add Trace（增加迹线）命令，或者点击快捷图标打开 Add Trace 窗口。在 Simulation Output Variables 栏选择 W(R1) 得到电阻 R1 的功率变化曲线。为清晰起见，先选择波形显示窗口 Plot（绘图）菜单下的 Add Plot to Window（在窗口中添加绘图区）命令，再将电阻 R2 的功率变化曲线 W(R2) 画在新增的绘图区中，如图 2.31 所示。

由图 2.31 显示的仿真结果可见，随着电压源电压的增加，电阻元件 R1 和 R2 吸收的功率增加。在图 2.31 中，双击图形下方列出的各曲线上的符号（Mark）可以查看该条曲线的相关信息（Section Information）。例如，双击 W(R2) 前面的倒三角符号，得到该项信息如图 2.32 所示，信息表明，该曲线是电阻 R1 的阻值为 5 Ω 时的输出波形。这样，我们可以看到，同一电源电压下，当电阻 R1 的阻值增加时电阻 R2 吸收的功率减少，而电阻 R1 却只有两条功率曲线。当电阻 R1 的阻值为 5 Ω 和 20 Ω 时，吸收功率相等，而且小于 R1 阻值为 10 Ω 时的功率。

5. 仿真结果分析

根据图 2.26 所示的电路连接关系和功率定义，可以得到电阻 R1 吸收的功率计算表达式为

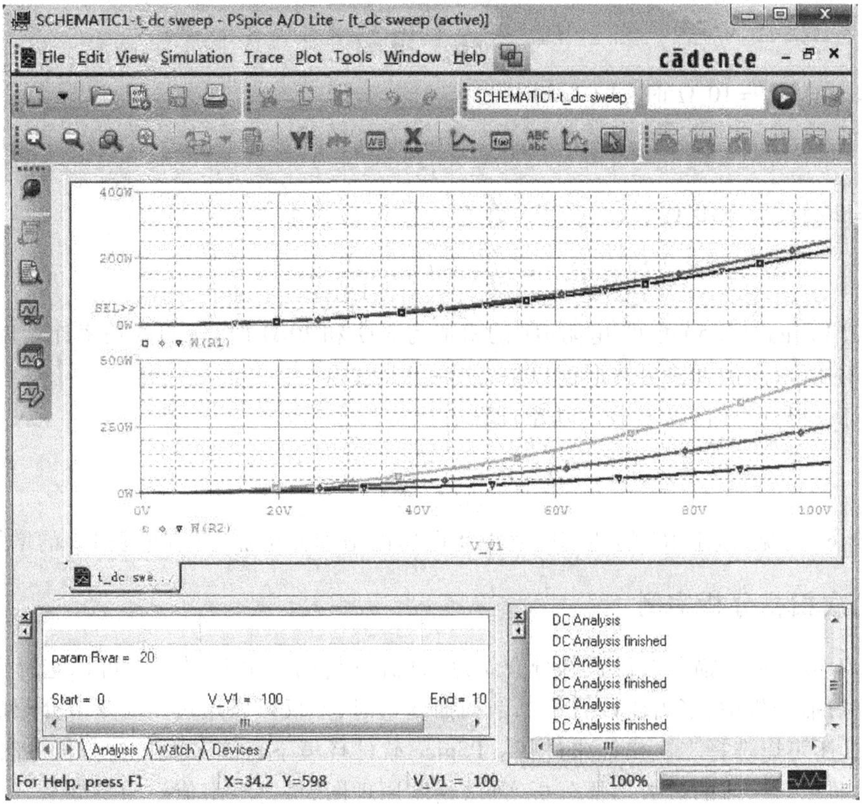

图 2.31 参数扫描输出波形

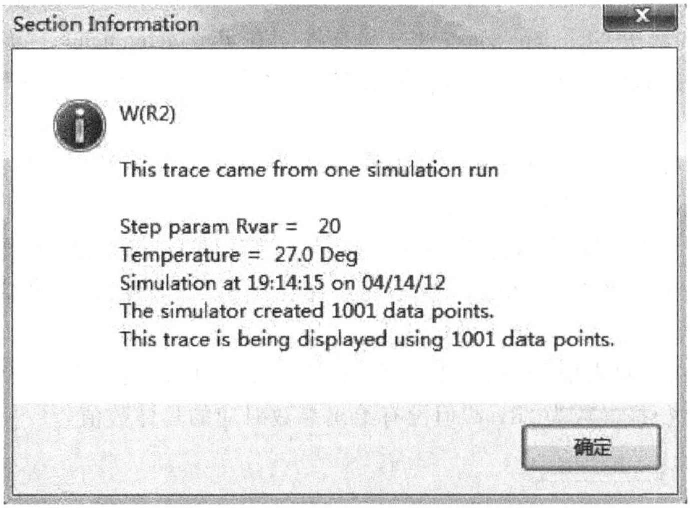

图 2.32 选项信息

$$P_{R1} = \frac{R_1}{(R_1 + R_2)^2} \times V_1^2 \tag{2.3}$$ *

当 $R_1 = 5\ \Omega, R_2 = 10\ \Omega$ 时，式(2.3)变为

$$P_{R1} = \frac{5}{15^2} \times V_1^2 \tag{2.4}$$

当 $R_1 = 20\ \Omega, R_2 = 10\ \Omega$ 时，式(2.3)变为

$$P_{R1} = \frac{20}{30^2} \times V_1^2 = \frac{5}{15^2} \times V_1^2 \tag{2.5}$$

由式(2.4)和式(2.5)可见，电阻 R1 的阻值为 5 Ω 和 20 Ω 时，它们的功率计算表达式相同，因此，图 2.31 所示的仿真输出波形窗口中，这两条曲线重合。

同理，可以得到电阻 R2 吸收的功率计算表达式为

$$P_{R2} = \frac{R_2}{(R_1 + R_2)^2} \times V_1^2 \tag{2.6}$$

由式(2.6)可见，电阻 R2 的功率随着电源电压的增加而增加，随着电阻 R1 的增加而减小。

2.5.4 二次扫描分析实例

在 2.5.1 节直流扫描分析设置部分介绍过，直流分析的 SPICE 语句中可以选择第二个扫描源。在直流扫描分析中，当需要设置第二个扫描变量时，不仅可以通过 2.5.3 节介绍的参数扫描分析来完成，还可以选择二次扫描来进行。PSpice 软件环境下直流二次扫描分析方法介绍如下。

(1) 参照 2.5.3 节的参数扫描分析实例，绘制原理图，将电阻阻值设为参变量。

(2) 创建新的仿真文件。首先参照图 2.19 完成 Primary Sweep(一次扫描)设置，再勾选 Secondary Sweep(二次扫描)项设置二次扫描参数。如图 2.33 所示，在参数扫描对应的 Sweep variable(扫描变量)栏内选中 Global parameter(全局参数)，在 Parameter name 栏输入参变量 Rvar；在 Sweep type 栏中选中 Value list 扫描方式，并在该栏依次输入扫描变量值，各扫描变量值之间以空格分隔。

(3) 运行分析程序。分析程序运行结束后，波形显示窗口的前端不会像参数扫描分析那样出现图 2.30 中所示的 Available Sections。

(4) 查看输出波形。同样，通过波形显示窗口下的 Add Trace(增加迹线)命令来查看电阻 R1 和电阻 R2 的功率变化曲线，如图 2.34 所示。相比于图 2.31 可见，仿真结果一致，所不同的是，图 2.34 中电阻 R1 在不同阻值下的输出曲线用同一种 Mark 标识，而不是如图 2.31 那样用不同的 Mark 加以区别。双击曲线下面的 Mark 标识，给出的曲线选项信息如图 2.35 所示。图 2.35 中仅给出二次扫描参数为“Rvar”但没有给出参数对应的具体数值。

---

*：式(2.3)中 R_1、R_2、V_1 分别与图 2.26 中的 R1、R2、V1 对应，式(2.4)~式(2.6)同。

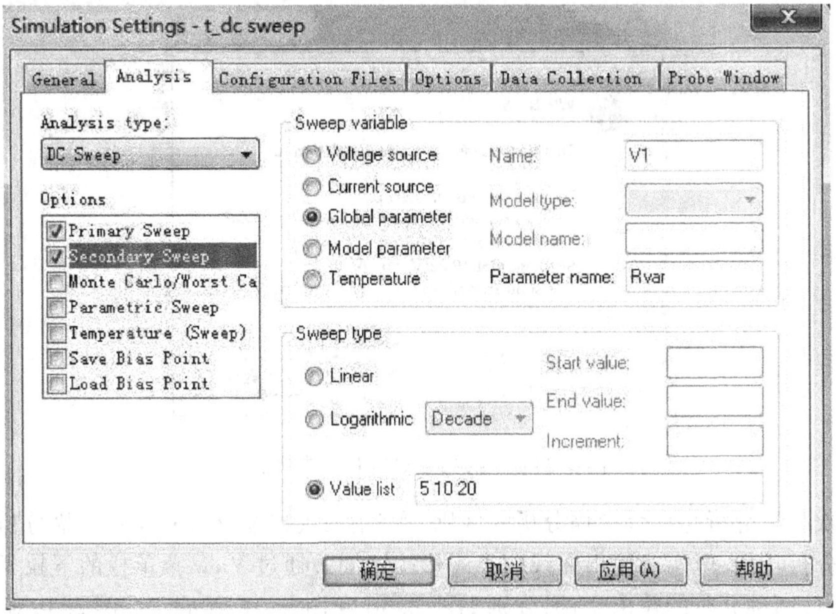

图 2.33 二次扫描参数设置

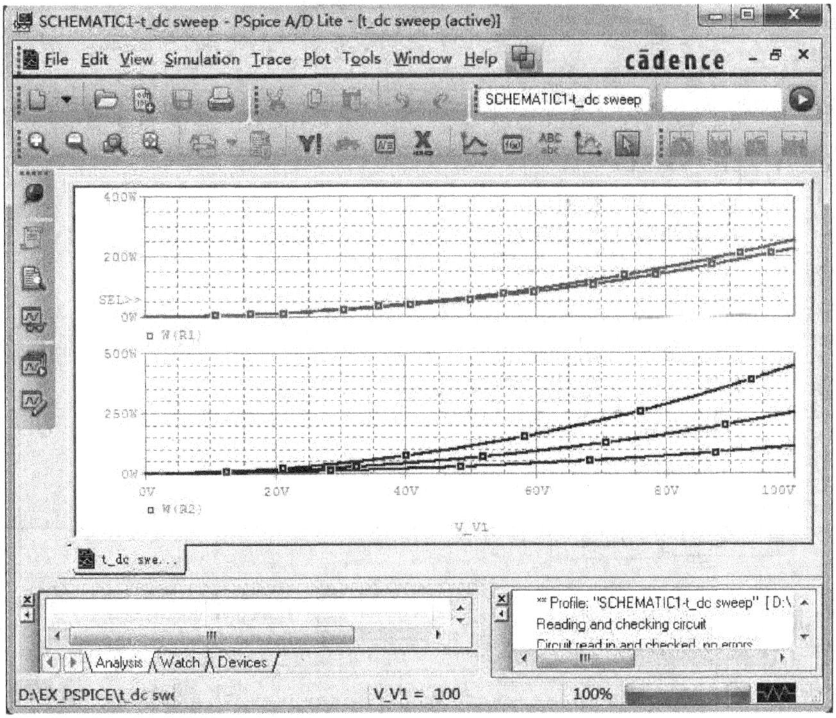

图 2.34 二次扫描输出波形

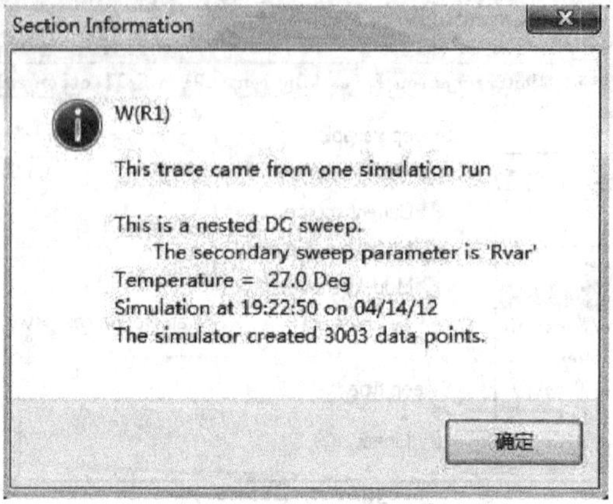

图 2.35　二次扫描输出曲线选项信息

（5）二次扫描分析与参数扫描分析的区别。使用二次扫描分析和参数扫描分析都实现了多变量的仿真分析功能,但两者输出曲线的表现形式不同。通过 View 菜单栏的下拉子菜单 Output file 命令查看这两种分析的输出文件,分别如图 2.36 和图 2.37 所示。在图 2.36 显示的二次扫

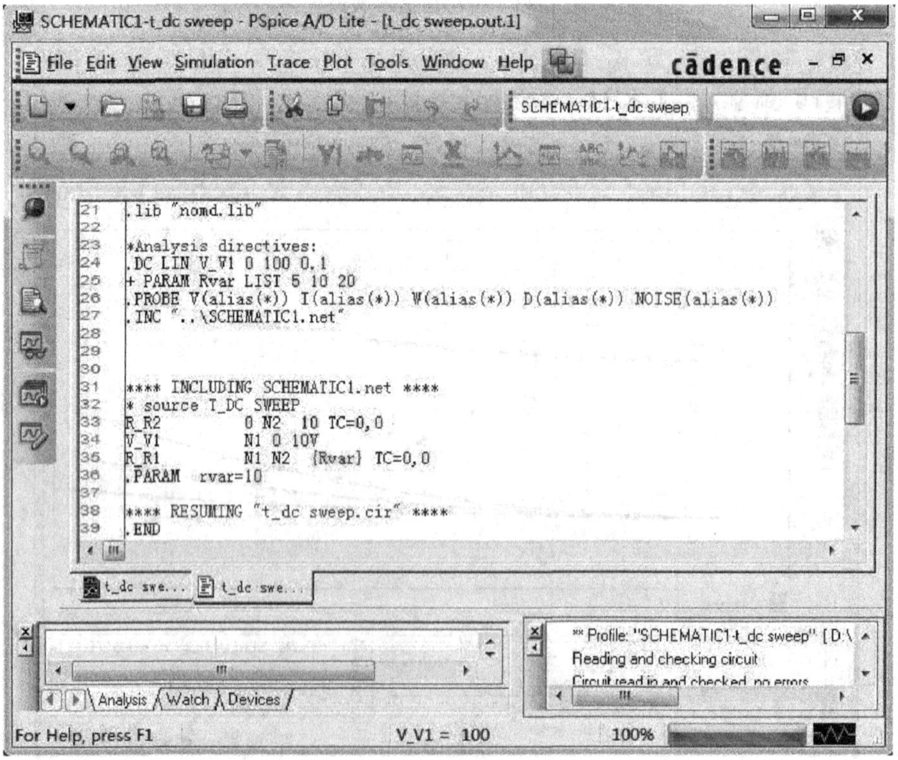

图 2.36　二次扫描分析输出文件

描分析输出文件分析模块（ * Analysis directives）部分，第 1 行是以 . DC 开头的直流分析语句，第 2 行是以“ + ”号开头的语句，表示该行是上一行的续行，这个续行则定义了第 2 个直流扫描源。而图 2.37 显示的参数扫描分析输出文件的 * Analysis directives 模块，第 1 行与图 2.36 对应部分相同，第 2 行则是以 . STEP 开头的参数扫描分析语句。

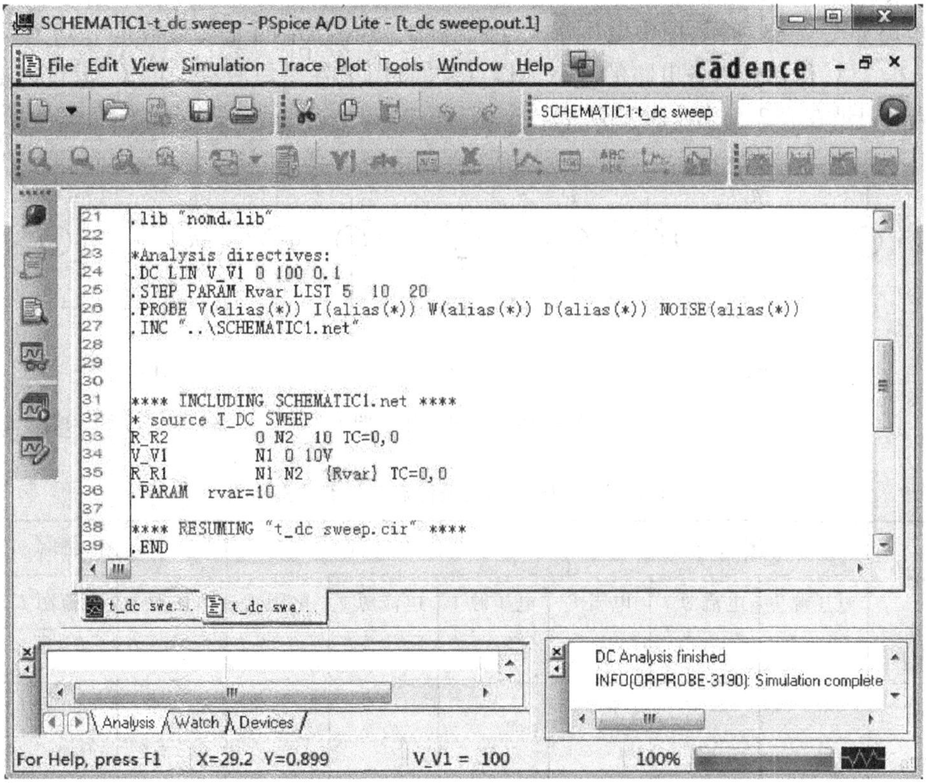

图 2.37 参数扫描分析输出文件

2.6 实训练习

本章安排了三个实训练习，希望通过这三个练习，读者不仅能够掌握 PSpice 软件环境下的基本直流分析方法，熟悉直流分析相关的电路元器件，了解直流分析相关的 SPICE 语句，而且能够借助直流分析实训练习深入理解“电路”课程中学习过的关于电路模型、参考方向、输入电阻、参考结点等基本概念，以及叠加定理、替代定理、戴维宁定理和最大功率传输定理等基本电路定理。

2.6.1 练习一:电阻电路的静态工作点及传输特性分析

实训练习一的主要目的是:(1) 掌握静态工作点分析方法,会查看并分析仿真结果。(2) 掌握传输特性分析方法,并根据仿真结果获得电路的直流增益、输入阻抗和输出阻抗。具体实验内容及实验报告撰写要求如下。

1. 电路如图2.38所示,图中电压源 V、电流源 I 和电阻 R 的元件参数值分别为:$R=5\ \Omega$, $V=15\ \text{V}$,$I=2\ \text{A}$,仿真分析各电路的静态工作点,并将图中各元件两端的电压、流过的电流及功率仿真结果记录在表2.1中。

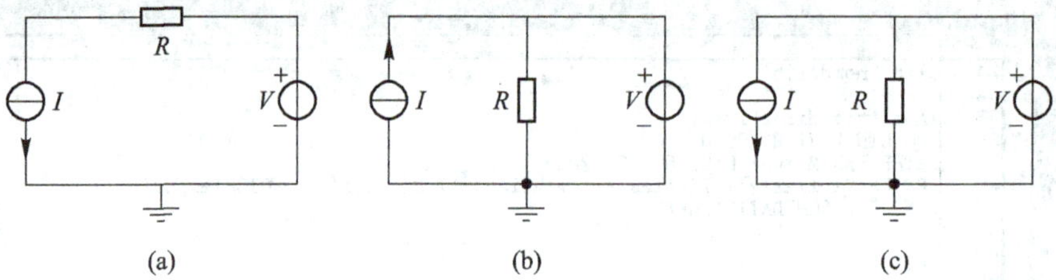

图2.38 练习一实验图1

表2.1 图2.38所示电路静态工作点仿真结果

仿真结果	图2.38(a)			图2.38(b)			图2.38(c)		
	电压源 V	电流源 I	电阻 R	电压源 V	电流源 I	电阻 R	电压源 V	电流源 I	电阻 R
电压(V)									
电流(A)									
功率(W)									

2. 验证电路的KCL、KVL定理。电路如图2.39所示,图中各元件参数值分别为:$R_1=5\ \Omega$, $R_2=5\ \Omega$,$R_3=20\ \Omega$,$R_4=30\ \Omega$,$V_0=30\ \text{V}$,$V_1=5\ \text{V}$,$I_1=1\ \text{A}$。仿真分析并记录电路中各支路电流和各结点电压值,在下列横线上按要求填写合适的表达式。

若回路1的回路方向为顺时针方向,则回路中所有元件电压的代数和为:

____

若回路2的回路方向为顺时针方向,则回路中所有元件电压的代数和为:

____

若回路3的回路方向为顺时针方向,则回路中所有元件电压的代数和为:

____

电阻 R_4所在支路的支路电压 V_{R4}与结点电压 V_{N1}和 V_{N2}的关系：

____

结点 N1 处所有电流的代数和为：

____

结点 N2 处所有电流的代数和为：

____

结点 N3 处所有电流的代数和为：

____

3. 验证叠加定理。电路如图 2.40 所示，图中各元件参数值分别为：$V=20$ V，$I=0.5$ A，$R_1=R_2=R_3=20\ \Omega$，$R_4=30\ \Omega$。根据叠加定理，仿真求解电流源 I 两端的电压（取关联参考方向）和流过电压源 V 的电流（取关联参考方向），填写表 2.2。

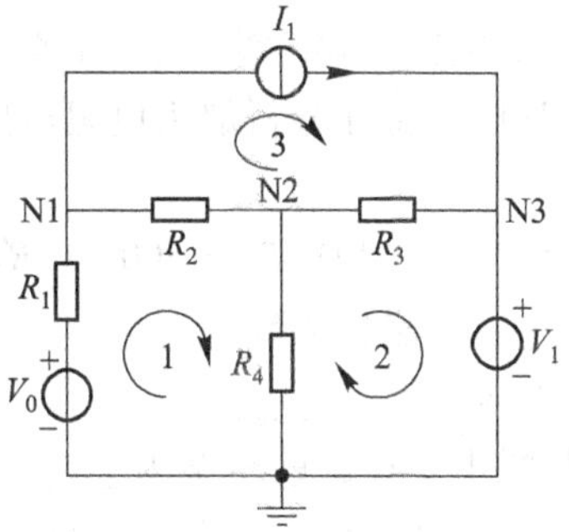

图 2.39 练习一实验图 2

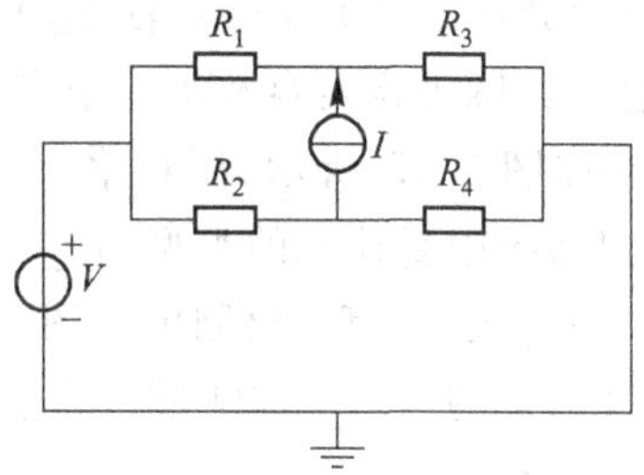

图 2.40 练习一实验图 3

表 2.2 图 2.40 仿真结果

仿真值	电流源 I 两端的电压	流过电压源 V 的电流
电压源单独作用下		
电流源单独作用下		
电压源和电流源共同作用下		

4. 电路如图 2.41 所示，图中各元件参数值分别为：$R_1=3\ \Omega$，$R_2=5\ \Omega$，$R_3=6\ \Omega$，$R_4=1\ \Omega$，$V_1=12$ V，将电压源 V_1所在的端口 N1 作为电路的输入端口，电阻 R_4所在的端口 N2 作为电路的输出端口，仿真分析电路的直流增益、输入阻抗和输出阻抗，并将仿真结果记录在表 2.3 中。

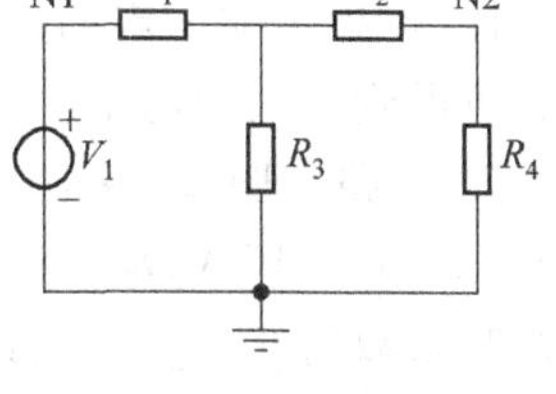

图 2.41 练习一实验图 4

表 2.3　图 2.41 传输特性仿真结果

仿真参数	直流增益	输入阻抗	输出阻抗
仿真结果			

5. 按下列要求撰写实验报告。

(1) 根据图 2.38 仿真结果,试分析各电路功率是否平衡。

(2) 叙述根据图 2.40 验证叠加定理的实验步骤。

(3) 给出一端口输入电阻的定义,理论计算图 2.41 中输入电阻的参数表达式,然后代入各电阻的阻值,比较说明仿真结果与计算值是否一致。

(4) 试定义一端口网络的输出电阻,并根据定义给出输出电阻的参数表达式,然后代入各电阻的阻值,对比图 2.41 仿真结果与计算值,验证输出电阻定义及其参数表达式是否正确。

2.6.2　练习二:含受控源电路的直流分析

实训练习二的主要目的是:(1) 熟悉四种受控源元件的电路连接方法,进一步掌握含有受控源电阻电路的分析。(2) 学会灵活运用静态工作点分析及传输特性分析解决电阻电路的一些基本分析问题。具体实验内容及实验报告撰写要求如下。

1. 电路如图 2.42 所示,图中各元件参数值分别为:$R_1 = 2\ \text{k}\Omega$, $R_2 = 500\ \Omega$, $R_3 = 200\ \Omega$, $V_1 = 12\ \text{V}$,判断图中受控源的类型为____________________,其控制系数为____________。

选择正确的元件类型,绘制电路图,仿真并记录电压 V_x = __________。

2. 如图 2.43 所示一端口网络,其中 $R_1 = 20\ \Omega$,判断图中受控源的类型为______________,其控制系数为______________。选择正确的元件类型,设计合理的仿真电路,读出该一端口电路输入电阻的仿真值为________。

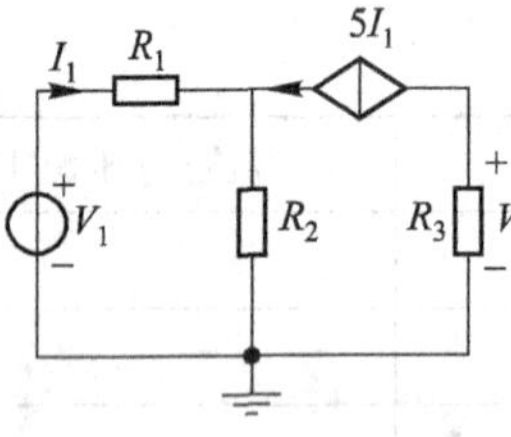

图 2.42　练习二实验图 1

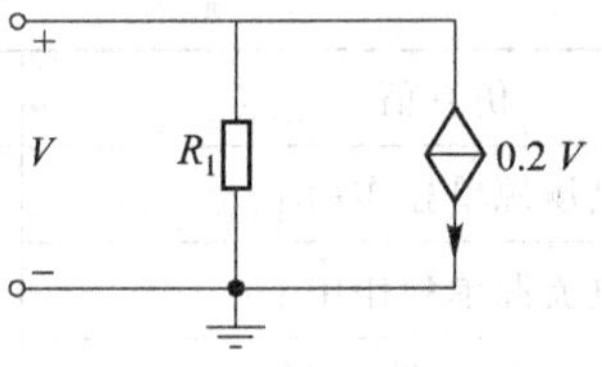

图 2.43　练习二实验图 2

提示:根据输入电阻的定义,可在端口加一个电压源,通过传输特性分析得到输入电阻值。

3. 电路如图 2.44 所示,图中各元件参数值分别为:$R_1 = 6\ \Omega$, $R_2 = 4\ \Omega$, $V_1 = 10\ \text{V}$, $I_2 = 4\ \text{A}$,判断图中受控源的类型为____________,其控制系数为______。选择正确的元件类型,绘制仿真电路图。根据叠加定理,仿真求解电流源两端的电压 V_2,填写表 2.4。

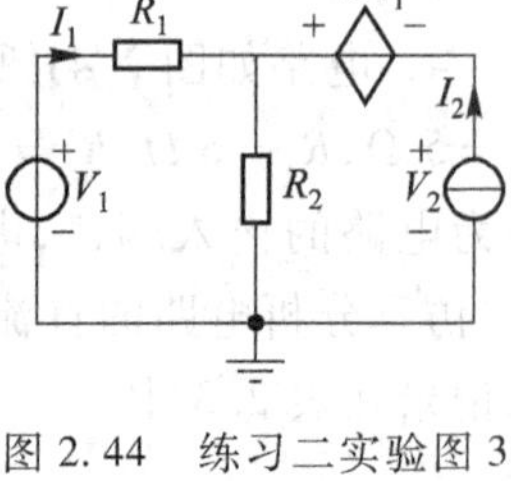

图 2.44　练习二实验图 3

表 2.4 图 2.44 仿真结果

仿真值	电压源单独作用下	电流源单独作用下	电压源和电流源共同作用下
V_2			

4. 电路如图 2.45 所示，图中各元件参数值分别为：$R_1=1\ \text{k}\Omega$，$R_2=1\ \text{k}\Omega$，$R_3=8\ \text{k}\Omega$，$R_4=1\ \text{k}\Omega$，$V_1=5\ \text{V}$，判断图中受控源的类型为________，其控制系数为______。仿真求解图 2.45 所示一端口网络的戴维宁等效电路。

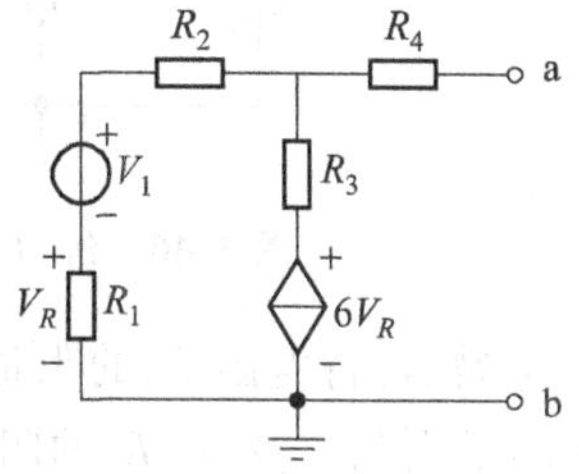

图 2.45 练习二实验图 4

仿真得到该一端口戴维宁等效电路的开路电压 V_{ab} 为______；等效电阻 R_{ab} 为______。

提示：

(1) 根据理想电流源的电流为零时相当于开路的特性，可以在 ab 端口加一个电流值为零的电流源，作静态工作点仿真得到 ab 端口的开路电压。

(2) 根据戴维宁定理：电阻等于一端口内部全部独立电源置零后的输入电阻。将图 2.45 中 5 V 电压源电压值设为零，用本练习 2 中输入电阻的仿真方法获得等效电阻阻值。

5. 按下列要求撰写实验报告。

(1) 根据图 2.42 所示电路连接关系，给出 V_x 的计算过程及其计算结果，并与仿真结果进行比较。

(2) 根据一端口输入阻抗定义，给出图 2.43 所示电路的输入阻抗计算过程及其计算结果，并与仿真结果进行比较。

(3) 不使用叠加定理，根据图 2.44 直接求解电流源两端的电压 V_2，并与仿真结果进行比较。

(4) 给出图 2.45 所示一端口的戴维宁等效电路计算过程及其计算结果，并与仿真结果进行比较。

2.6.3 练习三：电阻电路的直流扫描分析

实训练习三的主要目的是：掌握电路的基本扫描分析和二次扫描分析方法，熟练使用波形查看软件，并能够对输出结果进行简单运算。

1. 电路如图 2.46 所示，图中各元件参数值分别为：$R_1=5\ \Omega$，$R_2=40\ \Omega$，$R_3=32\ \Omega$，$R_4=8\ \Omega$，$I_1=5\ \text{A}$，仿真分析当电压源 V_1 的电压从 0 按步距 10 V 线性变化到 100 V 时，电阻 R_1 两端电压（电压参考方向左正右负）和流过电阻 R_4 的电流（电流方向从左到右）变化曲线，完成实验报告(1)。

2. 电路如图 2.47 所示，图中电阻 R_1 的阻值为 1 kΩ，电压源 V_1 的电压为 1 V，仿真分析当电阻 R_2 取何值时，可获得最大功率，该最大功率为多少？

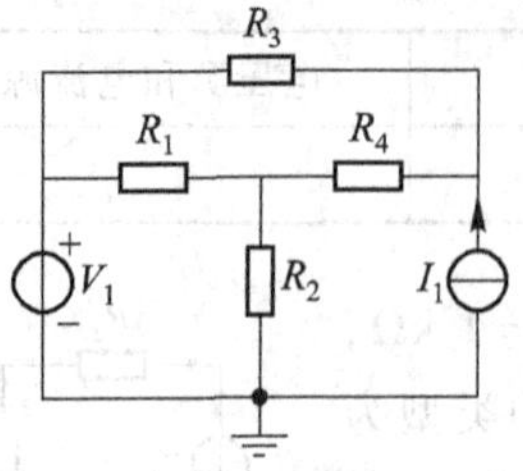

图 2.46 练习三实验图 1

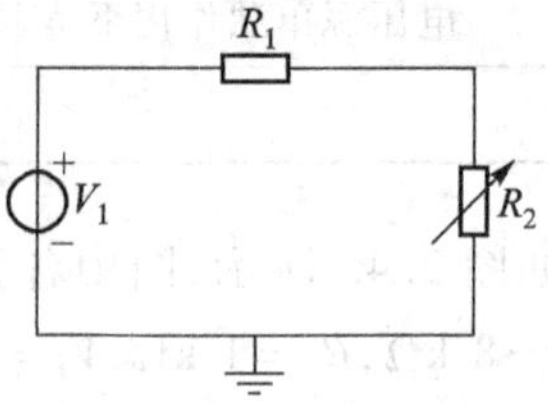

图 2.47 练习三实验图 2

提示：将电阻 R_2 的阻值设为仿真变量，根据 $P = V \times I$，画出电阻 R_2 的功率变化曲线，获得曲线的最大值。这里，R_2 的阻值扫描范围要合理，以保证曲线有最大值。可先设置较大的范围和步长，再缩小范围提高仿真精度。

3. 电路如图 2.48 所示，图中各元件参数值分别为：$R_1 = 10\ \Omega$，$R_2 = 10\ \Omega$，$R_3 = 10\ \Omega$，$R_5 = 10\ \Omega$，$V_1 = 50\ \text{V}$，$V_2 = 50\ \text{V}$，设计合理的分析方法，仿真分析当电阻 R_4 为______时，其吸收的功率最大，最大功率是________；当 R_4 取得最大功率时，两个 50 V 电压源发出的功率共为________；若 $R_4 = 40\ \Omega$，欲使电阻 R_4 中电流为零则其所在支路应并联______________；该元件的参数值是______________。

4. 电路如图 2.49 所示，图中电阻 R_1 的阻值为 10 Ω。设电压源 V 的电压为基本扫描变量，其变化范围为 0 ~ 20 V，按十倍增量的对数扫描方式取 20 个点；电阻 R 的阻值为第二扫描变量，分别取值为：2 Ω、4 Ω 和 6 Ω，仿真得出电压 V_R 随电压源电压和电阻阻值的变化曲线。

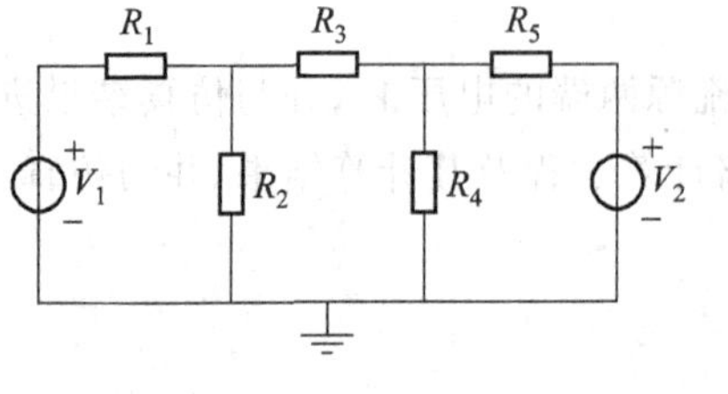

图 2.48 练习三实验图 3

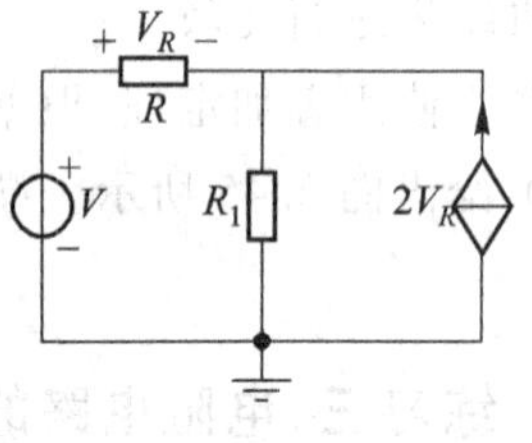

图 2.49 练习三实验图 4

5. 按下列要求撰写实验报告。

(1) 记录图 2.46 中电阻 R_1 两端电压和流过电阻 R_4 的电流变化曲线。

(2) 根据图 2.47，推导最大功率传输参数表达式，代入参数值求解该最大功率是多少？并与仿真结果进行比较。

(3) 叙述实验内容 3 的仿真方法。

(4) 小结电阻电路的直流分析学习心得。

思考题与习题

1. 列举直流分析中元器件的类型，并指出它们所在的库路径。
2. 有哪些方式可以查看.OP分析的结果。
3. 直流分析中，扫描变量可以是哪些量？
4. 对电阻 R 进行参数扫描，是选 Global parameter 还是 Model parameter？
5. 电路的直流增益、输入阻抗和输出阻抗可以通过什么分析来得到。
6. 试叙述参数扫描与二次扫描的区别。

第3章 瞬态分析

瞬态分析对应着“电路”中动态电路的时域响应，即响应随时间的变化关系。它可以在给定激励信号情况下，求电路输出的时间响应、延迟特性；也可以在没有任何激励信号的情况下，求振荡波形、振荡周期等。通过本章的内容介绍和实训练习，希望读者可以进一步认识动态电路的零输入响应、零状态响应、全响应及其瞬态分量、稳态分量等重要概念，掌握 PSpice 软件进行瞬态分析的方法。

本章首先介绍 PSpice 中的储能元件及其构成的动态电路、动态电路分析与瞬态分析的关系，接着介绍瞬态分析中涉及的信号源、仿真参数设置及其分析方法，最后给出几个实训练习，内容与“电路”课程中一阶、二阶电路的时域分析相对应。

3.1 瞬态分析中的电路元器件

在第 2 章中，我们围绕线性电阻电路的直流分析介绍了独立电源、电阻等常用电路元器件在 PSpice 中的描述。本章将首先引入电容、电感和开关这三种新的电路元器件。

“电路”课程中已经详细讨论了电容和电感两种储能元件的电压和电流约束关系（VCR：Voltage Current Relation）、功率和能量表达式，学习了它们作串、并联时的等效参数等，这里着重介绍它们在 PSpice 软件中的描述。

开关在动态电路中常被用来表征 $t=0$ 时刻电路的状态发生变化。它是大多数功率电子电路仿真的关键部件，有时为了加快仿真速度，开关还被用来替代半导体器件，这里着重介绍其在 PSpice 软件中的描述以及在动态电路仿真中的作用。

3.1.1 电容

根据电容元件的 VCR 可知：电容电压是电流的时域积分，与从 0 到 t 时刻所有的电流有关，所以电容是记忆元件；电容电流是电压对时间的导数，即电流与电压的变化率成正比。当电容两端加载直流电压时，电压变化率为零，电流为零，所以电容相当于开路；根据换路定则，电容上的电压不能突变。

PSpice 软件自带的模拟库（analog library）中提供了线性电容、可变电容和电解电容三种类型的电容，它们的图形符号分别如图 3.1 所示。软件中电容两端的电压与流过它的电流参考方向为关联参考方向。

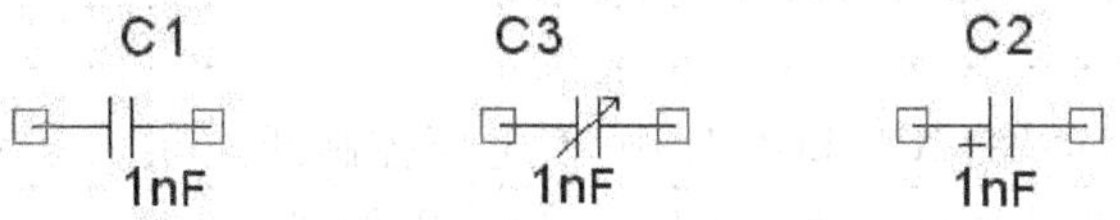

(a) 线性电容　(b) 可变电容　(c) 电解电容

图 3.1 电容元件

电容元件的 SPICE 描述语句如下：

CXX　N +　N -　<(MODEL)NAME>　VALUE　<IC = INCOND>

其中，电容的值要求不能为零，IC 用来规定初始条件，但仅仅在瞬态分析语句中设关键字 UIC 时，IC 的赋值才有意义。

需要说明的是：这里我们仅仅考虑线性的理想电容元件，实际的电容还需要考虑一阶、二阶电压系数，温度系数等，并且在高频电路中，电容模型还需要考虑其端口接触电阻、引线电感等寄生参数。这些将在后续模拟、高频电子技术相关课程中涉及。

3.1.2 电感

根据电感元件的 VCR 可知：电感电流是电压的时域积分，与从 0 到 t 时刻所有的电压有关，所以电感也是记忆元件；电感电压是电流对时间的导数，即电压与电流的变化率成正比。当电感两端加载直流电流时，电流变化率为零，电压为零，所以电感相当于短路；根据换路定则，电感电流不能突变。

PSpice 软件模拟库中的电感图形符号如图 3.2 所示，其中带有加圈星号标记的一端主要用于后续含有耦合电感电路中标记同名端。软件中电感两端的电压与流过它的电流参考方向为关联参考方向。

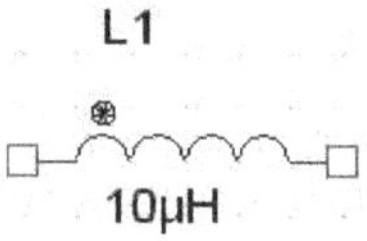

图 3.2 线性电感

电感元件的 SPICE 描述语句如下：

LXX　N +　N -　<(MODEL)NAME>　VALUE　<IC = INCOND>

与电容元件 SPICE 语句类似，其中电感的值要求不能为零，IC 用来规定初始条件，仅仅在瞬态分析语句中设关键字 UIC 时，IC 的赋值才有意义。

需要说明的是：这里我们仅仅考虑线性的理想电感元件，实际的电感元件还需要考虑其一阶、二阶电流系数，温度系数等，并且在高频电路中，电感模型还需要考虑比电容元件更为复杂的寄生参数。这些将在后续模拟、高频电子技术相关课程中涉及一些。

3.1.3 开关

开关被广泛应用在各种电子设备、家用电器中，它是用来接通和断开电路的元件。理想的开关可以看作是包含导通和不导通两种状态的非线性器件，当开关接通后电阻为 0，当开关断开后电阻为无穷大。而实际开关导通时相当于一个线性小电阻，断开时则相当于线性大电阻，所以开关元件又可以看作是分时线性器件,或时变线性器件。为了模拟实际中的开关动作,PSpice 软件提供了几种不同的开关模型,它们的简介如下。

1. 受控开关

受控开关存放在 PSpice 的 ANALOG 库中,有电压控制开关、电压控制时延开关、电流控制开关和电流控制时延开关四种类型,它们的图形符号分别如图 3.3 所示。由图可见,受控的开关是具有四个端子、两个端口的元件,其中一个端口为控制端口,另一个端口为受控端口。

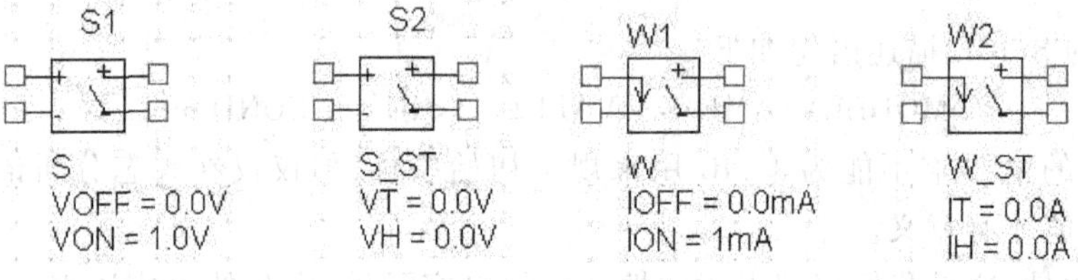

(a) 压控开关 (b) 压控时延开关 (c) 流控开关 (d) 流控时延开关

图 3.3 受控开关

在 PSpice 软件中,开关元件的 SPICE 语句是通过子电路的方式来描述的,下面给出图 3.3 中四种受控开关的 SPICE 描述示例。

(1) 电压控制的开关

```
X_S1      N1   N2   N3   N4   SCHEMATIC1_S1   * 第一行
.SUBCKT   SCHEMATIC1_S1   1   2   3   4    * 第二行
S_S1            3   4   1   2    _S1  * 第三行
RS_S1              1 2 1G     * 第四行
.MODEL _S1 VSWITCH   Roff = 1e6   Ron = 1.0   Voff = 0.0V   Von = 1.0V  * 第五行
.ENDS SCHEMATIC1_S1    * 第六行
```

第一行开头的字母 X 表示调用子电路,N1、N2、N3 和 N4 是连接子电路的结点,SCHEMATIC1_S1 是被调用的子电路名称。该子电路由.SUBCKT 和.ENDS 之间的一组语句来描述。

第二行.SUBCKT 表示子电路的开头,SCHEMATIC1_S1 是定义的子电路名称。在第一行调用子电路语句中,调用的子电路名称就是在这里定义的,调用时必须和定义一致。1、2、3、4 表示子电路对外部结点名称,这是一个形式参量,和第一行中连接子电路的结点名一一对应。

第三行开头字母 S 表示电压控制的开关,类似于电阻 SPICE 描述语句的关键字 R、电容 SPICE 描述语句的关键字 C 和电感 SPICE 描述语句的关键字 L。3 和 4 表示开关的正负结点,1 和 2 表示控制端的正负结点。_S1 表示调用的模型名。

第四行开头字母 R 表示在控制端正负结点 1 和 2 之间接了一个阻值为 1GΩ 的大电阻。由图 3.3(a)可以看到,控制端是开路的,但软件仿真中不允许结点开路,因此,这里用一个大电阻来描述开路的状态。

第五行.MODEL 表示定义器件模型,_S1 表示模型名,第三行调用的模型名_S1 就是在这里定义的,VSWITCH 表示模型的类型为电压控制的开关。该模型的参数有:关断电阻 Roff ,默认值为 1e6,即 1 MΩ;导通电阻 Ron,默认值为 1.0 Ω;关断状态控制电压 Voff,默认值为 0.0 V;导通状态控制电压 Von,默认值为 1.0 V。

第六行.ENDS 表示子电路的结束,其后是子电路名称。

(2) 电压控制的时延开关

```
X_S2      N1   N2   N3   N4   SCHEMATIC1_S2
.SUBCKT   SCHEMATIC1_S2   1   2   3   4
S_S2           3   4   1   2   _S2
RS_S2            1   2   1G
.MODEL _S2   VSWITCH   Roff = 1e6   Ron = 1.0   VH = 0.0V   VT = 0.0V   TD = 0
.ENDS SCHEMATIC1_S2
```

与上述给出的电压控制开关相比,其不同之处在于模型语句中多了表示时延的参变量 TD。

(3) 电流控制的开关

```
X_W1      N1   N2   N3   N4   SCHEMATIC1_W1     *第一行
.SUBCKT    SCHEMATIC1_W1   1   2   3   4     *第二行
W_W1      3   4   VW_W1    _W1      *第三行
VW_W1      1   2   0V      *第四行
.MODEL _W1   ISWITCH   Roff = 1e6   Ron = 1.0   Ioff = 0.0mA   Ion = 1.0mA    *第五行
.ENDS SCHEMATIC1_W1  *第六行
```

第一行和第二行语义请参照电压控制的开关(1);第三行开头字母 W 表示电流控制的开关,3 和 4 表示开关的正负结点,VW_W1 表示控制电流流过的电压源名称,_W1 表示模型名;第四行开头字母 V 表示在控制端的正负结点 1 和 2 之间连接了一个电压值为 0 V 的电压源;第五行_W1 表示模型名,ISWITCH 表示模型的类型为电流控制的开关,其后是参数值。该模型的参数有:关断电阻 Roff ,默认值为 1e6,即 1 MΩ;导通电阻 Ron,默认值为 1.0 Ω;关断状态控制电流 Ioff,默认值为 0.0 A;导通状态控制电流 Ion,默认值为 1.0 mA。

(4) 电流控制的时延开关

```
X_W2    N1   N2   N3   N4   SCHEMATIC1_W2
.SUBCKT SCHEMATIC1_W2   1   2   3   4
W_W2      3   4   VW_W2    _W2
VW_W2      1   2   0V
.MODEL    _W2   ISWITCH   Roff = 1e6   Ron = 1.0   IT = 0.0A   IH = 0.0A   TD = 0
.ENDS SCHEMATIC1_W2
```

同样,与电流控制的开关相比,电流控制的时延开关仅仅是在模型语句中多了表示时延的参变量 TD。

2. 时间开关

开灯和关灯是我们在日常生活中经常的行为动作，这里的开关并不需要受电压或电流的控制。为了描述这样一个在某个时刻接通电路，在另一个时刻断开电路的行为动作，PSpice的EVAL库中提供了两个开关元件Sw_tClose和Sw_tOpen，我们称之为时间开关，它们的图形符号分别如图3.4所示。其中，图3.4(a)所示的开关Sw_tClose默认状态为打开，在指定的时刻(默认时刻为0)开关合上；图3.4(b)所示的开关Sw_tOpen默认状态为闭合，在指定的时刻(默认时刻为0)开关打开。

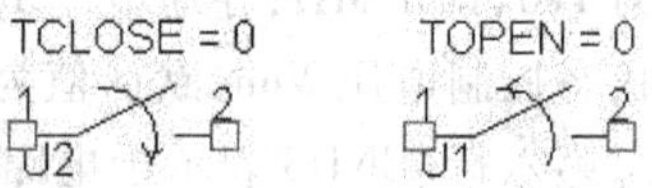

(a) Sw_tClose (b) Sw_tOpen

图3.4 时间开关

与受控开关一样，在PSpice软件中，时间开关元件的SPICE语句也是通过子电路的方式来描述，它们的SPICE描述示例如下。其中，以"+"号开头的行表示是上一行的继续，各语句的意思这里不再具体说明。

(1) 常开型开关(Sw_tClose)

```
X_U2 N1 N2  Sw_tClose  PARAMS: tClose = 0  ttran = 1u  Rclosed = 0.01
+  Ropen = 1Meg
.SUBCKT  Sw_tClose  1  2  PARAMS:
+ tClose = 0        ; time at which switch begins to close
+ ttran = 1u        ; time required to switch states (must be realistic, not 0)
+ Rclosed = 0.01  ; Closed state resistance
+ Ropen = 1Meg      ; Open state resistance (Ropen/Rclosed < 1E10)
V1 3 0 pulse(0 1 {tClose} {ttran} 1 10k 11k)
S1 1 2 3 0 Smod
.MODEL Smod Vswitch (Ron = {Rclosed} Roff = {Ropen})
.ENDS Sw_tClose
```

(2) 常闭型开关(Sw_tOpen)

```
X_U1  N1  N2  Sw_tOpen  PARAMS: tOpen = 0  ttran = 1u  Rclosed = 0.01
+  Ropen = 1Meg
.SUBCKT  Sw_tOpen  1  2  PARAMS:
+ tOpen = 0         ; time at which switch begins to close
+ ttran = 1u        ; time required to switch states (must be realistic, not 0)
+ Rclosed = 0.01  ; Closed state resistance
+ Ropen = 1Meg      ; Open state resistance (Ropen/Rclosed < 1E10)
V1 3 0 pulse(1 0 {tOpen} {ttran} 1 10k 11k)
S1 1 2 3 0 Smod
```

```
.MODEL Smod Vswitch(Ron = {Rclosed} Roff = {Ropen})
.ENDS Sw_tOpen
```

3.2 动态电路的时域响应

通过“电路”课程的学习，我们知道线性电阻元件的电压和电流约束关系服从欧姆定律，而电容和电感元件的电压和电流约束关系则是由微分或积分函数来表示的，所以这两种储能元件又被称为动态元件。

含有动态元件的电路称为动态电路。通常情况下，若电路仅含一个动态元件，其他部分是线性电阻电路时，所得的电路方程为一阶微分方程，故称为一阶电路。含有一个动态元件电容的电路即为一阶 *RC* 电路；含有一个动态元件电感的电路即为一阶 *RL* 电路。当电路中含有两个动态元件时，其建立的方程通常是二阶微分方程，这样的电路称为二阶电路。当电路中含有 n 个动态元件时，其建立的方程通常是 n 阶微分方程，这样的电路称为高阶电路。对于一阶电路而言，分析电路的响应就是求解以时间为自变量的一阶微分方程。以此类推，可以分析二阶电路和高阶电路的响应。如果简单一阶、二阶电路的手工计算还可以借助高等数学的知识，那么对于高阶电路的分析，手工计算就相当费时费力了。借助 EDA 仿真工具，就会方便快捷得多。

动态电路可以通过 SPICE 程序中的瞬态分析(Transient Analysis)来获得其时域的响应。SPICE 程序进行瞬态分析时，首先自动计算电路的直流偏置点以作为瞬态分析的初值。与直流分析不同，这里计算的直流偏置点考虑了储能元件的初始储能，即，电容的初始电压和电感的初始电流。然后再通过计算分析给出电路结点在整个显示周期中每一时刻的电压波形或支路的电流波形。本书参考文献[7]介绍了瞬态分析的求解过程和求解方法，有兴趣的读者可以参考阅读。

3.3 SPICE 中的瞬态信号源

在 PSpice 中，信号源分为独立信号源和受控信号源两种。独立信号源又分为直流源、瞬态源和交流信号源，分别用于直流分析、瞬态分析和交流小信号分析。

通过第 2 章的学习，我们知道直流分析中的独立信号源主要是直流电压源和直流电流源两种。在 PSpice 软件中用于瞬态分析的瞬态源主要有脉冲(Pulse)、正弦(Sinusoidal)、指数(Exponential)、分段线性(Piecewise Linear)和单频调频(Single - Frequency Frequency - Modulated)等五种形式，分别介绍如下。

3.3.1 脉冲源

PSpice 软件中的脉冲源分为脉冲电压源(VPULSE)和脉冲电流源(IPULSE)两种,图 3.5 给出了它们的符号示意图,其中各参数的含义如表 3.1 所示,各参数和波形图之间的关系如图 3.6 所示。

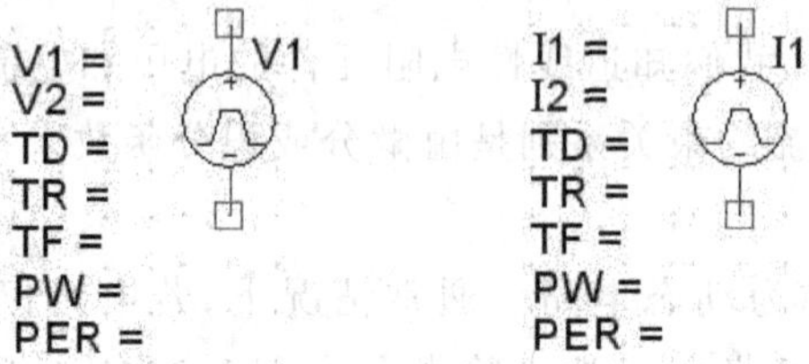

(a) 脉冲电压源　　(b) 脉冲电流源

图 3.5　脉冲源电路符号

表 3.1　脉冲源参数及其含义

参数	意义	单位
V1(I1)	起始值	V/A
V2(I2)	脉动值	V/A
TD	延迟时间	s
TR	上升时间	s
TF	下降时间	s
PW	脉冲宽度	s
PER	周期	s

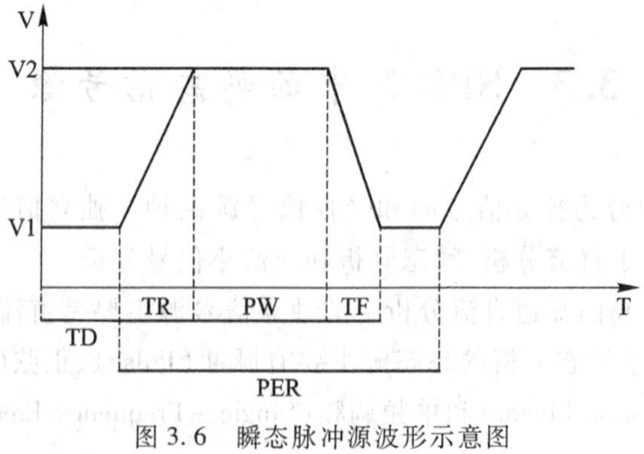

图 3.6　瞬态脉冲源波形示意图

SPICE 中描述脉冲电压源的语句以关键字 V 开头,其一般格式为:

VXX N+ N- PULSE <V1 V2 TD TR TF PW PER>

例 1:V_V1 N1 0 PULSE 0 5 10n 10n 10n 50n 100n

表示在结点 N1 和 0 之间定义了一个低电压为 0 V、高电压为 5 V 的脉冲电压源 V1,该脉冲电压源的周期为 100 ns、上升时间和下降时间为 10 ns、脉宽为 50 ns 并且延迟时间为 10 ns,其波形如图 3.7 所示。

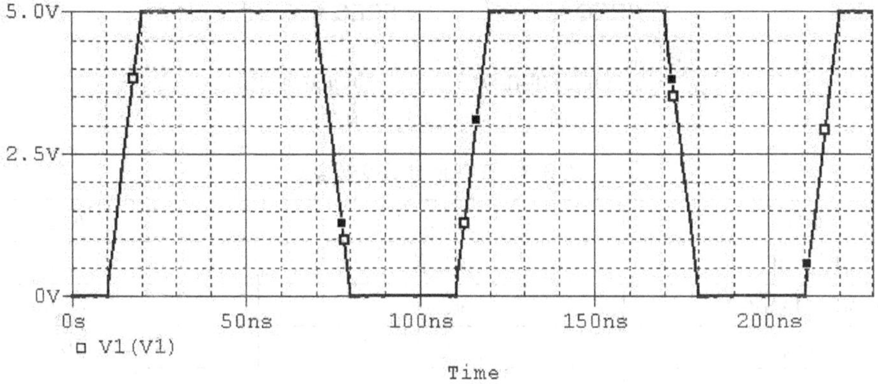

图 3.7 脉冲电压源实例波形图

SPICE 中描述脉冲电流源的语句以关键字 I 开头,其一般格式为:

IXX N+ N- PULSE <I1 I2 TD TR TF PW PER>

例 2:I_I1 N1 0 PULSE 0 5 0 5n 5n 20n 100n

表示在结点 N1 和 0 之间定义了一个低电流为 0 A、高电流为 5 A 的脉冲电流源 I1,该脉冲电流源的周期为 100 ns、上升时间和下降时间为 5 ns、脉宽为 20 ns、延迟时间为 0,其波形如图 3.8 所示。

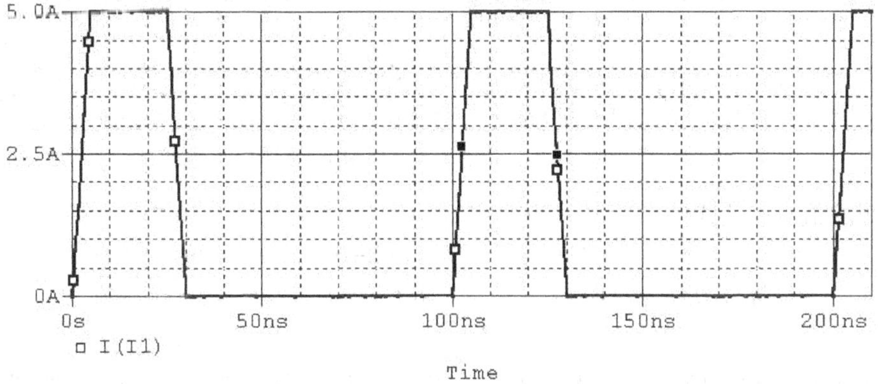

图 3.8 脉冲电流源实例波形图

3.3.2 正弦源

PSpice 软件中提供的正弦信号源分为电压源(VSIN)和电流源(ISIN)两种,图 3.9 给出了它们的符号示意图,其中各参数的含义如表 3.2 所示。

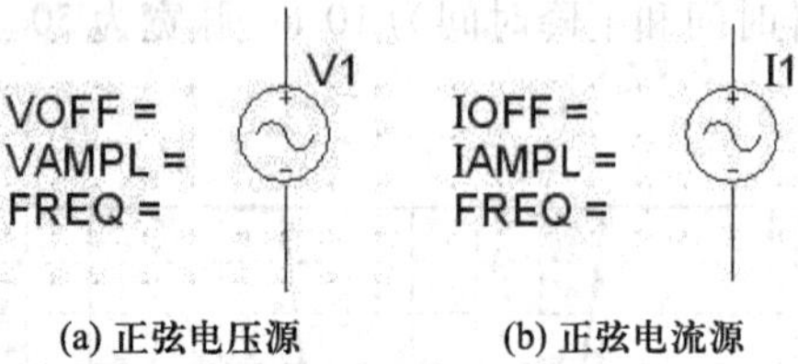

图 3.9 正弦源符号示意图

表 3.2 正弦源参数及其含义

参数	意义	单位
VOFF(IOFF)	偏置值	V/A
VAMPL(IAMPL)	振 幅	V/A
FREQ	频 率	Hz
TD	延迟时间	s
DF	阻尼因子	1/s
PHASE	相位延迟	度(°)

正弦源除了图 3.9 中所示的偏置值、振幅和频率三个基本参数之外,还有延迟时间(TD: Time Delay)、阻尼因子(DF: Damping Factor)和相位延迟(PHASE)三个可选参数,可选参数的默认值为“0”。通过双击元件,打开元件的属性编辑(Property Editor)窗口,如图 3.10 所示,可以根据需要修改这些参数值。

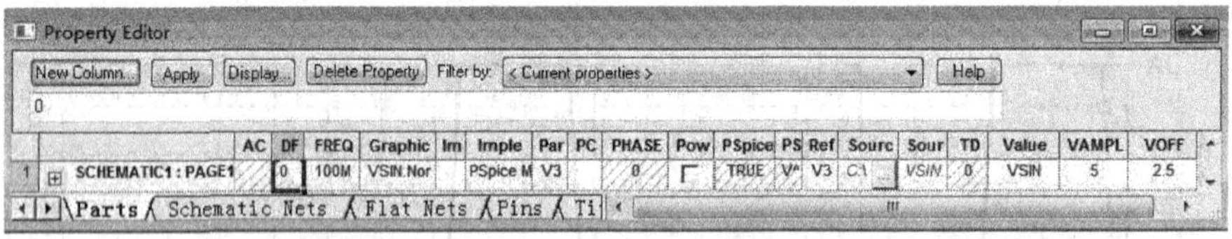

图 3.10 正弦电压源属性编辑示意图

正弦源的值由表达式(3.1)和(3.2)决定

$$V(t) = VOFF + VAMPLe^{-DF\times(t-TD)}\sin(2\pi f(t-TD) + PHASE/360) \quad (3.1)^{*}$$

$$I(t) = IOFF + IAMPLe^{-DF\times(t-TD)}\sin(2\pi f(t-TD) + PHASE/360) \quad (3.2)$$

*:式(3.1)和式(3.2)中 *VOFF*、*VAMPL*、*DF*、*TD*、*PHASE*、*IOFF*,*IAMPL* 分别和表 3.2 中的 VOFF、VAMPL、DF、TD、PHASE、IOFF、IAMPL 对应。

SPICE 中描述正弦电压源的语句以关键字 V 开头，其一般格式为：

VXX N+ N- SIN VOFF VAMPL FREQ <TD DF PHASE>

例 3：V_V1 N1 0 SIN 2 2 100Meg 0 0 0

表示在结点 N1 和 0 之间定义了一个偏移电压为 2 V、振幅为 2 V 的正弦电压源 V1，该正弦电压源的频率为 100 MHz，即周期为 10 ns，延迟时间、阻尼因子和相位延迟均为 0，其波形如图 3.11 所示。

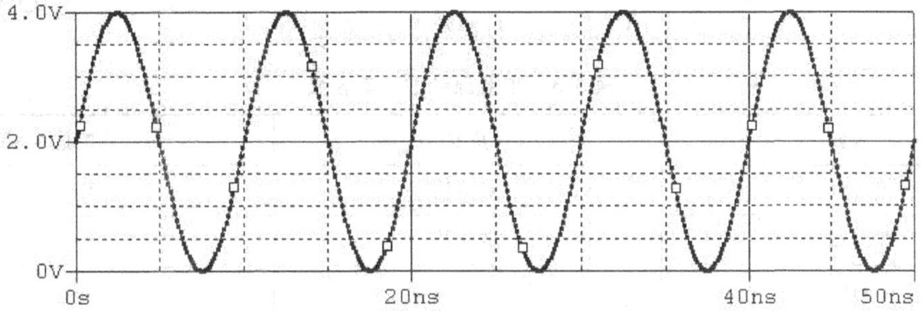

图 3.11 正弦电压源实例波形图

SPICE 中描述正弦电流源的语句以关键字 I 开头，其一般格式为：

IXX N+ N- SIN IOFF IAMPL FREQ <TD ALPHA PHASE>

例 4：I_I1 N2 0 SIN 0 5 1Meg 1u 1Meg 0

表示在结点 N2 和 0 之间定义了一个偏移电流为 0 A、振幅为 5 A 的正弦电流源 I1；该正弦电流源的频率为 1 MHz，即周期为 1 μs；延迟时间为 1 μs，即延迟一个周期；阻尼因子为 1 MHz，相位延迟为 0，其波形如图 3.12 所示。

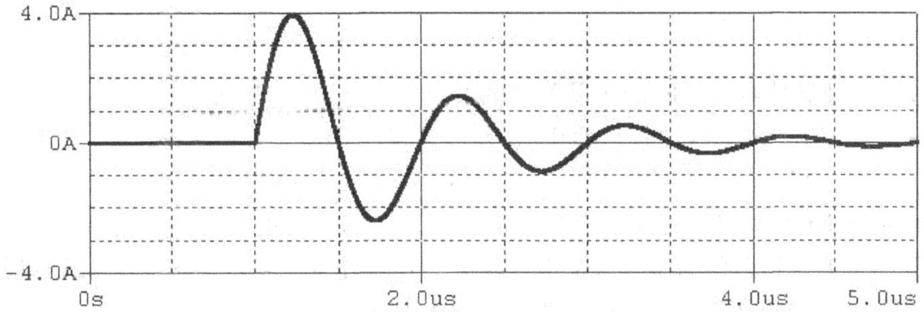

图 3.12 正弦电流源实例波形图

3.3.3 指数源

PSpice 软件中提供的指数源分为电压源（VEXP）和电流源（IEXP）两种，图 3.13 给出了它们的符号示意图，其中各参数的含义如表 3.3 所示。

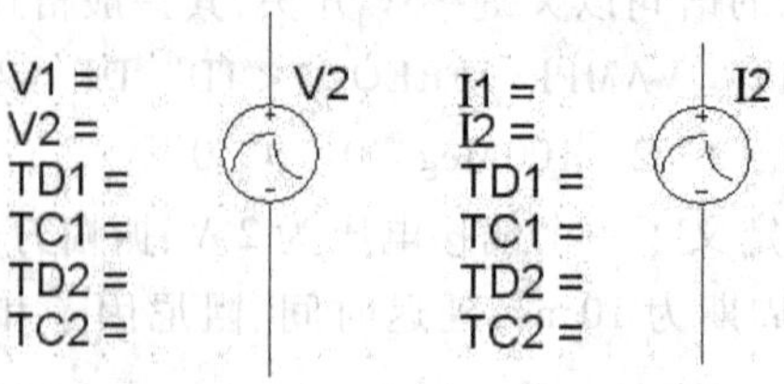

(a) 指数电压源　　(b) 指数电流源

图 3.13　指数源符号示意图

表 3.3　指数源参数及其含义

参数	意义	单位
V1(I1)	初始值	V/A
V2(I2)	终止值	V/A
TD1	上升延迟时间	s
TC1	上升时间常数	s
TD2	下降延迟时间	s
TC2	下降时间常数	s

指数源的值由表达式(3.3)和式(3.4)决定

$$V(t)=\begin{cases} V_1+(V_2-V_1)(1-e^{-(t-TD_1)/TC_1}) & TD_1\leqslant t\leqslant TD_2 \\ [V_1+(V_2-V_1)(1-e^{-(TD_2-TD_1)/TC_1})]e^{-(t-TD_2)/TC_2} & t\geqslant TD_2 \end{cases} \tag{3.3}$$ *

$$I(t)=\begin{cases} I_1+(I_2-I_1)(1-e^{-(t-TD_1)/TC_1}) & TD_1\leqslant t\leqslant TD_2 \\ [I_1+(I_2-I_1)(1-e^{-(TD_2-TD_1)/TC_1})]e^{-(t-TD_2)/TC_2} & t\geqslant TD_2 \end{cases} \tag{3.4}$$

SPICE 中描述脉冲电压源的语句以关键字 V 开头，其一般格式为：

VXX　N+　N-　EXP　V1　V2　TD1　TC1　TD2　TC2

例 5：V_V1　N1　0　EXP　0　5V　10n　5ns　50ns　10ns

表示在结点 N1 和 0 之间定义了一个初始电压为 0 V、终止电压为 5 V 的指数电压源 V1，该指数电压源的上升延迟时间为 10 ns、按指数规律上升的时间常数为 5 ns、下降延迟时间为50 ns、按指数规律下降的时间常数为 10 ns，其波形如图 3.14 所示。

由图3.14 可见，电压源从 0 V 上升到 5 V 所需要的时间约为 20 ns，即从 10 ns 开始到 30 ns；电压源从 5 V 下降到 0 V 所需要的时间约为 40 ns，即从 50 ns 开始到 90 ns。可见，时间常数小，过渡过程快；时间常数大，过渡过程慢。

---

*：式(3.3)和式(3.4)中的 V_1、V_2、TD_1、TC_1、TD_2、TC_2、I_1、I_2 分别与图 3.13 中的 V1、V2、TD1、TC1、TD2、TC2、I1、I2 对应。

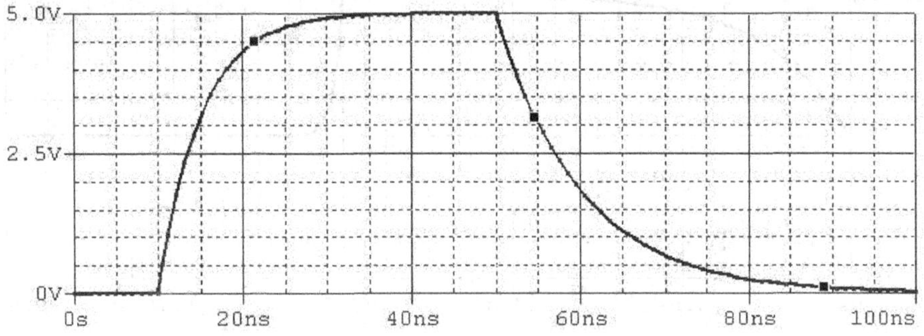

图 3.14 指数电压源实例波形图

将例 5 中的下降延迟时间改为 20 ns,其他参数保持不变,如例 6 所示,其波形如图 3.15 所示。

例 6:V_V1 N1 0 EXP 0 5V 10n 5ns 20ns 10ns

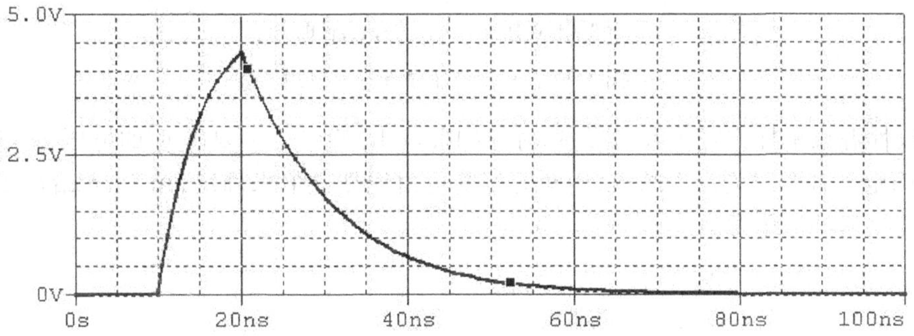

图 3.15 指数电压源实例波形图

对比图 3.14 可以看到:图 3.15 中的电压并没有上升到终止值 5 V 就开始下降了。因此,在使用中我们需要考虑各参数之间的关系。

SPICE 中描述脉冲电流源的语句以关键字 I 开头,其一般格式为:

IXX N+ N- EXP I1 I2 TD1 TC1 TD2 TC2

例 7:I_I1 N1 0 EXP 2 A 4 A 0n 10ns 60ns 1ns

表示在结点 N1 和 0 之间定义了一个初始电流为 2 A、终止电流为 4 A 的指数电流源 I1,该指数电压源的上升延迟时间为 0 ns、按指数规律上升的时间常数为 10 ns、下降延迟时间为60 ns、按指数规律下降的时间常数为 1 ns,其波形如图 3.16 所示。

3.3.4 分段线性源

PSpice 软件中提供的分段线性源分为电压源(VPWL)和电流源(IPWL)两种,图 3.17 给出了它们的符号示意图。

图 3.16 指数电流源实例波形图

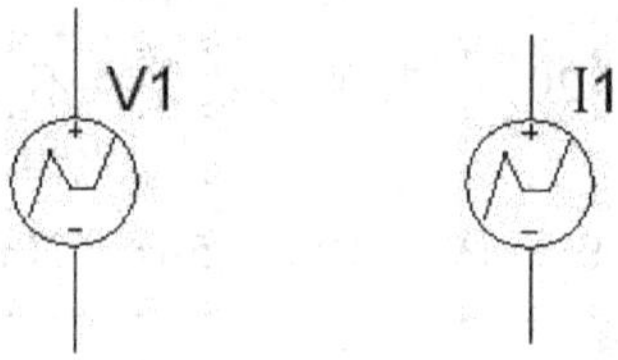

(a) 分段线性电压源 (b) 分段线性电流源

图 3.17 分段线性源符号示意图

分段线性源以坐标方式输入波形,每对值(Ti,Vi/Ii)确定了时刻 Ti 时的电压值 Vi 或电流值 Ii,这样就确定了各个时刻点上的值,中间的值则可由线性插值来确定,图 3.18 给出了分段线性源随时间变化的波形示意图。

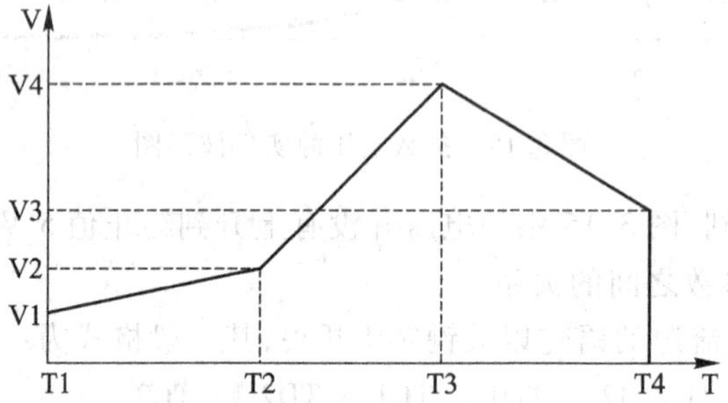

图 3.18 分段线性源波形示意图

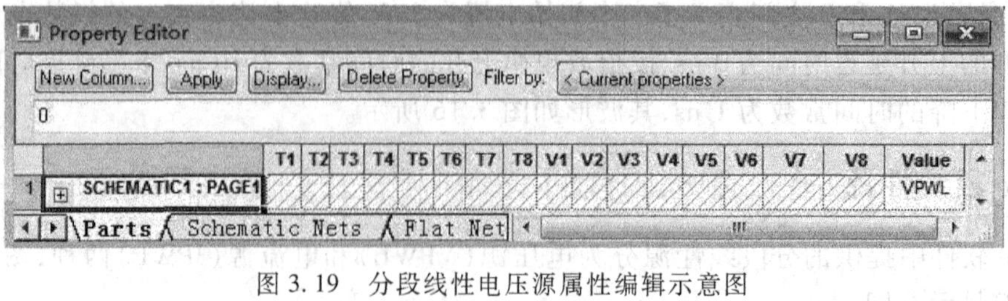

图 3.19 分段线性电压源属性编辑示意图

在 PSpice Capture 原理图编辑窗口中，双击元件，打开元件的 Property Editor（属性编辑）窗口，如图 3.19 所示，可以根据需要输入波形参数值。

SPICE 中描述分段线性电压源的语句以关键字 V 开头，其一般格式为：

VXX N+ N- PWL T1 V1 <T2 V2 T3 V3 T4 V4 … >

例 8：V_V1 N1 0 PWL 0 5V 5n 3V 15n 6V 22n 6V 28n 0V

表示在结点 N1 和 0 之间定义了一个分段线性电压源 V1，该分段线性电压源在 0 时刻对应的电压值为 5 V、5 ns 时刻对应的电压值为 3 V、15 ns 时刻对应的电压值为 6 V、22 ns 时刻对应的电压值仍为 6 V、28 ns 时刻对应的电压值为 0 V，其波形如图 3.20 所示。

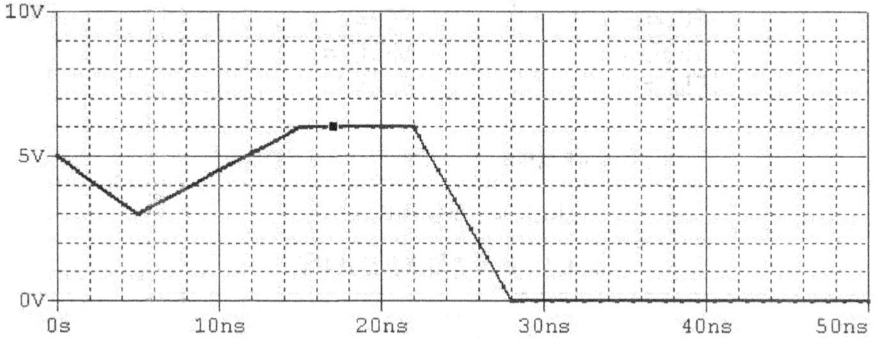

图 3.20 分段线性电压源实例波形图

SPICE 中描述分段线性电流源的语句以关键字 I 开头，其一般格式为：

IXX N+ N- PWL T1 I1 <T2 I2 T3 I3 T4 I4 … >

例 9：I_I1 N2 0 PWL 5n 0 10n 5 12n 5 20n 15

表示在结点 N2 和 0 之间定义了一个分段线性电流源 I1，该分段线性电流源在 5 ns 时刻对应的电流值为 0 A、10 ns 时刻对应的电流值为 5 A、12 ns 时刻对应的电流值仍为 5 A、20 ns 时刻对应的电流值为 15 A，其波形如图 3.21 所示。

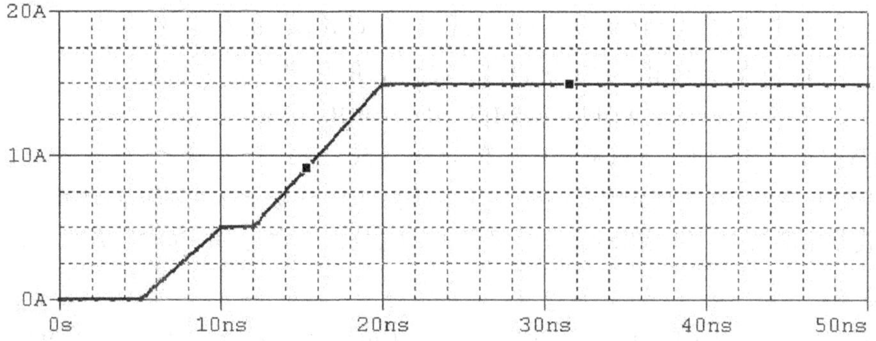

图 3.21 分段线性电流源实例波形图

注:本例中输入的电流值没有单位,软件默认的电流单位为A(安[培])。

3.3.5 单频调频源

PSpice软件中提供的单频调频源分为电压源(VSFFM)和电流源(ISFFM)两种,图3.22给出了它们的符号示意图,其中各参数的含义如表3.4所示。

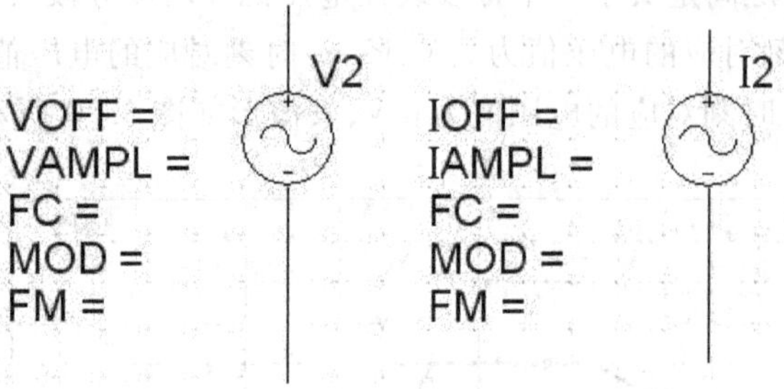

(a) 单频调频电压源 (b) 单频调频电流源

图3.22 单频调频信号源

表3.4 单调调频源参数及其含义

参数	意义	单位
VOFF(IOFF)	直流偏移值	V(A)
VAMPL(IAMPL)	载波幅度	V(A)
FC	载波频率	Hz
MOD	调制系数	—
FM	调制信号频率	Hz

单调调频源的值由表达式(3.5)和(3.6)确定

$$V(t) = VOFF + VAMPL \cdot \sin[2\pi f_c t + MOD \cdot \sin(2\pi f_m t)] \quad (3.5)^*$$

$$I(t) = IOFF + IAMPL \cdot \sin[2\pi f_c t + MOD \cdot \sin(2\pi f_m t)] \quad (3.6)$$

SPICE中描述单频调频电压源的语句以关键字V开头,其一般格式为:

VXX N+ N- SFFM VOFF VAMPL FC MOD FM

例10:V_V1 N1 0 SFFM 0 2 15k 50 3k

表示在结点N1和0之间定义了一个偏移电压为0 V、振幅为2 V的单频调频电压源V1,该电压源的载波频率为15 kHz,调制信号频率为3 kHz,调制系数为50,其波形如图3.23所示。

*:式(3.5)和式(3.6)中的 *VOFF*、*VAMPL*、f_c、*MOD*、f_m、*IOFF*、*IAMPL* 分别与图3.22中的VOFF、VAMPL、FC、MOD、FM、IOFF、IAMPL对应。

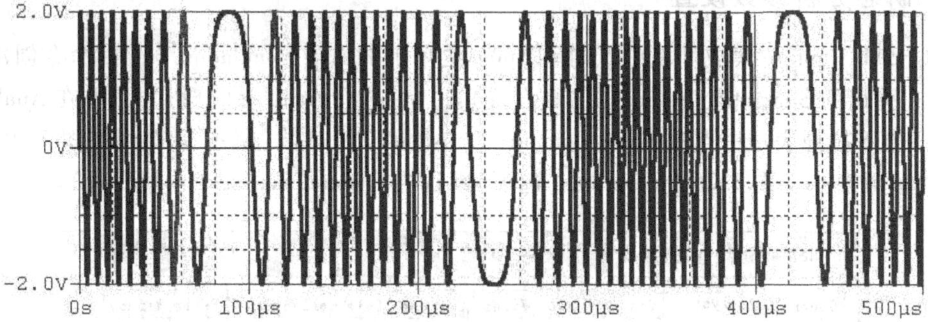

图 3.23 单频调频电压源实例波形图

SPICE 中描述单频调频电流源的语句以关键字 I 开头，其一般格式为：

IXX N+ N- SFFM IOFF IAMPL FC MOD FM

例 11：I_I1 N2 0 SFFM 2 2 15k 20 3k

表示在结点 N2 和 0 之间定义了一个偏移电流为 2 A、振幅为 2 A 的单频调频电流源 I1，该电流源的载波频率为 15 kHz，调制信号频率为 3 kHz，调制系数为 20，其波形如图 3.24 所示。

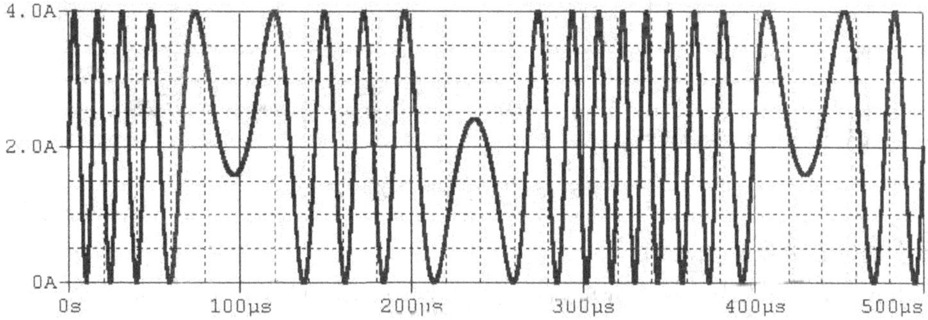

图 3.24 单频调频电流源实例波形图

3.4 瞬态分析参数设置及应用实例

通过第 2 章的学习，我们不难发现 PSpice 软件进行电路分析可以总结为三大步骤，即：输入电路原理图、设置仿真类型和查看仿真结果。与直流分析相比，瞬态分析耗费的计算机资源要多得多，其仿真精度和仿真时长是一对不可避免的矛盾。下面将介绍瞬态仿真如何设置参数，并给出一些应用实例。

3.4.1　瞬态分析参数设置

在 OrCAD Capture 集成环境中,选择 PSpice 菜单下的 New Simulation Profile 命令创建新的仿真文件,在弹出的 Simulation Settings(仿真设置)窗口中选择 Analysis(分析)栏,并在 Analysis type(分析类型)下拉列表框中点选 Time Domain(Transient),即时域(瞬态),得到如图 3.25 所示的瞬态分析设置窗口。图 3.25 中,Options(选项)默认为 General Settings(一般设置)。

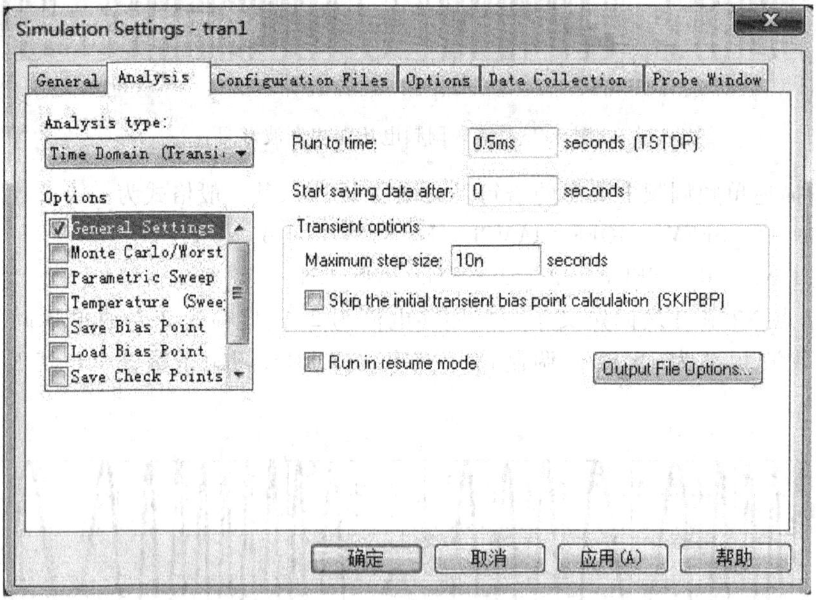

图 3.25　瞬态分析设置窗口

该图右侧的参数设置说明如下:

(1) Run to time 栏,表示瞬态分析运行终止时间,默认时间单位为 seconds(秒)。

(2) Start saving data after 栏,表示瞬态分析文件或波形输出的起始时间,默认时间单位为 seconds,起始时刻为 0 s。需要说明的是,如果该栏不为 0 s,例如 10 ms,PSpice 程序仍然从零点开始计算,只是 10 ms 之前的波形不显示,也不保存。

(3) Maximum step size 栏,表示程序仿真时前后时间点的最大步长,默认时间单位为秒(seconds)。该参数设置一定要适度,如果设置过大,会导致波形的部分细节丢失;如果设置过小,会导致仿真分析时间过长,并产生大量的数据。通常可以利用内存的默认值而不必设置。

(4) 若勾选 Skip the initial transient bias point calculation(跳过初始瞬态偏置点计算)栏,则 PSpice 程序进行瞬态分析时不会计算电路的初始偏置工作点。

(5) 若要对瞬态分析输出文件选项进行设置,可点击 Output File Options(输出文件选项)按钮,弹出如图 3.26 所示的设置对话框。其中,第一栏 Print values in the output file every: □ seconds 设置了在输出文件中保存数据的时间间隔。第二栏为 Perform Fourier Analysis(执行傅里叶分析),勾选时,仿真程序根据该栏设置的 Center Frequency(中心频率)、Number of Harmonics(计算到多少次谐波)和 Output Variables(输出变量名)将瞬态分析得到的时域波形变换到频域,这点在后续"模拟电子线路分析"和"信号与系统"等课程中将涉及。第三栏为 Include detailed bias point information for nonlinear controlled sources and semiconductors(/OP),勾选时,仿真程序详细地输出偏置工作点。

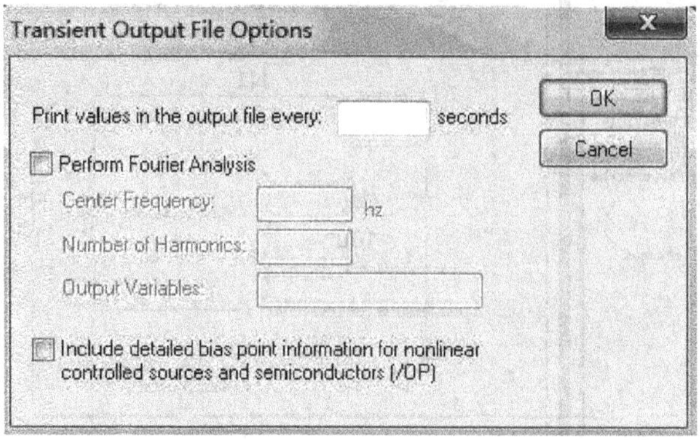

图 3.26　输出文件设置对话框

SPICE 中,瞬态分析对应的控制命令语句为:

.TRAN　TSTEP　TSTOP　<TSTART　<TMAX> >　<UIC>

其中,TSTEP 是数据输出的时间增量,TSTOP 是分析结束时间,TSTART 是数据输出的开始时间,默认是 0。瞬态分析总是从 0 开始,从 0 到 TSTART 的结果不输出。TMAX 是最大运算步长,默认值是 TSTEP 和(TSTOP - TSTART)/50 两者中的较小者。若定义了 UIC,则在瞬态分析开始时,使用各元件属性中定义的 IC 值作为初始瞬态条件进行分析。

3.4.2　动态电路的零输入响应

动态电路的零输入响应是指电路中没有信号源,仅由储能元件(电容或电感)的初始储能所产生的响应。下面以图 3.27 所示的一阶 *RC* 电路为例,介绍如何进行动态电路的零输入响应仿真分析。

假设,图 3.27 中电阻 R1 的阻值为 1 kΩ,电容 C1 的容值为 10 μF,并且电容 C1 的初始储能为 10 V。由于 PSpice 软件已经将各元器件的名称和常用参数值显示于原理图中,我们可以通过双击图中显示的元件值,例如图 3.27 中的 10 u,打开如图 3.28 所示的 Display Properties(显示属性)窗口,直接修改元件参数值。对于没有显示出的元件参数值,例如,图中电容的初始电压,可以通过双击元件符号打开如图 3.29 所示的元件属性编辑窗口,输入对应的元件参数值。这里,电容元件的初始电压在 IC 栏定义。

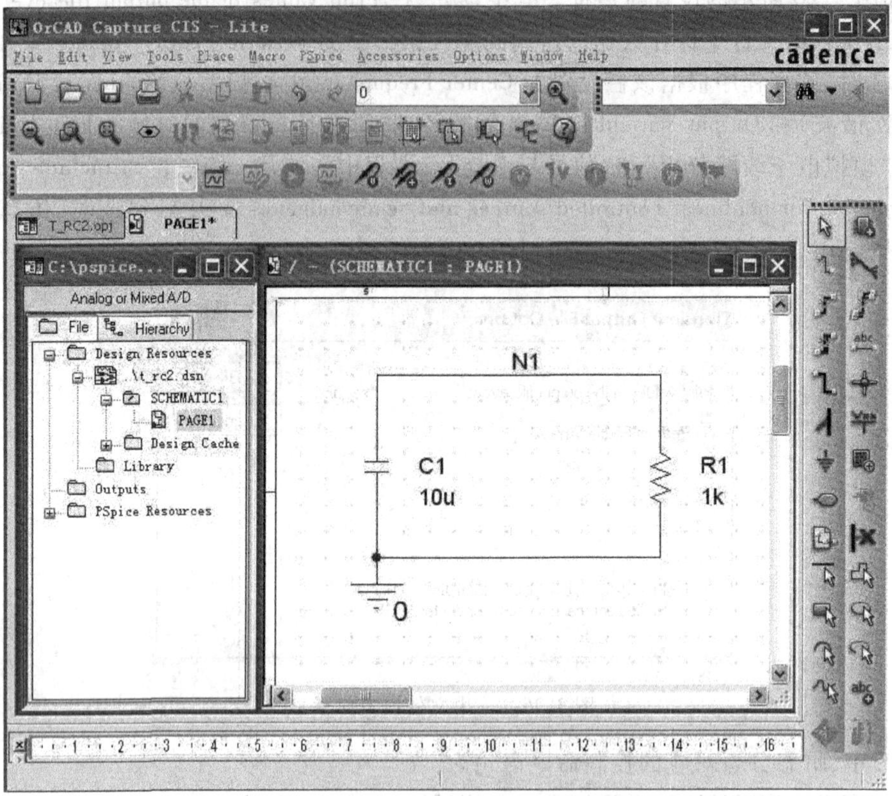

图 3.27　一阶 *RC* 电路的零输入响应

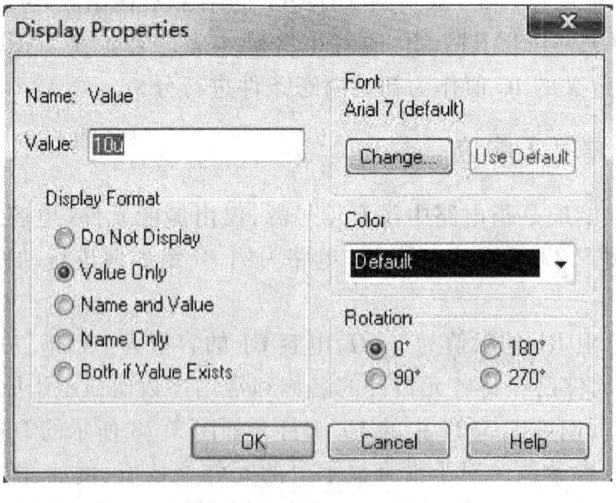

图 3.28　元件参数值显示属性窗口

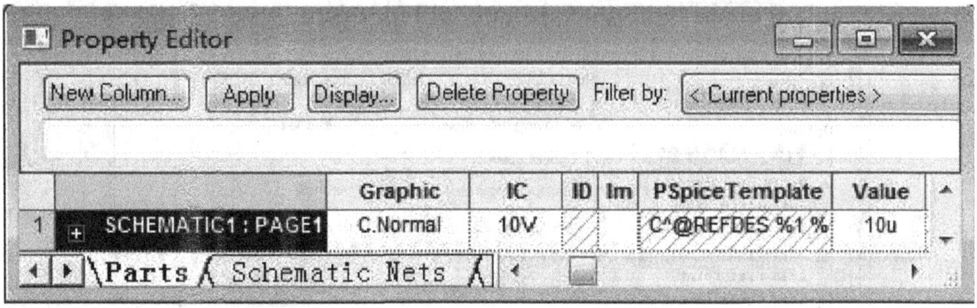

图 3.29 电容元件属性编辑窗口示意图

当完成电路原理图的绘制并设置好各电路元器件的参数后，我们可以通过查看电路网表(Netlist)的方法(参见第 2 章)来判断电路连接和参数设置是否正确。图 3.30 给出了图 3.27 所示的零输入状态下的一阶 *RC* 电路网表。

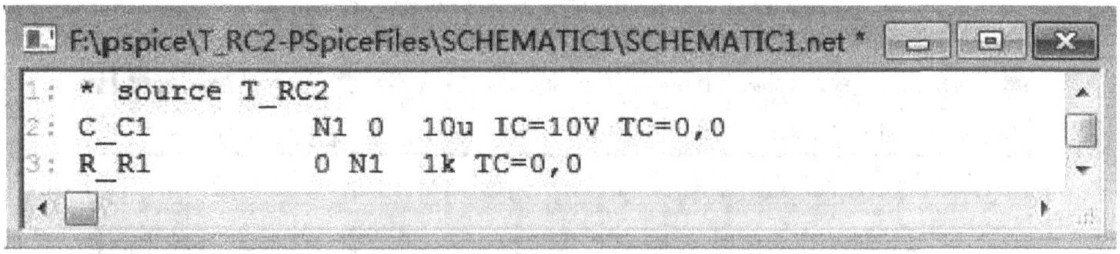

图 3.30 一阶 *RC* 零输入电路网表

根据 *RC* 电路时间常数的定义：$\tau = RC$，可以计算出该电路时常数为 10 ms。理论上来讲，要经过无限长的时间电容才放电结束，但工程上认为经过 3 ~ 5τ 时间后过渡过程结束。因此，在瞬态分析设置中，不妨设仿真结束时间为 100 ms，其他参数可使用软件默认值，如图 3.31 所示。

根据线性一阶齐次微分方程解的形式，可以定性分析出结点 N1 处的电压波形为按指数规律衰减的曲线。PSpice 仿真得到结点 N1 处的电压波形曲线如图 3.32 所示，曲线随时间变化的规律与分析相同，并且由波形下面的表格可以看到，0 时刻，N1 处的电压值为 10 V；在 50 ms 时刻，N1 处的电压值为 66.581 mV，即经过 5 倍的时间常数后，电容电压值约为初值的 0.006 7 倍。*RC* 放电回路电容电压随时间的变化关系如表 3.5 所示。

上述零输入响应的分析过程，我们是通过直接设置电容元件初始储能来实现的，但实际中，例如电动自行车，往往是先对电容进行充电然后再断开充电回路让电容放电。在 PSpice 软件环境下，可以采用开关元件来仿真实现对储能元件的初始储能。

在图 3.27 所示电路中，从 EVAL 库添加开关元件 Sw_tClose 和 Sw_tOpen，添加窗口如图 3.33 所示。

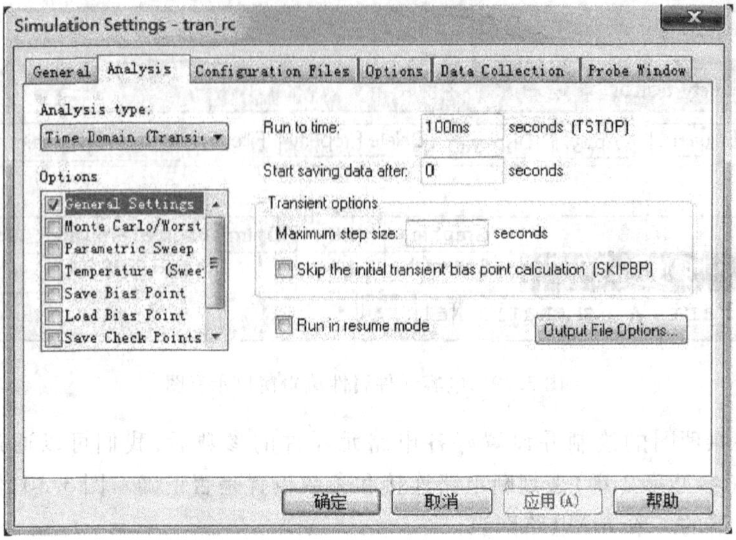

图 3.31　一阶 *RC* 电路瞬态分析参数设置

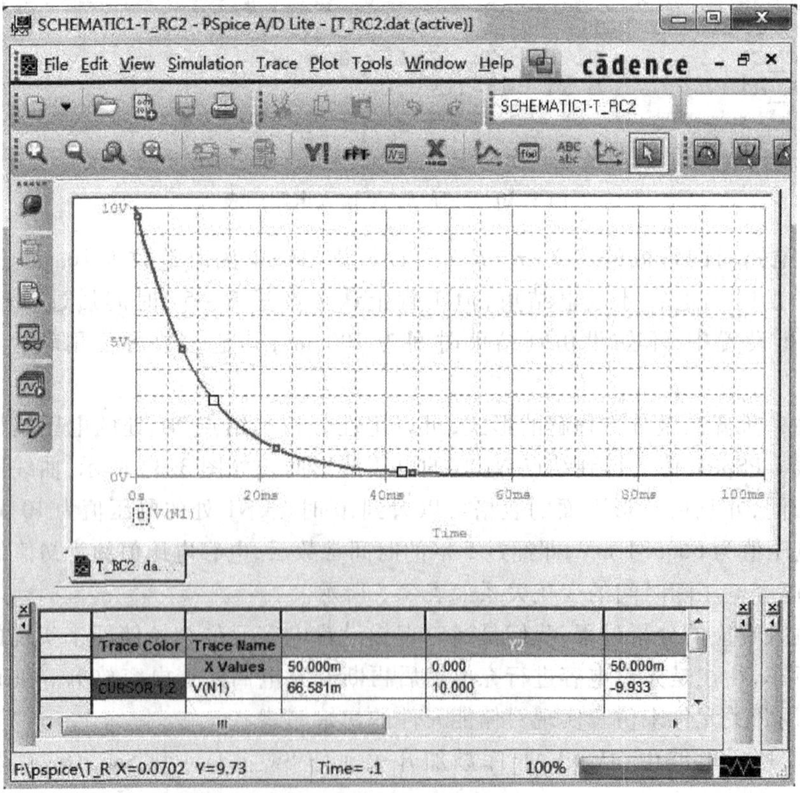

图 3.32　一阶 *RC* 电路零输入响应曲线

表 3.5 一阶 *RC* 零输入电路电容电压随时间变化关系

t	0	τ	2τ	3τ	4τ	5τ	…	∞
$u_c(t)$	V_0	$0.368\ V_0$	$0.135\ V_0$	$0.05\ V_0$	$0.018\ V_0$	$0.006\ 7\ V_0$	…	0

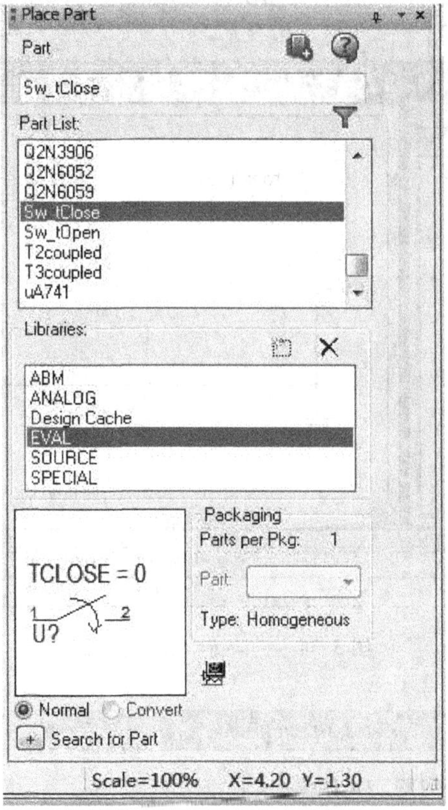

图 3.33 放置开关元件示意图

再添加一个直流电压源,按图 3.34 连接。假设图中开关 Sw_tOpen 在 $t=3$ ms 时打开,开关 Sw_tClose 在 $t=15$ ms 时闭合。对于原理图上没有显示出的开关断开、导通时的电阻参数值 Rclosed 和 Ropen,以及开关动作时间参数 ttran 可以通过双击元件符号打开元件属性编辑窗口,在相应栏输入各参数值。

图 3.34 所示电路的网表如图 3.35 所示,对比图 3.30 所示的一阶 *RC* 零输入电路网表可见,电容语句行少了初始储能设置项(IC = 10 V)。

参照图 3.31 设置瞬态仿真参数,仿真得到结点 N1 处的电压波形曲线如图 3.36 所示。与图 3.32 相比,放电时间延迟了 15 ms。根据电路连接关系可知,TOPEN 开关打开时刻为

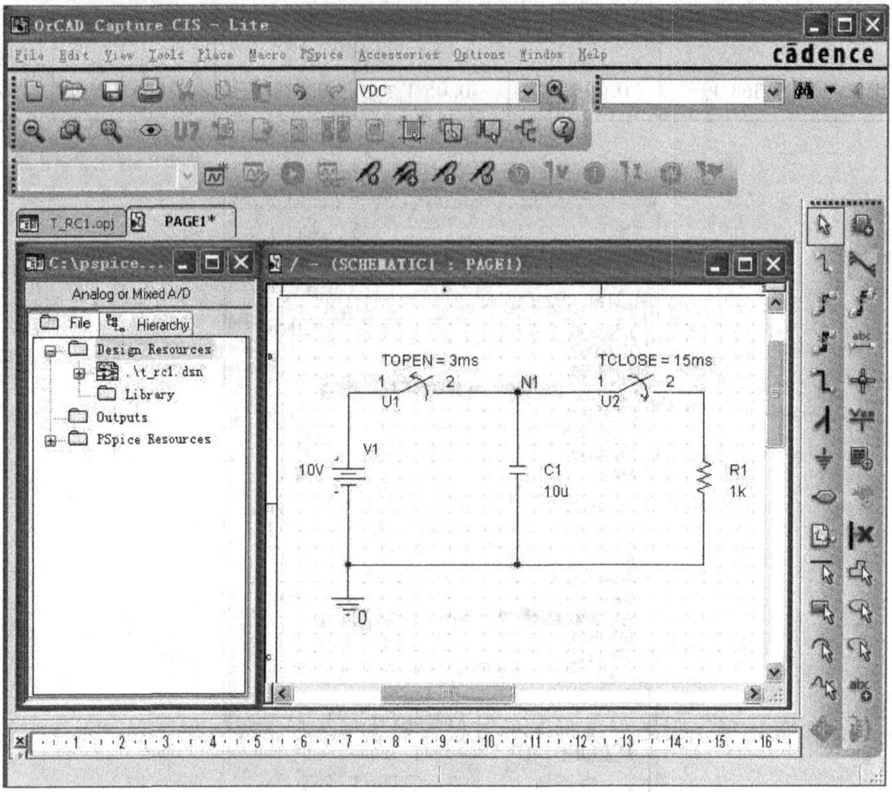

图 3.34　一阶 *RC* 充放电电路

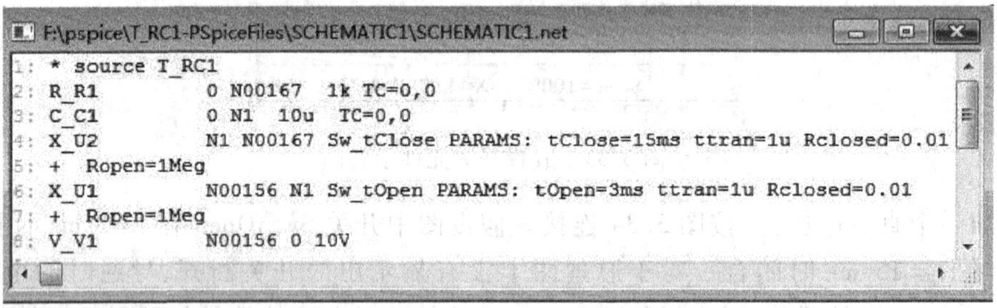


```
1: * source T_RC1
2: R_R1         0 N00167  1k TC=0,0
3: C_C1         0 N1  10u  TC=0,0
4: X_U2         N1 N00167 Sw_tClose PARAMS: tClose=15ms ttran=1u Rclosed=0.01
5: +  Ropen=1Meg
6: X_U1         N00156 N1 Sw_tOpen PARAMS: tOpen=3ms ttran=1u Rclosed=0.01
7: +  Ropen=1Meg
8: V_V1         N00156 0 10V
```

图 3.35　一阶 *RC* 充放电电路网表

3 ms,也就是 3 ms 时刻之前,电容与 10 V 的直流电压源连接,电容获得的充电电压为 10 V。当 3 ms 时刻 TOPEN 打开,但 TCLOSE 开关没有闭合,所以电容上的电压保持不变,直到 15 ms时刻开关合上后,电容才开始放电。*RC* 放电回路电容电压随时间的变化关系如表 3.6 所示。

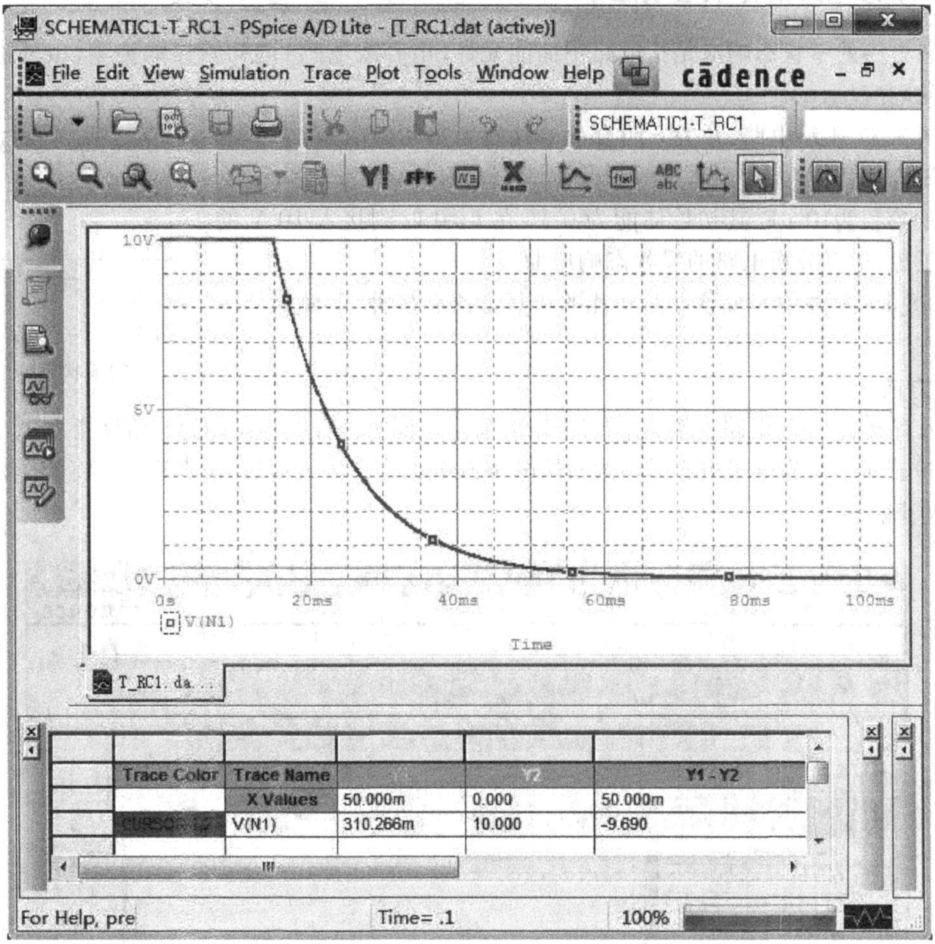

图 3.36 一阶 RC 充放电电路仿真结果

表 3.6 一阶 *RC* 充放电电路电容电压随时间变化关系

t	0	15 ms + τ	15 ms + 2τ	15 ms + 3τ	15 ms + 4τ	15 ms + 5τ	…	∞
$u_c(t)$	V_0	0.368 V_0	0.135 V_0	0.05 V_0	0.018 V_0	0.006 7 V_0	…	0

比较上述两种一阶 RC 电路零输入响应方法可见，采用直接设置电容初始储能的方法使电路分析结构更简单方便，但采用开关元件后能更好地模拟实际电路。事实上，电容充电过程就是我们下面将要介绍的动态电路的零状态响应，只是零状态响应在充电回路中增加了充电电阻。

3.4.3 动态电路的零状态响应

动态电路的零状态响应是指电路中储能元件(电容或电感)的初始储能为零,由外加信号源所产生的响应。

如图 3.37 所示电路,开关 S 闭合前电路处于零初始状态,$t=0$ 时刻开关闭合,电路接入直流电压源。假设图中电阻 R 的阻值为 1 kΩ,电容 C 的容值为10 μF,其初始储能为 0 V,在 $t=0$ 时刻接入 10 V 的直流电压源,仿真分析电路的零状态响应曲线。

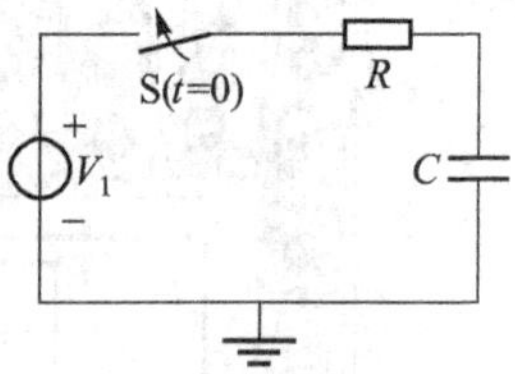

图 3.37 一阶 RC 电路的零状态响应

在 PSpice 软件中实现该电路功能的仿真方法有多种,下面介绍主要三种方法。

1. 方法一

接入直流电压源,电路连接关系如图 3.38 所示。同时设置电容元件的初始储能为 0,电路网表如图 3.39 所示。尽管这里电容元件的初始电压为 0 V,但必须设置后,仿真程序才将其作为动态电路进行仿真。

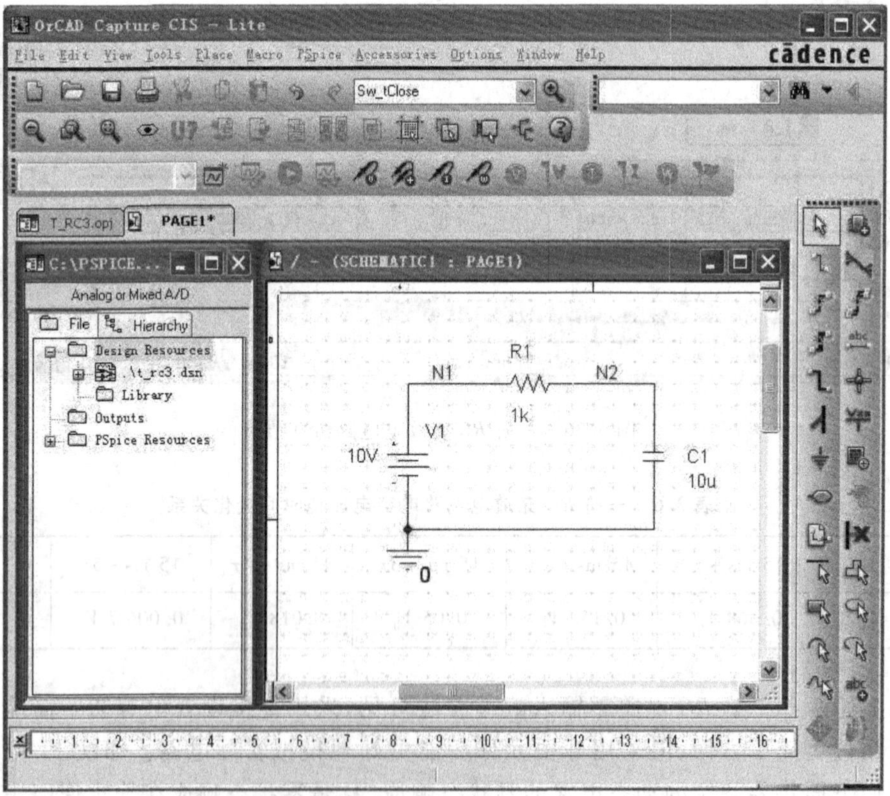

图 3.38 一阶 RC 电路的零状态响应仿真电路图一

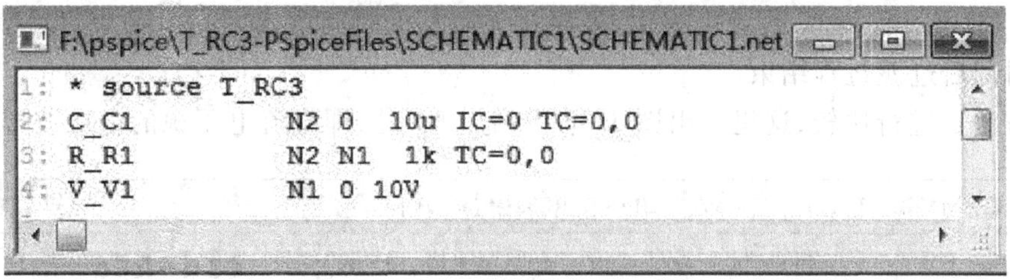
F:\pspice\T_RC3-PSpiceFiles\SCHEMATIC1\SCHEMATIC1.net

```
1: * source T_RC3
2: C_C1         N2 0  10u IC=0 TC=0,0
3: R_R1         N2 N1  1k TC=0,0
4: V_V1         N1 0 10V
```

图 3.39　图 3.38 所示电路的网表

根据线性一阶非齐次微分方程解的形式，可以定性分析出结点 N2 处的电压波形为按指数规律增加的曲线，并且与 *RC* 电路的零输入响应有相同的时间常数 10 ms($\tau = RC$)。在瞬态分析设置中，设置仿真时间为 100 ms，得到如图 3.40 所示的结点 N2 处的电压波形曲线。可见，电容

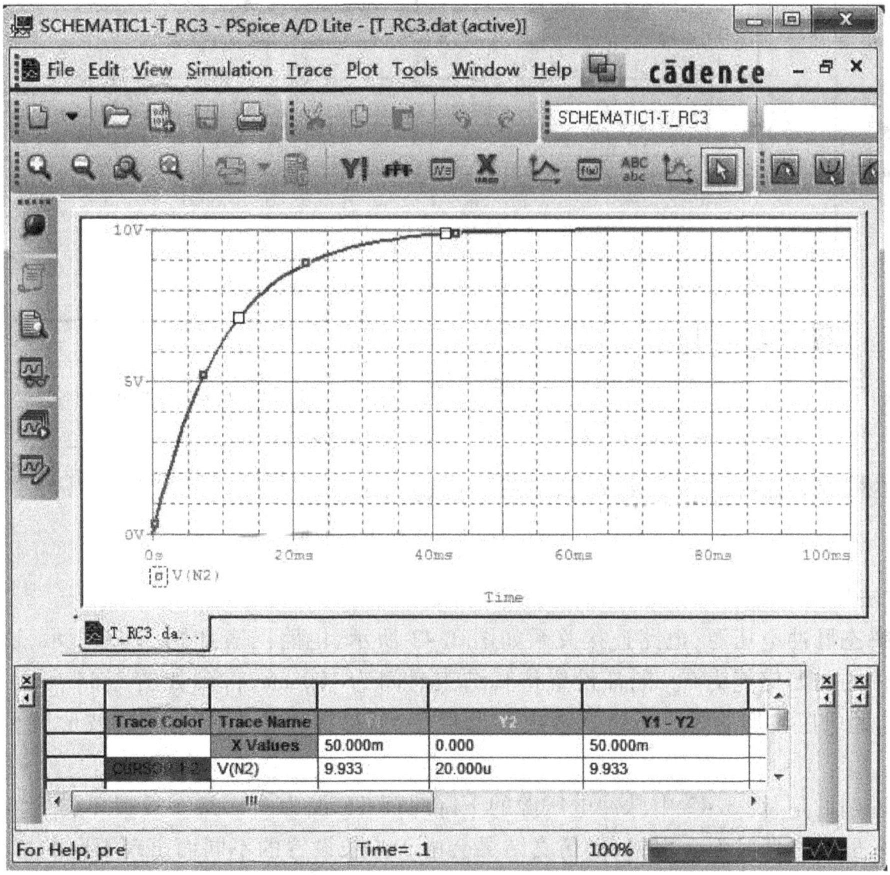

图 3.40　一阶 *RC* 电路零状态响应曲线

从0时刻开始充电，经过5倍的时间常数后，电容上的电压为9.933 V，当电容充满电时两端电压为10 V。与放电过程类似，理论上来讲，要经过无限长的时间电容才充电结束，但工程上认为经过3～5τ时间后过渡过程结束。

为与方法二进行比较，这里给出图3.38中结点N1处，即直流电压源的电压波形图3.41。

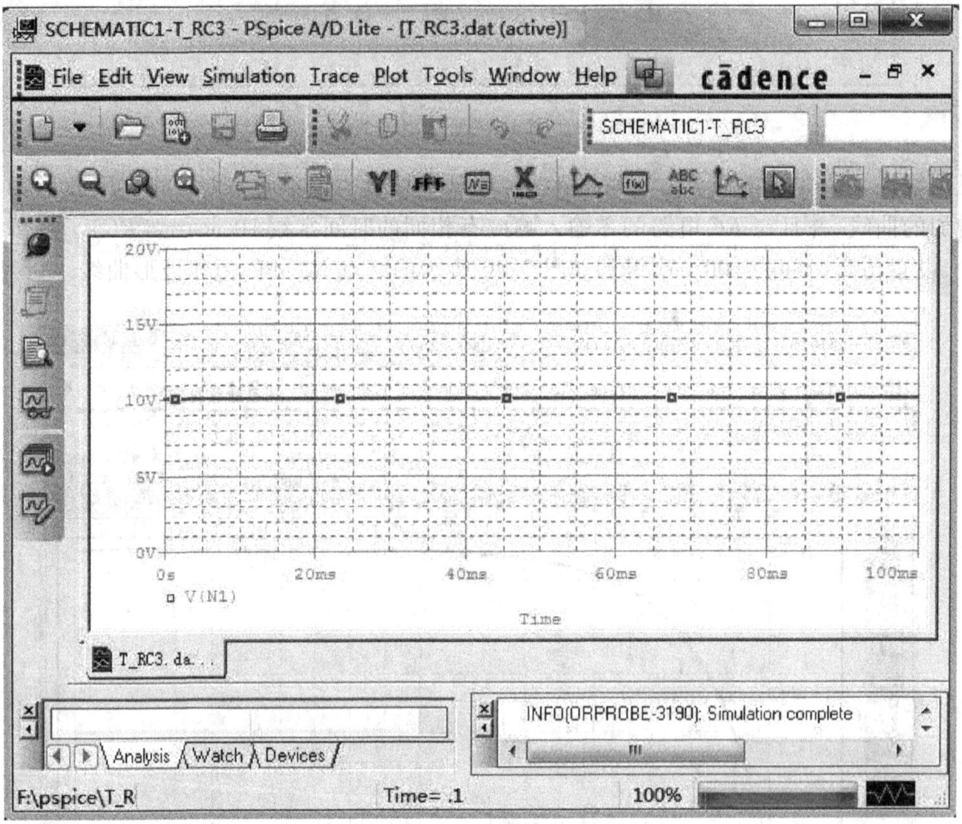

图3.41 直流电压源电压波形

2. 方法二

接入瞬态脉冲电压源，电路连接关系如图3.42所示，电路网表如图3.43所示，这里不必设置电容元件的初始储能为0。同样设置仿真结束时间为100 ms，得到如图3.44所示的结点N1和N2两处的电压波形曲线。由仿真输出波形可见，脉冲源在仿真时间内的波形就相当于一个阶跃信号。

需要说明的是：图3.42中脉冲电压源的下降时间TF设为0 s，这一设置不符合实际使用情况。PSpice虽然仿真时不会报错，但仿真结果会由于步长设置的不同而出现不同的情况，所以实际使用中要设置TR和TF大于0 s。

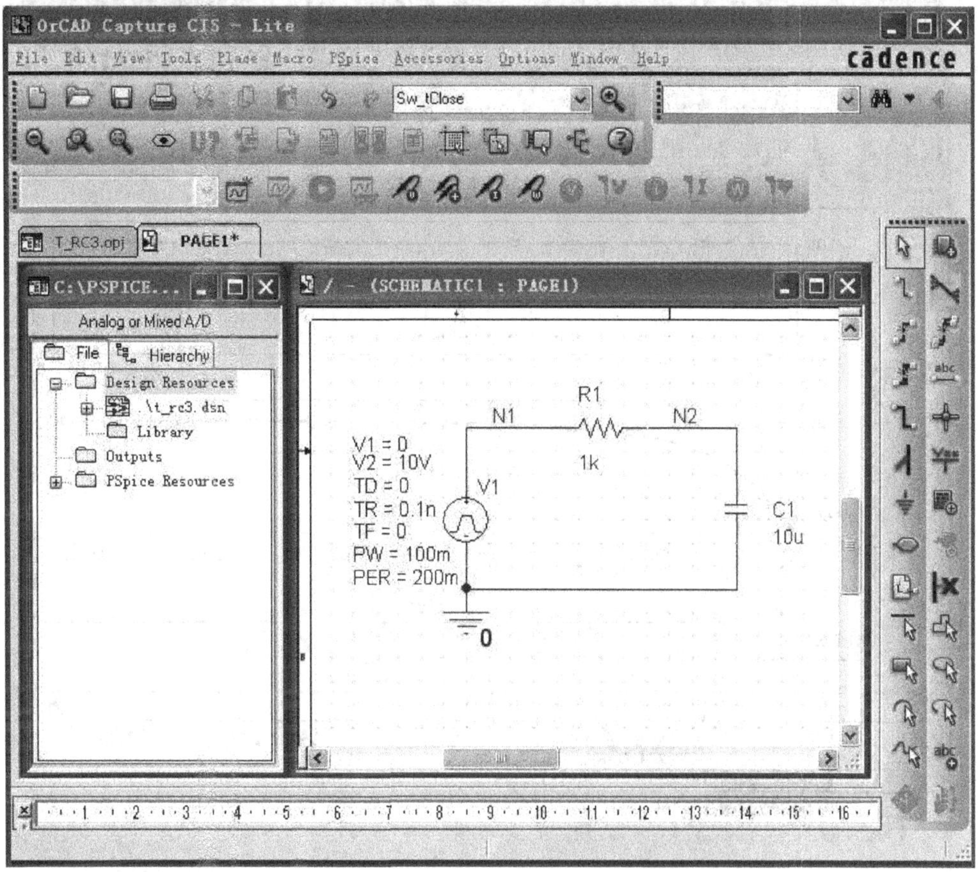

图 3.42　一阶 *RC* 电路的零状态响应仿真电路图二

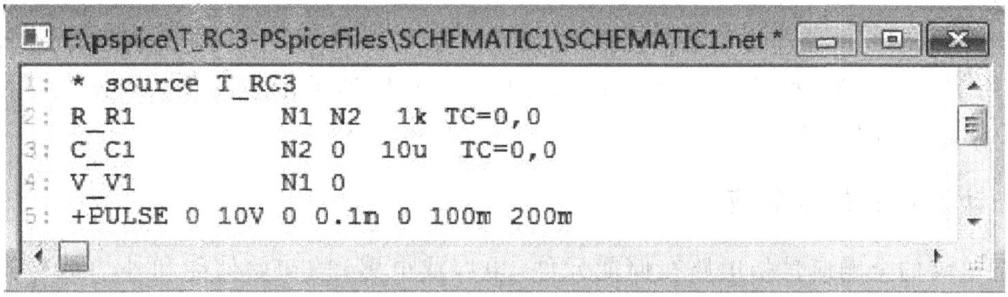

F:\pspice\T_RC3-PSpiceFiles\SCHEMATIC1\SCHEMATIC1.net *

```
1: * source T_RC3
2: R_R1          N1 N2  1k TC=0,0
3: C_C1          N2 0   10u  TC=0,0
4: V_V1          N1 0
5: +PULSE 0 10V 0 0.1n 0 100m 200m
```

图 3.43　图 3.42 所示电路的网表

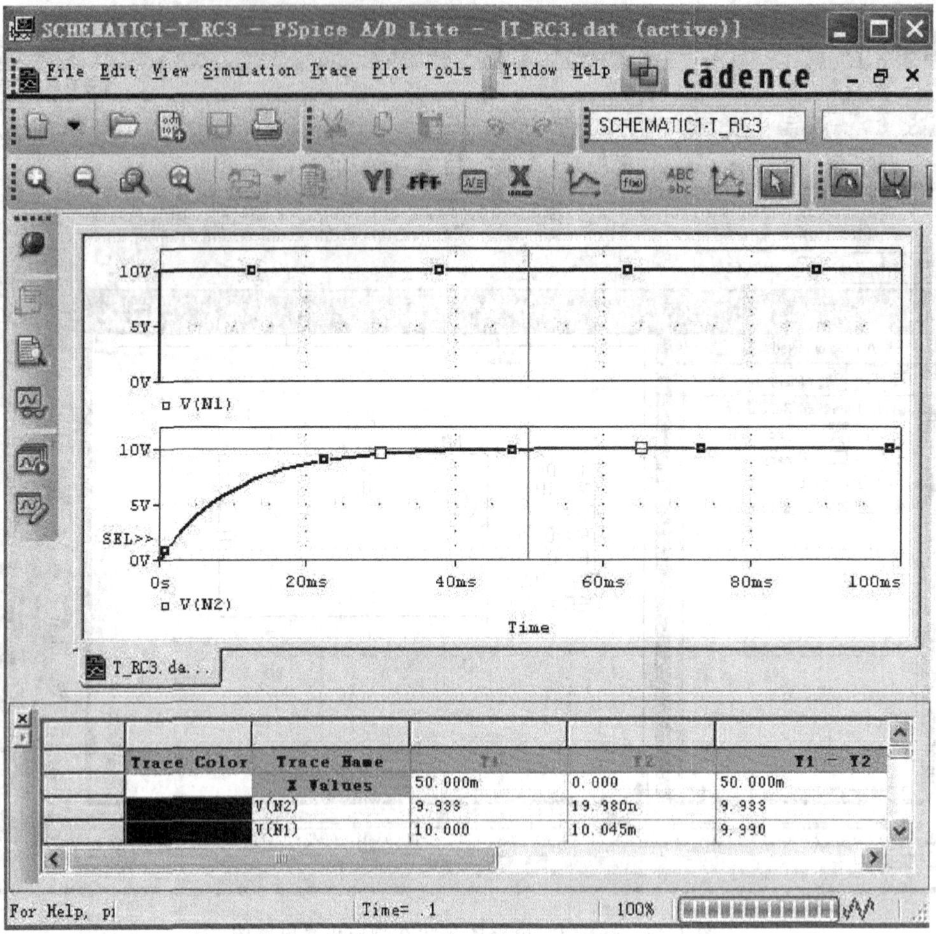

图 3.44 一阶 *RC* 电路的零状态响应输出波形

3. 方法三

使用开关元件，电路连接关系如图 3.45 所示。开关 TCLOSE 在 $t=0$ 时刻闭合，电路网表如图 3.46 所示。结点 N1 和 N2 处的电压仿真波形如图 3.47 所示，可见，结点 N1 处的电压波形也是一个 0 时刻的阶跃信号。

3.4.4 动态电路的全响应

动态电路的全响应是指电路在储能元件（电容或电感）的初始储能和外加信号源共同作用下所产生的响应。下面我们仍然以一阶 *RC* 电路为例，介绍如何进行电路的全响应仿真分析。

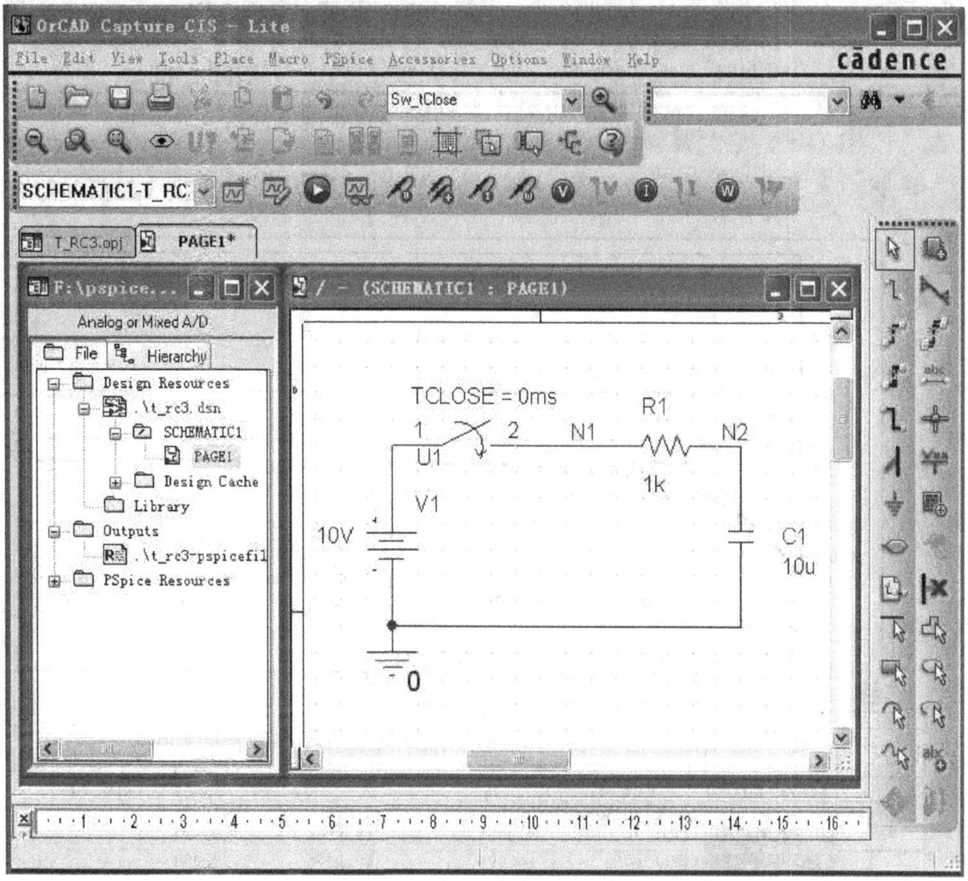

图 3.45　一阶 *RC* 电路的零状态响应仿真电路图三

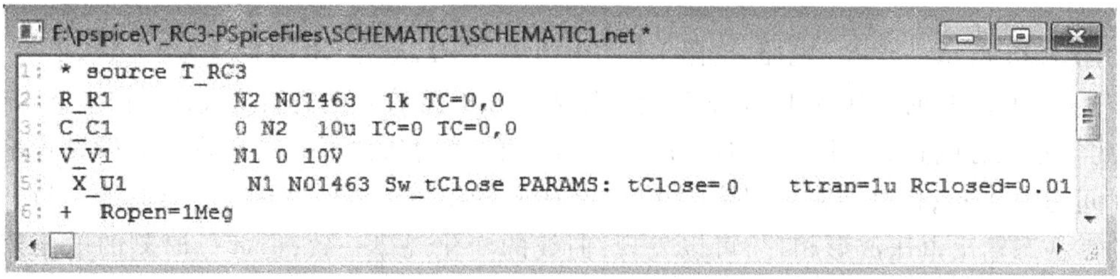
F:\pspice\T_RC3-PSpiceFiles\SCHEMATIC1\SCHEMATIC1.net *

```
* source T_RC3
R_R1          N2 N01463  1k TC=0,0
C_C1          0 N2  10u IC=0 TC=0,0
V_V1          N1 0 10V
 X_U1          N1 N01463 Sw_tClose PARAMS: tClose= 0    ttran=1u Rclosed=0.01
+  Ropen=1Meg
```

图 3.46　图 3.45 所示电路图的网表

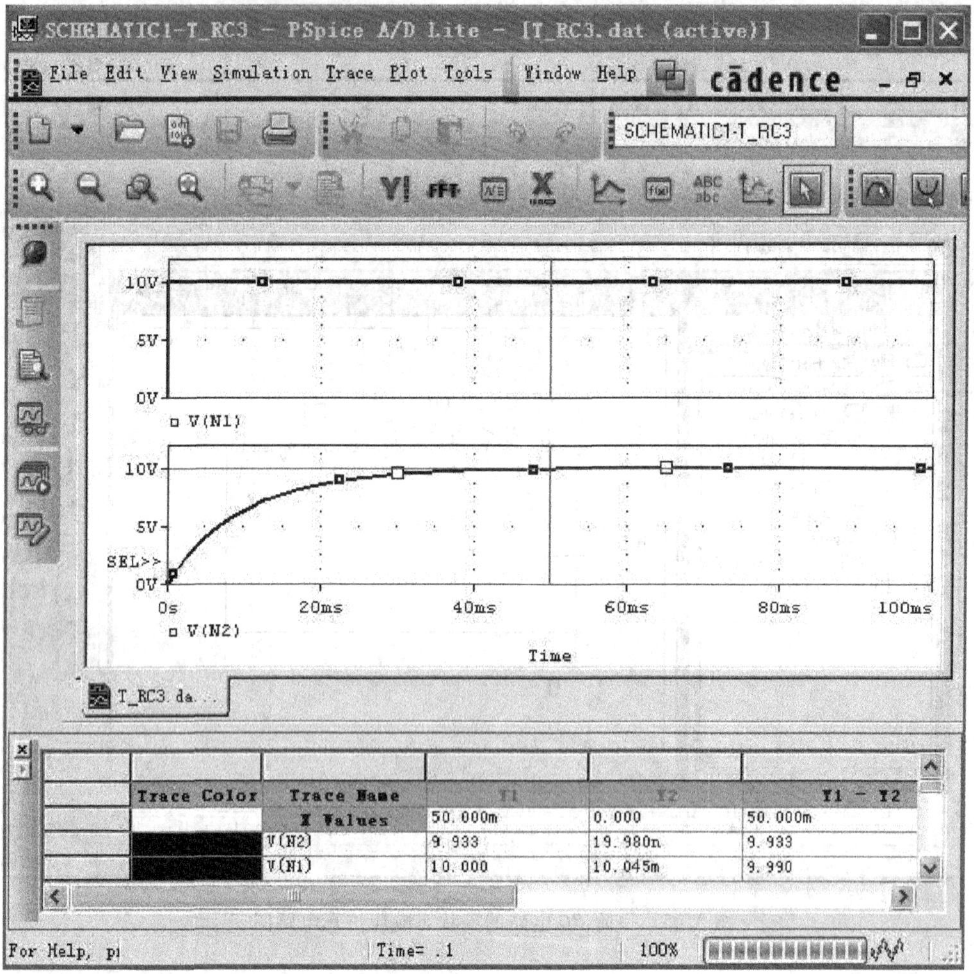

图 3.47 一阶 *RC* 电路的零状态响应输出波形

如图 3.48 所示一阶 *RC* 电路,电阻 R1 的阻值为 1 kΩ,电容 C1 的容值为 10 μF,电容初始储能为 5 V,并在 $t=0$ 时刻接入 10 V 的直流电压源。该电路的方程仍然是线性一阶非齐次微分方程,因此与零状态电路有相同的解的形式,只是电路的初始条件不同。在瞬态分析设置中,设置仿真时间为 100 ms,仿真结束后得到如图 3.49 所示的结点 N2 处的电压波形曲线。与一阶 *RC* 电路的零状态输出电压波形相比,可以发现,曲线的变化规律一致,但起始时刻的电压值不同。并且,尽管充电结束后电容上的最终电压都是 10 V,但经过同样的时间后,例如 5 倍的时间常数,电容上的电压值不同。

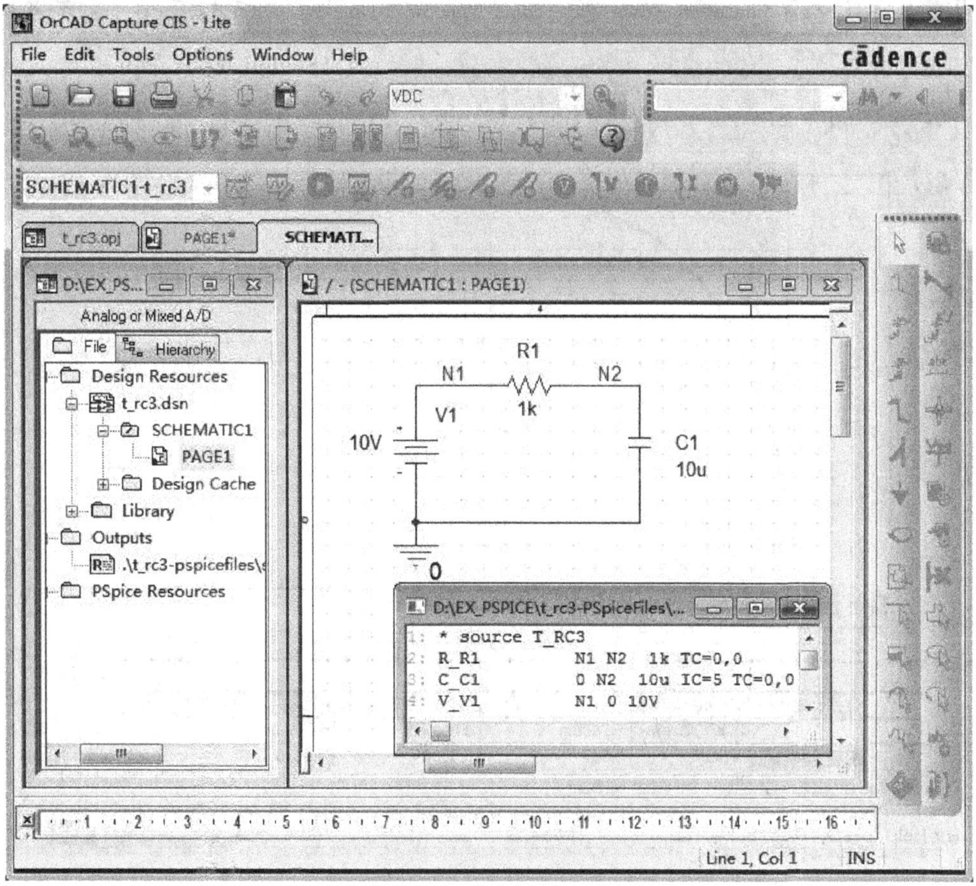

图 3.48 一阶 *RC* 电路的全响应仿真电路图

3.4.5 *RC* 电路在周期信号作用下的响应

在动态电路的零状态响应部分，我们介绍了可以用瞬态脉冲信号源来模拟 *RC* 电路在 $t=0$时刻接入直流信号源的情况。这里，我们再来观察一下 *RC* 电路在周期信号作用下的响应，并讨论 *RC* 电路的时间常数与激励源脉宽及周期时间的关系。仿真电路如图 3.50 所示，图中，脉冲信号电压源的参数设置为：初始电压 V1 = 0 V，幅值电压 V2 = 10 V，延迟时间 TD = 0，上升时间 TR = 0.1 ns，下降时间 TF = 0.1 ns，脉冲宽度 PW = 10 ms，脉冲周期 PER = 20 ms。电阻 R1 的阻值设为变量 Rval 以方便分析讨论。电容的容值为 10 μF，初始储能为 0。

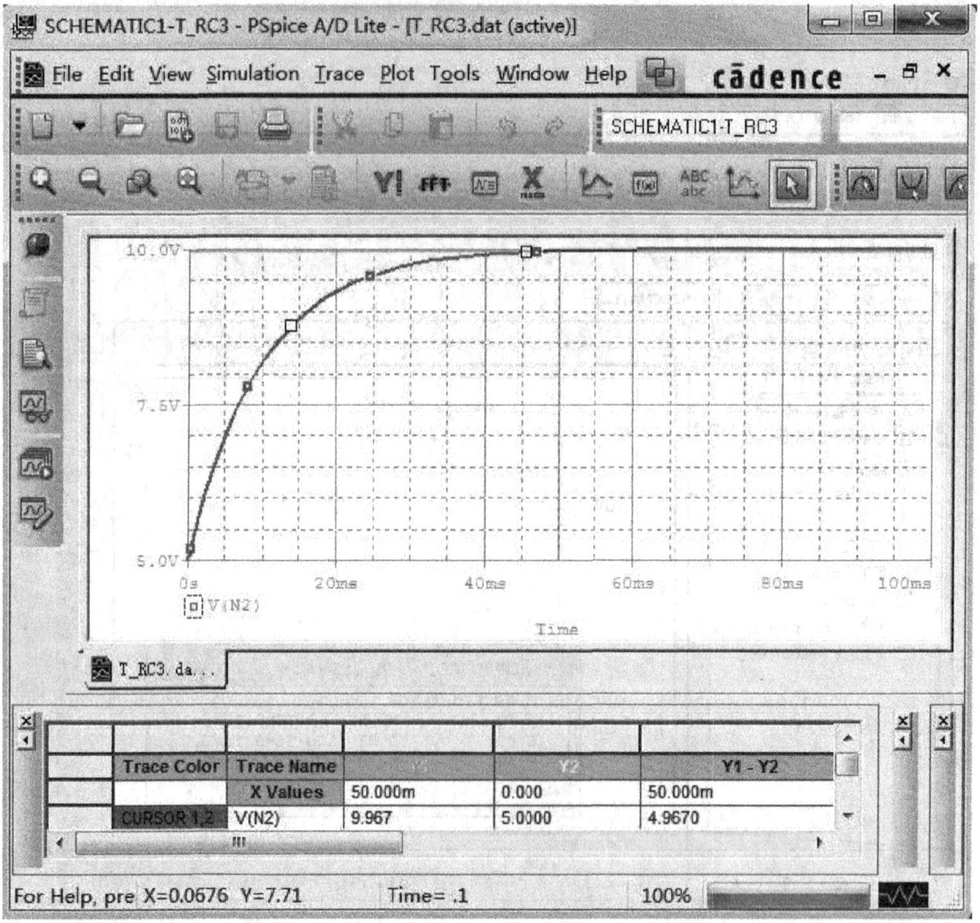

图 3.49　一阶 *RC* 电路的全响应输出波形

完成图 3.50 所示的电路图绘制后，创建新的仿真文件 T_RC4。在一般设置窗口中的运行终止时间一栏输入 200 ms，如图 3.51(a)所示；再在 Options 中勾选 Parameter Sweep(参数扫描)，点选 Global parameter(全局参数)并在 Parameter name 一栏中输入在原理图中已经定义过的电阻的阻值变量 Rval。本例将电阻的阻值分别取为 0.1 kΩ 和 2 kΩ 两种情况，因此，在 Sweep type(扫描类型)部分选择 Value list(列举)的方式，如图 3.51(b)所示。执行仿真程序后，电路中结点 N1 和 N2 处的电压波形如图 3.52 所示。

图 3.52 中，矩形脉冲是结点 N1 处的输入信号，近似矩形的信号是电阻取值为 0.1 kΩ 时结点 N2 处的响应电压，三角波信号是电阻取值为 2 kΩ 时结点 N2 处的响应电压。

当电阻取值为 0.1 kΩ 时，电路的时间常数为

$$\tau = RC = 0.1\times10^{3}\times10\times10^{-6}\text{s} = 1\ \text{ms} \qquad (3.7)$$

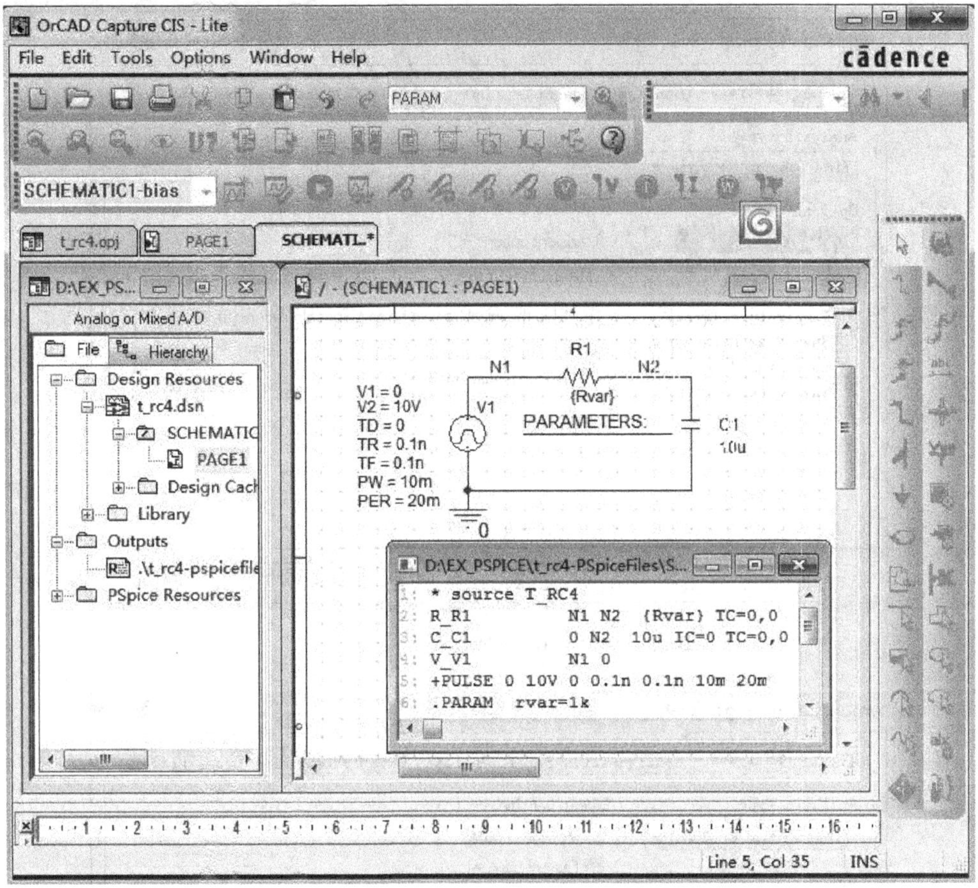

图 3.50　周期脉冲信号源作用下的一阶 *RC* 电路

当电阻取值为 2 kΩ 时，电路的时间常数为

$$\tau = RC = 2 \times 10^3 \times 10 \times 10^{-6}\text{s} = 20\ \text{ms} \tag{3.8}$$

由前面的仿真分析可知，*RC* 电路充放电过程至少要经过 5 倍的时间常数才结束，而矩形输入脉冲的脉宽为 10 ms，周期为 20 ms，因此，*RC* 电路要在一个脉冲周期内完成一次充放电过程，其时间常数不能大于 2 ms。当电阻取值为 0.1 kΩ 时，其时间常数小于 2 ms，能够完成一次充放电过程，输出电压波形仍为矩形波。当电阻取值为 2 kΩ 时，其时间常数远大于 2 ms，因此，输出电压波形变成三角波。此时，在波形输出窗口中可以观察到电容的动态充电过程，即其平均值在升高。开始时，电容电压是“充得多，放得少”，电容电压开始“爬坡”，大约在 80 ms 后达到动态平衡，此时，电容电压“充多少，放多少”，保持一个稳定值。在无存储的示波器上，这种现象是观察不到的。因此，使用 PSpice 电路分析软件，还有助于帮助我们更好地理解和观察电路的行为。

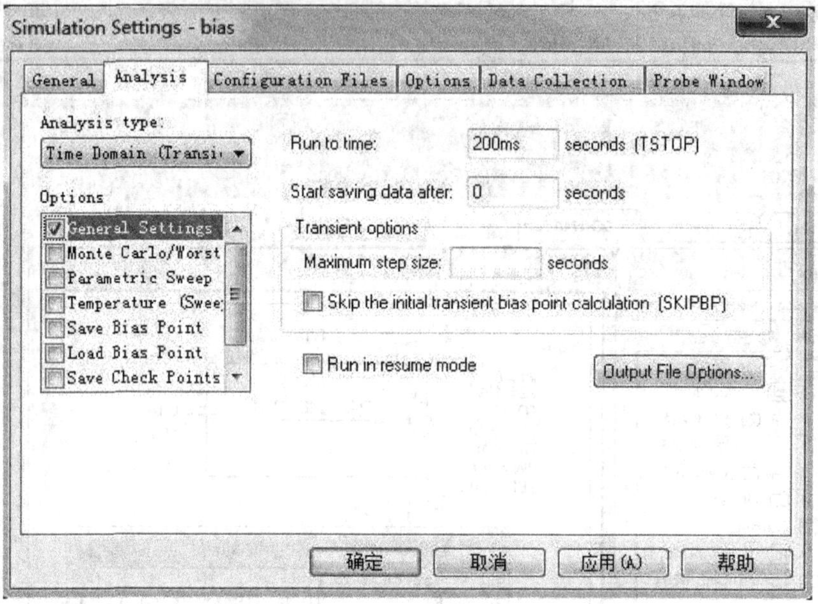

(a) 一般设置

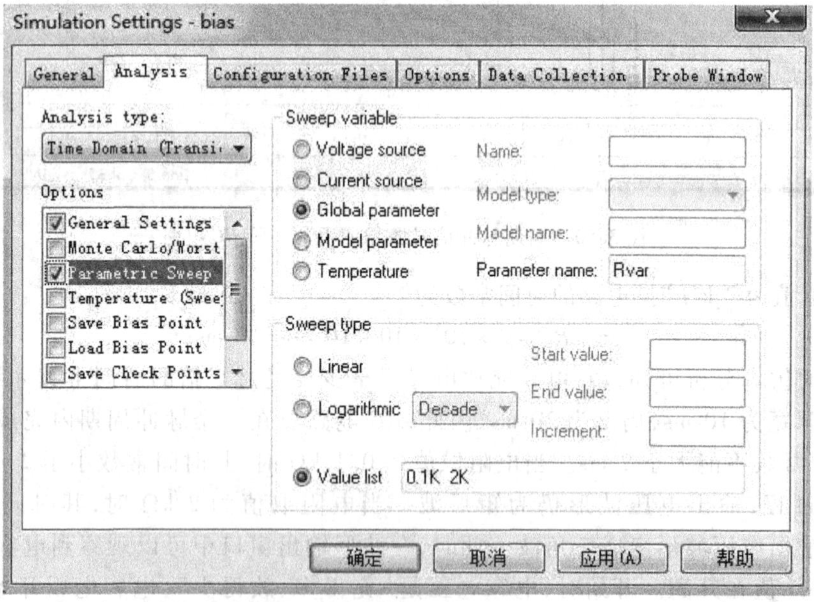

(b) 参数扫描设置

图 3.51 带参数扫描的瞬态分析设置方法

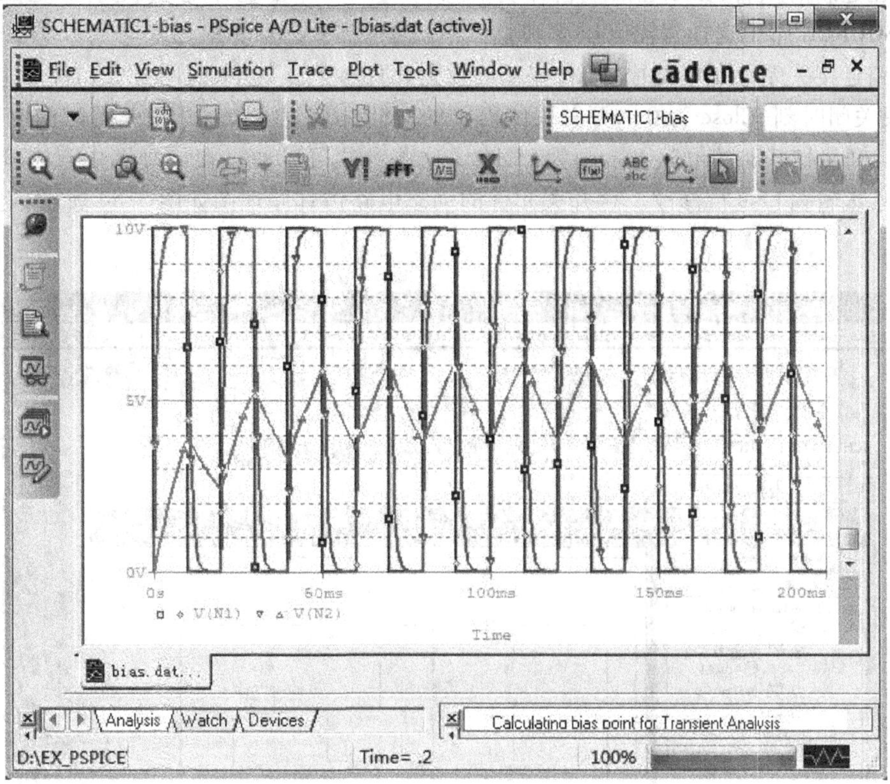

图 3.52 周期脉冲信号源作用下的一阶 RC 电路仿真波形

3.4.6 含开关元件的动态电路

图 3.53 所示含有开关元件电路，假设开关在 $t=0$ 时刻闭合，求开关闭合后的电容电压，即结点 N1 处的波形曲线。图中，电阻 R_1 的阻值为 4 Ω，R_2 的阻值为 2 Ω，电容 C 的容值为 0.5 F，电流源的电流为 1 A，电压源的电压为 0.5 V，受电阻 R_2 两端电压控制的电流源控制系数为 1.5 S。

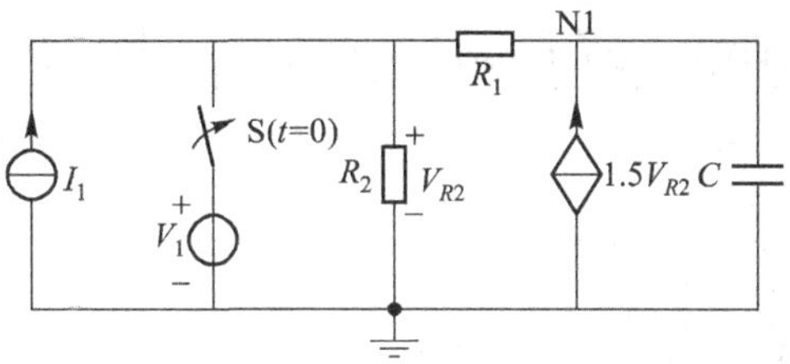

图 3.53 含开关元件的动态电路仿真实例

PSpice 软件环境下电路仿真分析步骤如下：

(1) 创建新的项目,在原理图编辑环境下从 ANALOG 库中选择电阻、电容和电压控制的电流源,从 SOURCE 库中选择直流电压源和直流电流源,从 EVAL 库中选择时间开关。按图 3.53 所示的电路连接关系绘制电路原理图,并正确设置元件参数。其中,时间开关元件的主要参数设置为:开关关闭时刻 tClose 为 0 s,开关关闭需要的时间 ttran 为 1 μs,开关关闭时的电阻 Rclosed 为 0.01 Ω,开关打开时的电阻 Ropen 为 1 MΩ。这些参数可以通过在原理图中双击开关元件打开元件属性编辑窗口进行修改。含开关元件的动态电路仿真原理图如图 3.54 所示,电路网表如图 3.55。

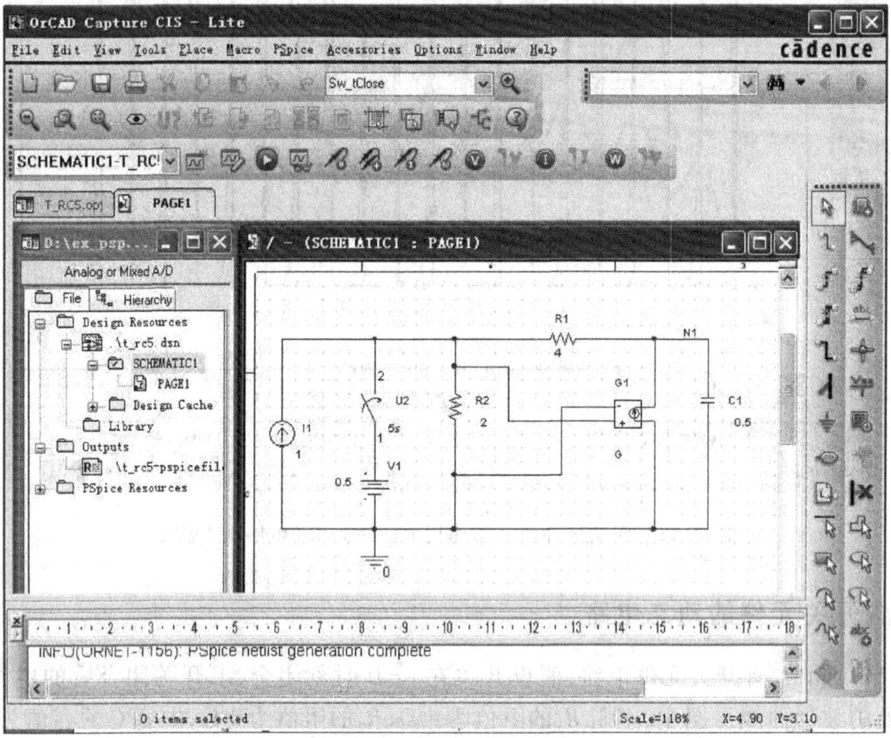

图 3.54 含开关元件的动态电路仿真原理图

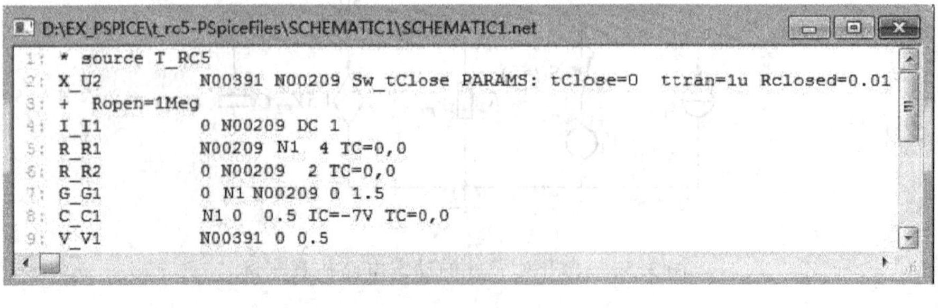
D:\EX_PSPICE\t_rc5-PSpiceFiles\SCHEMATIC1\SCHEMATIC1.net

```
* source T_RC5
X_U2        N00391 N00209 Sw_tClose PARAMS: tClose=0  ttran=1u Rclosed=0.01
+  Ropen=1Meg
I_I1        0 N00209 DC 1
R_R1        N00209 N1  4 TC=0,0
R_R2        0 N00209  2 TC=0,0
G_G1        0 N1 N00209 0 1.5
C_C1        N1 0  0.5 IC=-7V TC=0,0
V_V1        N00391 0 0.5
```

图 3.55 含开关元件的动态电路网表

(2) 静态工作点分析。选择 PSpice 菜单下的 New Simulation Profile 命令，创建新的仿真文件，选择 Bias Point 分析，得到开关闭合前电路的状态以及电容电压的初始值。电路的 Bias Point 分析结果如图 3.56 所示，得到电容的初始电压值为 -7 V。

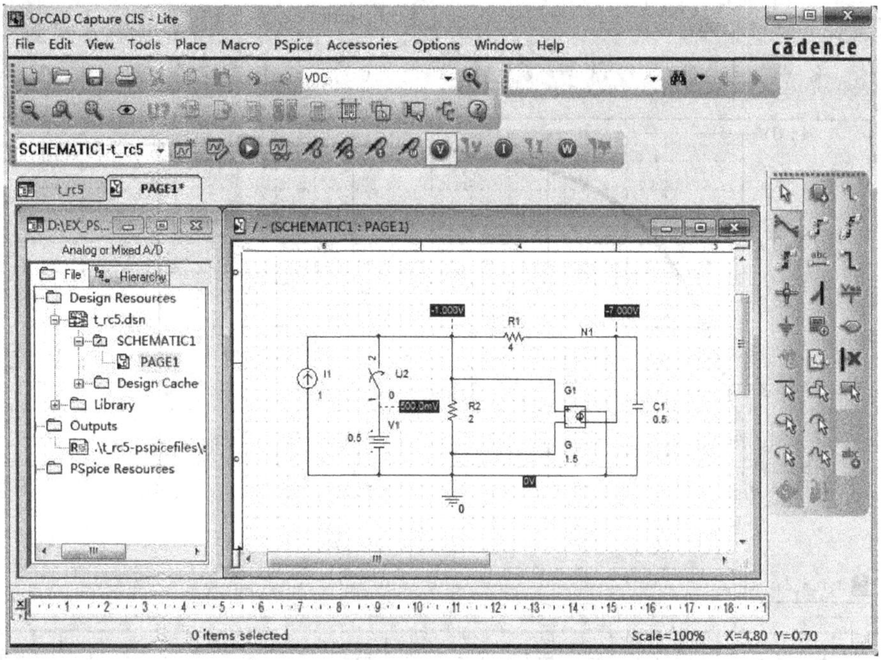

图 3.56 含开关元件的动态电路直流分析

开关闭合前电路已达到稳态，电容相当于开路，在连接电阻 R_1 和电阻 R_2 的结点处，根据电路的 KCL 定理，有

$$\frac{V_{R2}}{2} - 1.5V_{R2} = 1 \qquad (3.9)$$

解得

$$V_{R2} = -1\ \text{V} \qquad (3.10)$$

因此

$$V_{N1} = 4 \times 1.5V_{R2} + V_{R2} = -7\ \text{V} \qquad (3.11)$$

与仿真结果一致。

(3) 瞬态分析。选择 PSpice 菜单下的 Edit Simulation Profile 命令，将仿真设置修改为 Time Domain(Transient)。因为开关闭合后电路的时间常数为 2 s(为什么?)，因此不妨设置仿真时间为 20 s，得到如图 3.57 所示的电容电压波形曲线。打开 Trace 菜单下的 Cursor，可以测得开关闭合后结点 N1 处电压稳定值约为 3.6 V。

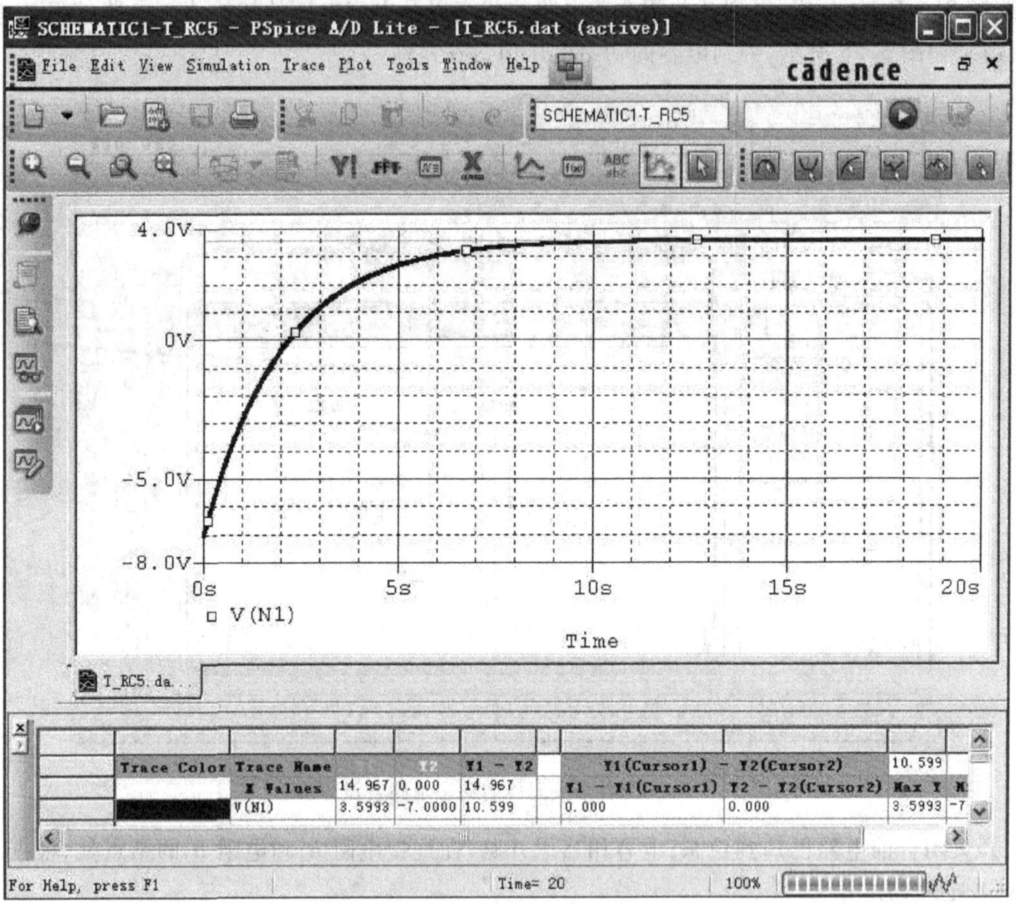

图 3.57 含开关元件的动态电路瞬态分析输出波形

根据图 3.53 所示的电路原理图可知，开关闭合后电路达到稳态时，电容相当于开路，电阻 R_2与电压源 V 并联，即

$$V_{R2} = 0.5\ \text{V} \tag{3.12}$$

因此，

$$V_{N1} = 4 \times 1.5 V_{R2} + V_{R2} = 3.5\ \text{V} \tag{3.13}$$

可见，理论计算结果与仿真结果相比相差约 0.1 V。分析仿真原理图，我们不难发现，理论计算中忽略了开关的关断电阻 Rclosed 的阻值。

(4) 为验证开关关断电阻对仿真结果的影响，将 Rclosed 的阻值由 0.01 Ω 改为 0.000 1 Ω，再次进行瞬态仿真，得到结点 N1 处的电容电压波形如图 3.58 所示。此时，打开 Trace 菜单下的 Cursor，可以测得开关闭合后结点 N1 处电压稳定值约为 3.5 V，与理论分析一致。

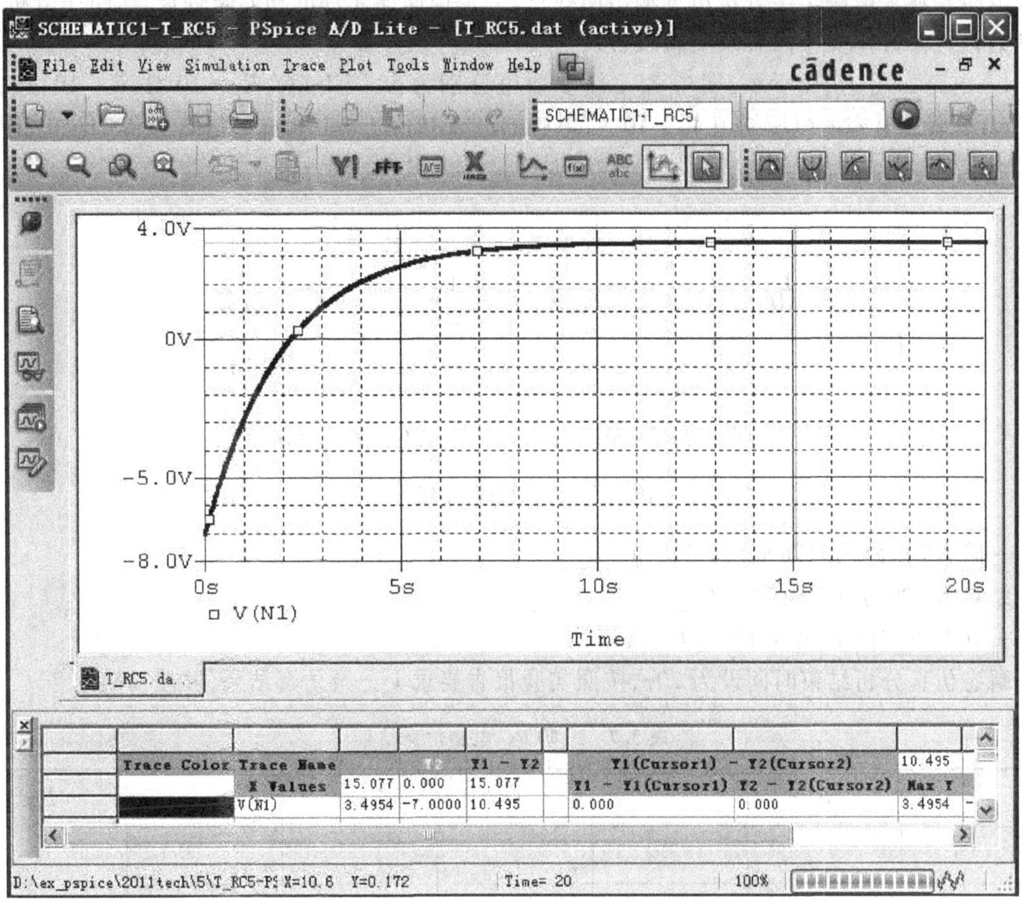

图 3.58 改变开关电阻的阻值对输出波形的影响

3.5 实 训 练 习

本章安排了三个实训练习，希望通过这三个练习，读者不仅能够掌握 PSpice 软件环境下的基本瞬态分析方法，熟悉瞬态分析相关的信号源特点及其参数设置，了解瞬态分析相关的 SPICE 语句，而且能够借助瞬态分析实训练习深入理解“电路”课程中学习过的动态电路时间常数、零输入响应、零状态响应、全响应以及电路的阶跃响应和冲激响应等重要概念。

3.5.1 练习一：简单一阶电路的时域分析

本练习的主要目的：(1) 掌握一阶动态电路的零输入、零状态和全响应瞬态仿真方法，结合一阶电路经典求解法学会分析仿真输出曲线;(2) 掌握储能元件的初始条件设置,瞬态分析信号源参数设置。具体实验内容及实验报告撰写要求如下。

1. 电路如图 3.59 所示,图中各元件参数值分别为:$R_1=1\ \text{k}\Omega$,$R_2=10\ \Omega$,$C=10\ \mu\text{F}$,$L=100\ \text{mH}$。假设电容的电压初值 $V_0=10\ \text{V}$,电感的电流初值 $I_0=100\ \text{mA}$,仿真分析一阶电路的零输入响应。

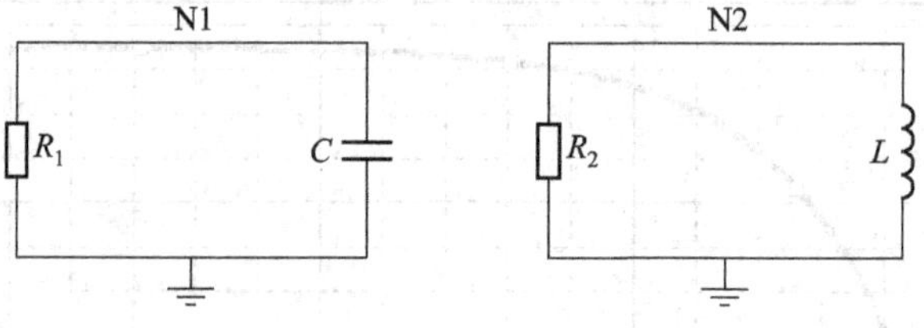

(a) 一阶 *RC* 电路　(b) 一阶 *RL* 电路

图 3.59 一阶电路原理图一

一阶 *RC* 电路的时间常数 τ 为______________;

结点 N1 处的电压表达式为____________________;

关联参考方向下,电容的放电电流表达式为____________。

瞬态仿真分析结束时间设为 20τ,按照实验报告要求 1 记录仿真结果,并填写表 3.7。

表 3.7 一阶 *RC* 电路仿真结果

t	0	τ	3τ	5τ	10τ	20τ
V_C(V)						
V_C/V_0(%)						

一阶 *RL* 电路的时间常数 τ 为____________;

回路的电流表达式为____________,其电流方向为____________(顺时针或逆时针);

关联参考方向下,结点 N2 处的电压表达式为____________。

瞬态仿真分析结束时间设为 10τ,按照实验报告要求(1)记录仿真结果,并填写表 3.8。

表 3.8 一阶 *RC* 电路仿真结果

t	0	τ	3τ	5τ	7τ	10τ
I_L(mA)						
I_L/I_0(%)						

2. 保持图 3.59 所示电路中各元件参数值不变，将电容电压与电感电流初值改为零。在时间 $t=0$ 时刻，RC 电路接入 10 V 的直流电压源，RL 电路接入正弦电压激励，如图 3.60 所示，仿真分析一阶电路的零状态响应。

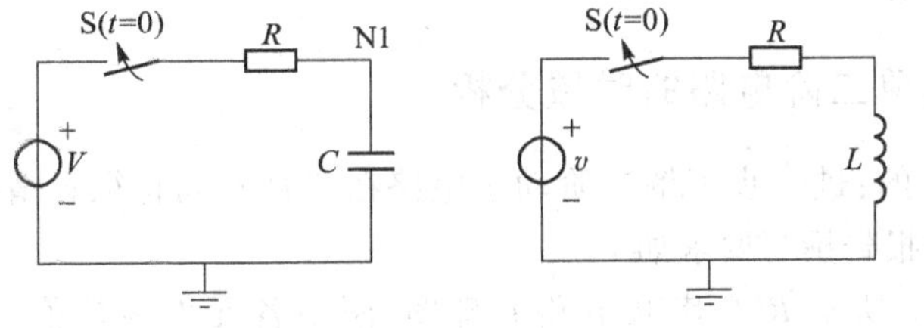

(a) 一阶 RC 电路　　(b) 一阶 RL 电路

图 3.60　一阶电路原理图二

图 3.60 中一阶 RC 电路的时间常数 τ 为________________；开关闭合后，结点 N1 处的电压表达式为________________；关联参考方向下，电容的充电电流表达式为________________。设瞬态仿真分析结束时间为 10τ。

按照实验报告要求(3)记录仿真结果。

图 3.60 中一阶 RL 电路的时间常数 τ 为________________；假设外加正弦电压激励的直流偏置为零，振幅为 10 V，频率为 100 MHz，延迟时间和阻尼因子均为零。瞬态仿真分析结束时间设为 10τ，仿真相位延迟分别为 0°、90°和 180°时的电流曲线，完成实验报告要求(4)。

3. 将图 3.60 中电容电压和电感电流的初值分别设回到 10 V 和 100 mA，仿真 RC 电路在 $t=0$ 时刻接入 10 V 直流电压源时的电流曲线；RL 电路在 $t=0$ 时刻接入正弦电压激励时的电流曲线，正弦激励的相位延迟取为 0°，其他参数同上。按照实验报告要求(5)记录仿真结果。

4. 电路如图 3.61 所示，图中各元件参数值分别为：$R=2\ \Omega$，$L=4$ H，$V_1=10$ V，$I_1=2$ A，仿真分析开关在 $t=5$ s 时刻闭合后电感电流曲线。

图 3.61 所示一阶 RL 电路中，电感电流的初始值为________________（假设电感支路的电流参考方向从上往下）；电路的等效电阻为______________；时间常数 τ 为________________；开关闭合后电路，电路达到稳态时，电感支路的电流值为________________（假设电流参考方向从上往下）。

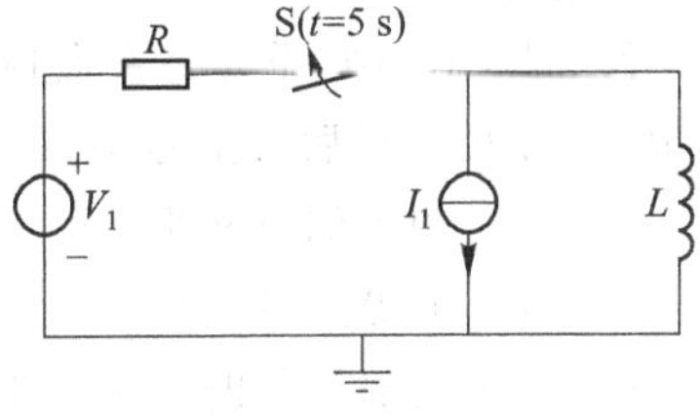

图 3.61　一阶电路原理图三

5. 按下列要求撰写实验报告。

(1) 画出图 3.59 所示 RC 和 RL 电路的零输入响应仿真曲线，曲线包括电阻电压、储能元件电压和回路电流，标明各条曲线起始值，分析曲线在图中的参考方向。

(2) 叙述根据仿真曲线估算电路时间常数的方法和步骤。

(3) 画出图 3.60 所示 RC 电路零状态响应时的电流仿真曲线，标明反应曲线特征的主要坐标值，并与一阶 RC 电路零输入响应时的电流曲线进行比较分析。

(4) 比较 *RL* 电路在不同相位延迟的正弦激励下零状态电流响应曲线,标明反应曲线特征的主要坐标值,试述电路的过渡过程的特点。

(5) 画出 *RC* 电路全响应时的电流仿真曲线,画出 *RL* 电路全响应时的电流仿真曲线,标明反映曲线特征的主要坐标值。

3.5.2 练习二:简单二阶电路的时域分析

本练习的主要目的:进一步了解二阶动态电路在三种不同特征根情况下的过渡过程特点。具体实验内容及实验报告撰写要求如下。

1. 绘制如图 3.62 所示 *RLC* 串联电路原理图,图中各元件参数值分别为:$R = 400\ \Omega$,$L = 4\ \text{mH}$,$C = 0.1\ \mu\text{F}$。假设电容的电压初值为 10 V,电感的电流初值为 100 mA,仿真分析二阶电路的零输入响应。

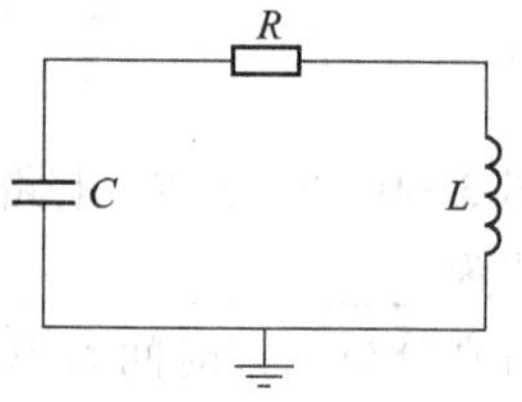

图 3.62 *RLC* 串联电路原理图

以电容电压为变量,列出图 3.62 所示 *RLC* 串联电路放电过程的二阶微分方程参数表达式为____,其对应的特征方程为____,特征方程的特征根为____。当电阻、电容和电感取如图 3.62 所示的参数值时,该特征方程的特征根为(在相应栏后的括号中打勾):

A. 一对相等的负实根 ( )

B. 两个不等的负实根 ( )

C. 一对实部为负的共轭复根 ( )

调试瞬态分析仿真参数,当结束时间参数设为__________较为合适。仿真并按实验报告要求(1)记录结果。

2. 图 3.62 中,设元件参数值分别为:$R = 800\ \Omega$,$L = 4\ \text{mH}$,$C = 0.1\ \mu\text{F}$,此时,特征方程的特征根为(在相应栏后的括号中打勾):

A. 一对相等的负实根 ( )

B. 两个不等的负实根 ( )

C. 一对实部为负的共轭复根 ( )

瞬态分析仿真参数设置同上,仿真并按实验报告要求(1)记录结果。

3. 图 3.62 中,设元件参数值分别为:$R = 100\ \Omega$,$L = 4\ \text{mH}$,$C = 0.1\ \mu\text{F}$,此时,特征方程的特征根为(在相应栏后的括号中打勾):

A. 一对相等的负实根 ( )

B. 两个不等的负实根 ( )

C. 一对实部为负的共轭复根 ( )

瞬态分析仿真参数设置同上,仿真并按实验报告要求(1)记录结果。

4. 绘制如图 3.63 所示 *RLC* 并联电路原理图,图中各元件参数值分别为:$R=2\ k\Omega$,$L=1\ H$,$C=1\ \mu F$,电流源的电流为 1 A,电容电压和电感电流初值为零,该二阶电路的响应类型为____________。

以电感电流为变量,图 3.63 所示 *RLC* 并联电路的参数微分方程为________________________________,其对应的特征方程为________________________________,特征方程的特征根为________________________________。

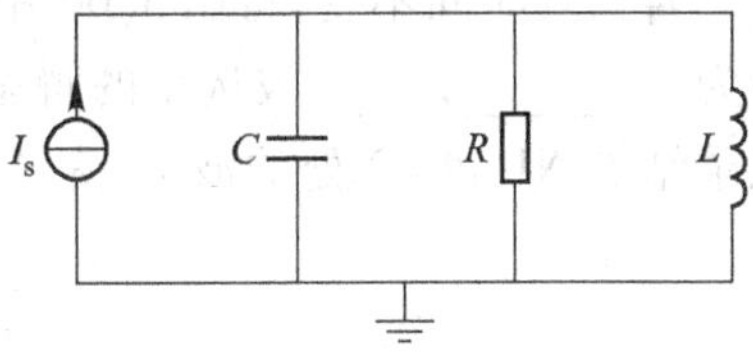

图 3.63 *RLC* 并联电路原理图

调试瞬态分析仿真参数,当结束时间参数设为__________较为合适。仿真并按实验报告要求(2)记录结果。

5. 图 3.63 中,设电容电压初值为 10 V,电感电流初值为 100 mA,仿真并按实验报告要求(2)记录结果。

6. 按下列要求撰写实验报告。

(1) 分别画出图 3.62 所示 *RLC* 串联电路在三种参数情况下电容电压 V_C、电感电压 V_L和回路电流 *I* 的仿真曲线,标明各条曲线起始值及反映曲线特征的主要坐标值。

(2) 画出图 3.62 所示 *RLC* 并联电路的电容电压 V_C、电感电流 I_L和回路电流 *I* 的仿真曲线,标明各条曲线起始值及反映曲线特征的主要坐标值。

3.5.3 练习三:混合电路的时域分析

本练习的主要目的:掌握带参数扫描的瞬态分析方法;熟练使用瞬态信号源;学习含受控源以及开关元件的电路瞬态分析。具体实验内容及实验报告撰写要求如下。

1. 如图 3.64 所示 *RC* 电路,其中电容 *C* 的容值为 10 μF,脉冲电压源 v_1的参数如下:起始值 0 V、脉动值 5 V、延迟时间 0、上升和下降时间均为 0.5 μs、脉冲宽度为 10 ms、周期为 20 ms。当电阻 *R* 分别取值为:8 kΩ,2 kΩ 和 200 Ω 时,做瞬态扫描分析,观察在周期方波信号激励下电路的响应回答下列问题,并完成实验报告要求(1)。若设瞬态分析结束时间为 10 个方波周期,则仿真结束时间值为__________。

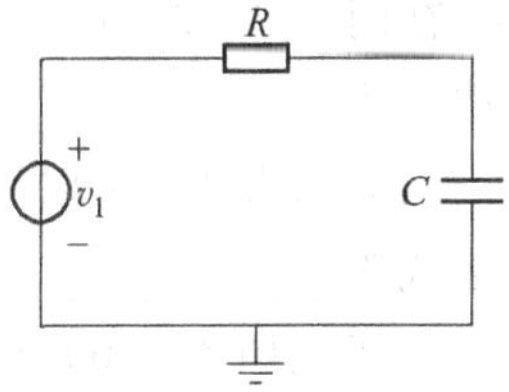

图 3.64 仿真实验图一

当 $R=8\ k\Omega$ 时,电容上的电压波形呈现什么特征?

____________________________________。

当 $R=2\ k\Omega$ 时,电容上的电压波形呈现什么特征?

____________________________________。

当 $R=200\ \Omega$ 时,电容上的电压波形呈现什么特征?

____________________________________。

2. 如图 3.65 所示电路,图中各元件参数值分别为:$V_1=10\ V$,$R_1=R_2=20\ \Omega$,$R_3=4\ k\Omega$,$L=0.2\ H$,$C=0.5\ \mu F$。并且,电感的电流初值为 0.2 A,电容的电压初值为 2 V,该电路的响应类

型为＿＿＿＿＿＿＿＿。设瞬态仿真时间区间为0～30 ms，仿真并记录结点N1和N2处的波形。

若仿真时间不变，将图3.65中的直流电压源换为相同幅值的阶跃信号，可选用的瞬态信号源为＿＿＿＿＿＿＿，被选用的瞬态信号源的主要参数设置为＿＿＿＿＿＿＿＿＿＿＿。仿真并记录结点N1和N2处的波形，完成实验报告要求（2）。

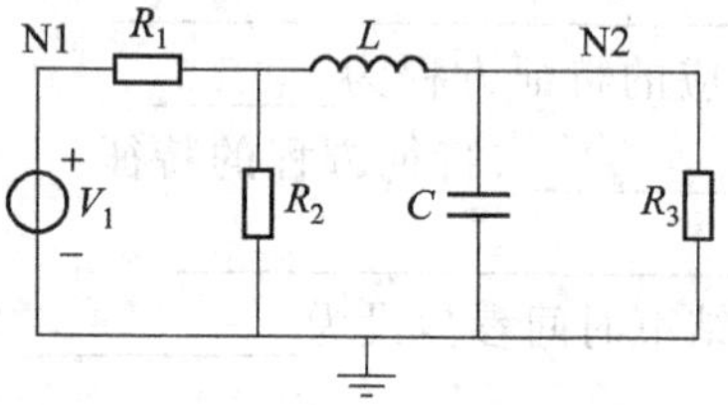

图3.65　仿真实验图二

3．如图3.66（a）所示RC电路中电容C初始储能为0，所加激励如图3.66（b）所示，其中$R=1\ \text{k}\Omega$，$C=10\ \mu\text{F}$。求电容电压V_C。

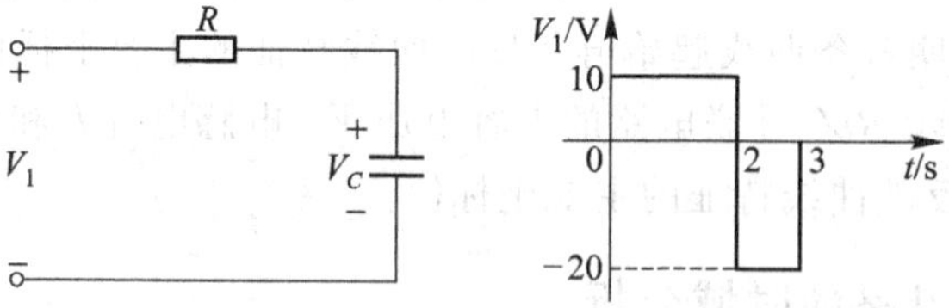

(a) 电路图　　(b) 激励信号波形

图3.66　仿真实验图三

在时间0～2 s区间，RC电路的响应类型为＿＿＿＿＿＿＿＿＿＿＿＿＿，此时，电容电压的表达式为＿＿＿＿＿＿＿＿＿＿。

在时间2～3 s区间，RC电路的响应类型为＿＿＿＿＿＿＿＿＿＿＿＿＿，此时，电容电压的表达式为＿＿＿＿＿＿＿＿＿＿。

当时间大于3 s以后，RC电路的响应类型为＿＿＿＿＿＿＿＿＿＿＿＿＿，此时，电容电压的表达式为＿＿＿＿＿＿＿＿＿＿。

为产生如图3.66（b）所示的激励电压波形，可选用的瞬态信号源为＿＿＿＿＿＿＿，其主要参数设置为＿＿＿＿＿＿＿＿＿＿＿＿＿＿＿。

仿真并记录电容电压波形，完成实验报告要求（3）。

4．绘制如图3.67所示电路，图中，电阻R_1的阻值为24 Ω，R_2的阻值为1 Ω，电容C的容值为1 μF，初始电压值为2 V，电流源的电流为10 A，受电阻R_2两端电压控制的电流源控制系数为0.25 S。仿真并记录电容元件上的电压及其所在支路电流的全响应曲线，完成实验报告要求（4）。

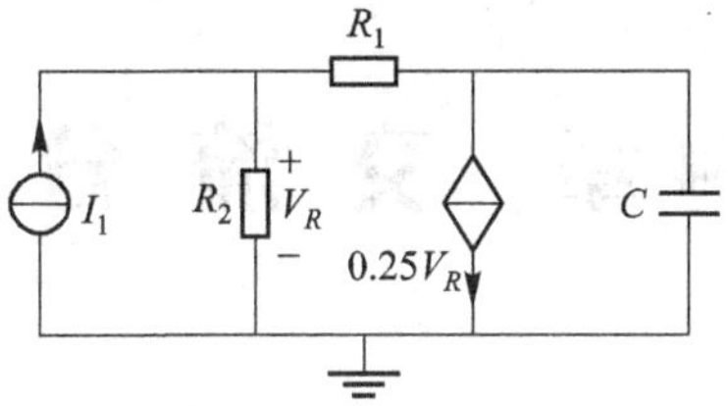

图 3.67　仿真实验图四

根据仿真曲线，估算电路的时间常数为____________________。

5. 按下列要求撰写实验报告。

(1) 叙述图 3.64 进行瞬态扫描分析的实验步骤和仿真参数设置方法，并思考：为何当电阻 R_1 取不同的值时，仿真波形呈现不同的特征？

(2) 画出图 3.65 所示电路在两种不同的激励下结点 N1 和 N2 处的电压仿真曲线，标明各条曲线起始值及反映曲线特征的主要坐标值。

(3) 画出图 3.66 所示电路电容电压仿真曲线，标明曲线起始值及反映曲线特征的主要坐标值。

(4) 画出计算图 3.67 所示电路等效电阻的原理图，求解计算该电路的 RC 时间常数，并与仿真曲线的估算值进行对比。

思考题与习题

1. 最基本的储能元件是哪两个，与电阻元件相比，它们有什么特点？
2. SPICE 中瞬态信号源有哪些类型？
3. 动态电路的零状态响应有几种方法仿真，分别是什么？
4. 如何确定一阶电路瞬态分析的仿真结束时间？
5. 一阶 RC 电路的全响应和零状态响应时电容上的电压变化有什么区别？
6. SPICE 中，开关元件在哪个库中，其主要参数有哪些？

第4章 交流分析

本章介绍的交流分析对应着“电路”课程中正弦稳态电路的分析,主要研究电路响应随激励信号频率的变化关系。通过本章的内容介绍和实训练习,希望读者可以进一步认识正弦稳态电路的幅频、相频、谐振等频率特性,掌握 SPICE 软件进行交流(AC:Alternating Current)分析的方法。

本章首先回顾了电路频率响应与网络函数的关系,接着介绍了交流分析仿真参数设置并给出了一阶、二阶电路的交流仿真示例,最后给出两个实训练习,内容与“电路”课程中正弦稳态电路的分析和电路的频率响应等内容相对应。

4.1 交流分析与正弦稳态电路

交流分析是一种频域分析方法,它是在依次采用不同频率的正弦波信号持续激励作用下,计算电路中所有的结点电压和支路电流,输出各结点电压和支路电流的交流幅值、交流相位等,从而获得电路的频率特性,也就是求电路的频域响应。

交流扫描分析时,频率被认为是扫描的自变量,电路中所有的变量都被认为是复数变量,并且其工作频率都随扫描频率一起变化。通过交流分析,不仅可以获得电路传递函数的幅频响应和相频响应,还可以得到电压增益、电流增益、互阻增益、互导增益、输入阻抗和输出阻抗的频率响应。

正弦稳态电路是指在正弦信号激励下,处于稳态响应的电路。由第 3 章的学习了解到,动态电路在正弦信号激励下的全响应包括固有响应和强制响应两部分。随着时间的增长固有响应趋于零,电路的全响应由强制响应也就是稳态响应决定。这时,电路中的电压、电流都是正弦量,并且与激励具有相同频率。在我们日常生活中,应用最为广泛的正弦信号有电力系统中发电机产生的 50Hz 的交流电和现代通信技术中采用的“载波”信号等。因此,正弦稳态电路又常被称为交流电路。

在“电路”课程中,通过引入相量的概念,采用相量分析法,可以将电阻电路中应用的 KCL、KVL、叠加电路定理等应用于正弦稳态电路。本章将介绍正弦稳态电路的交流仿真分析,讨论正弦稳态电路在不同频率激励下的响应,深入掌握 *RLC* 电路的谐振特性以及电路的幅频、相频特性等。

4.2 电路的频率响应

在现代通信系统中，实际电路传输的语音、音乐、图像等信号是由许多不同频率的正弦分量组成的，并不是单一频率的正弦量。动态电路中，电容的容抗和电感的感抗都是频率的函数，因此，不同频率的正弦激励作用于同一个动态电路时，即使激励的幅度和初始相位相同，其响应的振幅和初相也随之变化。

4.2.1 网络函数与频率响应

电路的响应随激励频率变化而变化的特性称为电路的频率特性。通常用网络函数(network function)来描述。网络函数的定义为：在线性正弦稳态网络中，当只有一个独立激励源作用时，网络中某一处的响应(电压或电流)与网络输入之比。其数学表达式为

$$H(\mathrm{j}\omega)=\frac{\text{响应相量}}{\text{激励相量}} \tag{4.1}$$

网络函数体现了网络本身的性质，不仅与电路的结构、参数值有关，还与输入、输出变量的类型以及端口的相互位置有关。根据响应和激励的所在端口位置关系，网络函数可分为策动点函数(或称驱动点函数)和转移函数(或称传递函数)两大类。

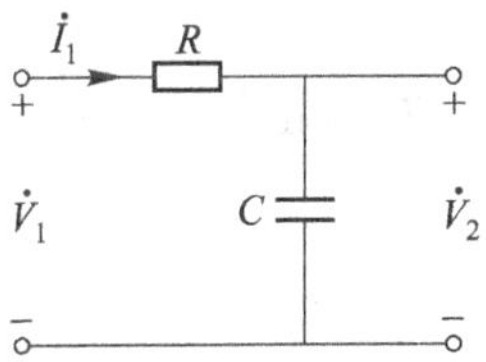

图 4.1 一阶 RC 电路

如图 4.1 所示的一阶 RC 电路，定义如下网络函数

$$H_1(\mathrm{j}\omega)=\frac{\dot{I}_1}{\dot{V}_1}=\frac{\mathrm{j}\omega C}{1+\mathrm{j}\omega RC} \tag{4.2}$$

$$H_2(\mathrm{j}\omega)=\frac{\dot{V}_2}{\dot{V}_1}=\frac{1}{1+\mathrm{j}\omega RC} \tag{4.3}$$

式(4.2)和式(4.3)中，$H_1(\mathrm{j}\omega)$为策动点函数，表示该端口的导纳；$H_2(\mathrm{j}\omega)$为转移函数，表示转移电压比。

网络函数一般是 ω 的复函数，可写为

$$H(\mathrm{j}\omega)=|H(\mathrm{j}\omega)|\mathrm{e}^{\mathrm{j}\theta(\omega)} \tag{4.4}$$

其中，$|H(\mathrm{j}\omega)|$称为电路的幅频特性(amplitude response)，$\theta(\omega)$称为相频特性(phase response)，二者合称为电路的频率特性。

通常将$|H(\mathrm{j}\omega)|/H_{max}>0.707$的频率范围称为电路的通带，而将$|H(\mathrm{j}\omega)|/H_{max}<0.707$的频率范围称为电路的阻带。其对应的边界角频率称为截止角频率 ω_c。由于在该频率点处，电路的输出功率是最大功率的一半，故 ω_c 也称为半功率点频率。在后续模拟电路中，就用通频带(pass band)来衡量放大电路对不同频率信号的放大能力。

按通带、阻带分类，滤波电路常被分为：低通、高通、带通和带阻等类型，图 4.2 给出了它们的示意图。

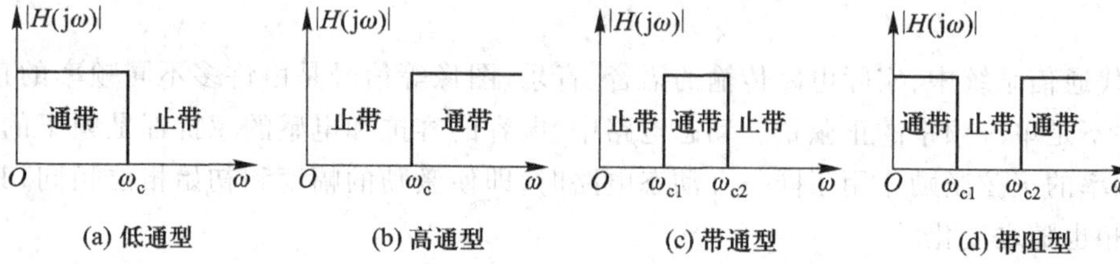

图 4.2 不同类型滤波电路幅频特性示意图

4.2.2 频率响应曲线

实际应用中的电路和系统，需要处理各种频率的信号，从直流（频率为零）到几十赫兹（Hz）、几十兆赫兹（MHz）甚至几十吉赫兹（GHz）。为了更为直观地观察电路频率特性随频率变化的关系，工程上常采用对数坐标来绘制电路的频率响应曲线。对于幅频特性，用 dB（分贝）表示对数模，记为 H_{dB}，并有

$$H_{dB} = 20\lg|H(j\omega)| \tag{4.5}$$

在截止角频率 ω_c 处，由于

$$|H(j\omega)| = \frac{1}{\sqrt{2}} \approx 0.707 \tag{4.6}$$

$$H_{dB} = 20\lg 0.707 \approx -3\text{dB} \tag{4.7}$$

工程上常说的 3dB 带宽就是指：比峰值功率小 3dB 的频率范围的带宽。

图 4.1 所示的一阶 RC 电路中，当电阻取值为 1 kΩ，电容取值为 10 μF 时，转移函数 $H_2(j\omega)$ 的幅频曲线如图 4.3(a) 所示，用对数模表示的幅频曲线如图 4.3(b) 所示。

根据公式（4.3）和公式（4.5），可以估算得到电阻为 1 kΩ，电容为 10 μF 时，RC 电路的 3dB 带宽，即

$$\begin{aligned}|H(j\omega)| &= \frac{1}{\sqrt{1+(\omega RC)^2}} \\ &= \frac{1}{\sqrt{1+(2\pi f\times 1\times 10^3\times 10\times 10^{-6})^2}} \\ &= \frac{1}{\sqrt{2}}\end{aligned} \tag{4.8}$$

解得：$f \approx 15.91$ Hz，与图 4.3(b) 给出的仿真值一致。

该 RC 电路对应的相频曲线如图 4.4 所示，可见，低频时相位为 0°；高频时相位趋向 −90 °。

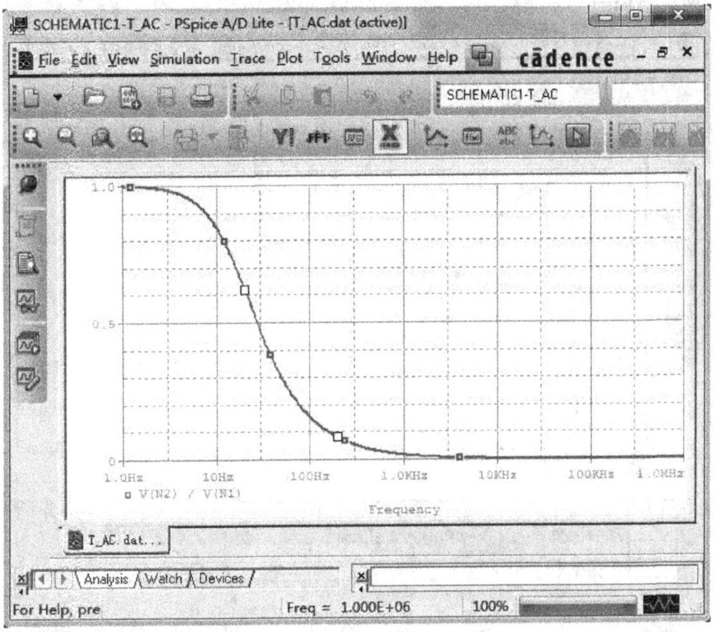

（a）线性坐标

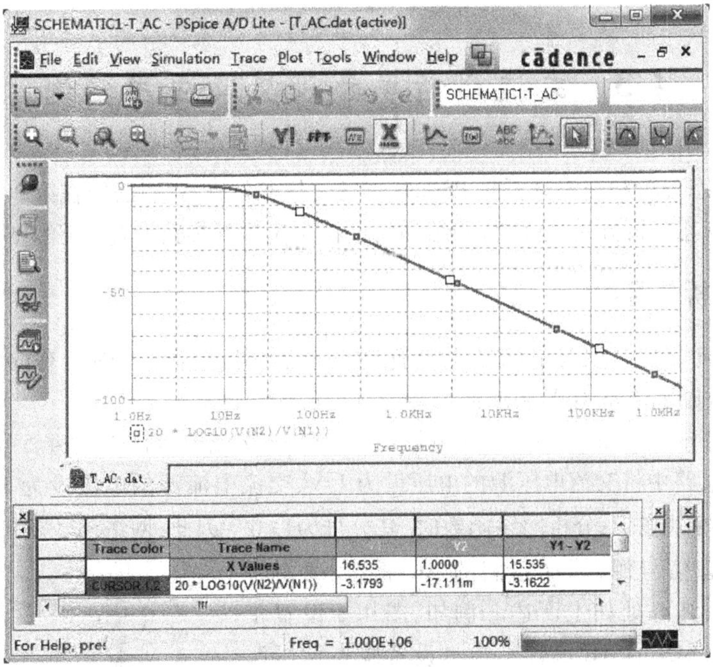

（b）对数坐标

图 4.3　*RC* 电路转移函数幅频特性曲线

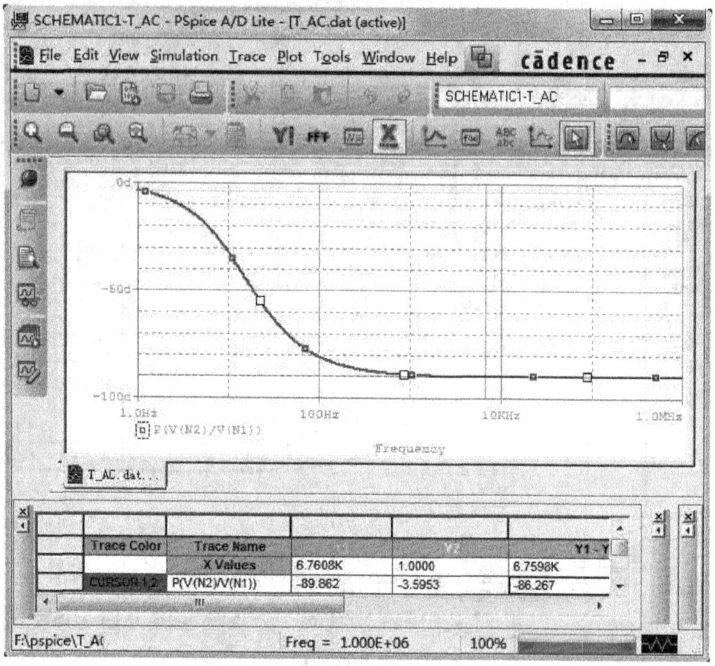

图 4.4　*RC* 电路转移函数相频特性曲线

4.3　交流分析参数设置及应用实例

直流分析、瞬态分析和交流分析是 PSpice 的三大基本分析,我们已经在第 2 章和第 3 章分别介绍了直流分析和瞬态分析方法,下面将介绍如何进行交流仿真参数设置,并给出一些应用实例。

4.3.1　交流分析信号源

电路进行交流分析必须在电路图上设置至少一个交流电源,否则所有的输出结果都为零。PSpice 产生 AC 激励源方法有以下三种:

(1) 调用 Source 库中的 VAC(交流电压源)或 IAC(交流电流源),图 4.5 给出了它们的符号示意图。通常在电路中将交流电压源的电压设为 1 V,交流电流源的电流设为 1 A,它们的相位设为 0 °。这样做的好处在于:分析网络函数时,其分母为$1\angle 0°$,因此,网络函数就等于响应相量。

(2) 使用瞬态信号源,添加它们的 AC 属性,通常将 AC 栏的值设为 1,其好处如上所述。例如,图 4.6 设置了瞬态正弦电压源 VSIN 的 AC 属性。通过设置瞬态信号源的 AC 属性的另一个好处在于,电路完成瞬态分析后,可以不用删除已有的信号源就可以进行交流分析。

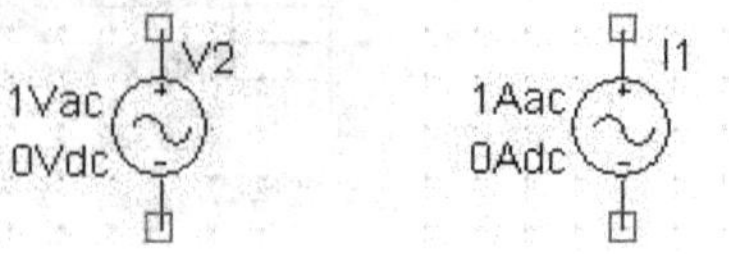

(a) 交流电压源　　(b) 交流电流源

图 4.5　交流信号源符号示意图

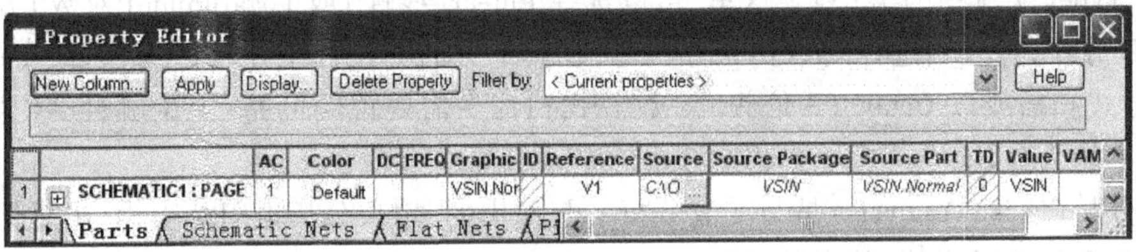

图 4.6 设置 VSIN 信号源的 AC 属性示意图

(3) 调用通用信号源 VSRC 或 ISRC,图 4.7 给出了它们的符号示意图。通用信号源可以看作是复合激励源,有三个参数 DC、AC 和 TRAN。其中,DC 写入 DC 值,AC 写入幅值和相位,相位用度表示,TRAN 是初始瞬态值,不写入 TRAN,其实就相当于 VAC 了。

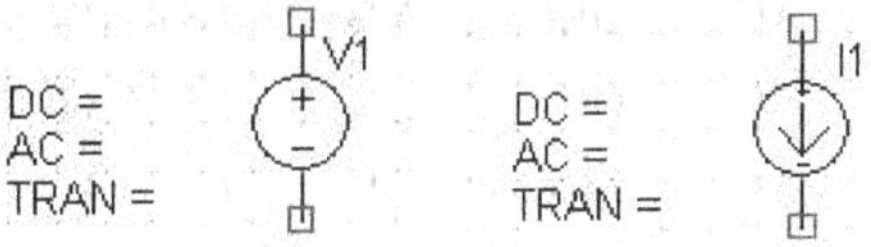

(a) 交流电压源　　(b) 交流电流源

图 4.7 通用信号源符号示意图

4.3.2 交流分析参数设置

在 OrCAD Capture 集成环境中,选择 PSpice 菜单下的 New Simulation Profile 命令创建新的仿真文件,在弹出的 Simulation Settings(仿真设置)窗口中选择 Analysis(分析)栏,并在 Analysis type(分析类型)下拉列表框中点选 AC Sweep/Noise,即交流扫描/噪声,得到如图 4.8 所示的交流分析设置窗口。图中,Options(选项)默认为 General Settings(一般设置),右侧需要设置的参数为

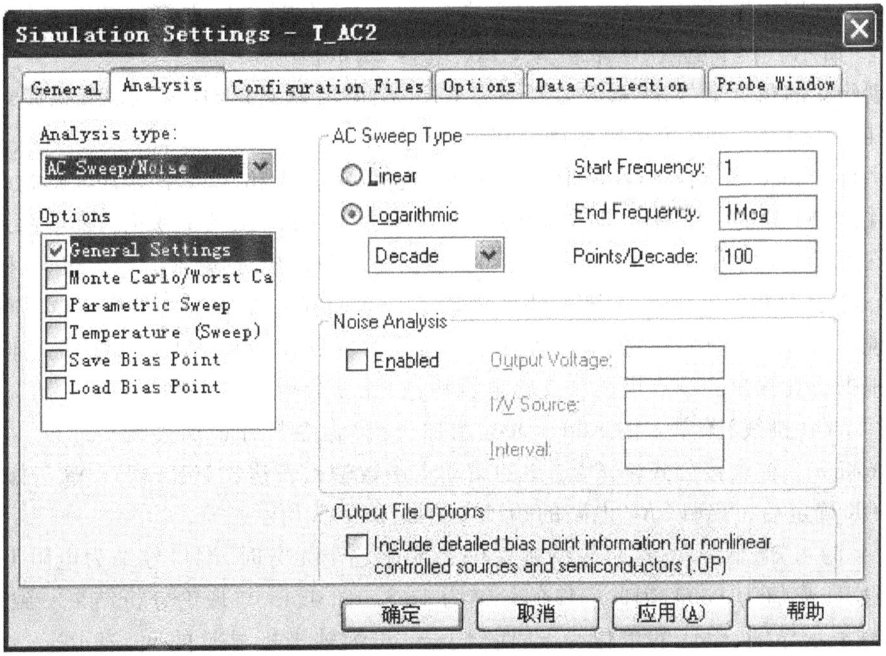

图 4.8 交流分析设置窗口

AC Sweep Type(交流扫描类型)。这里,可以选择 Linear(线性)或 Logarithmic(对数)方式来进行电路的 AC 分析,并且当选择对数扫频方式时,在其下方的下拉栏中还可以选择以 Decade(10 倍频)对数方式扫描或以 Octave(8 倍频)对数方式扫描。需要说明的是:无论哪种 AC 扫描方式,起始频率不能为 0 Hz。

噪声分析(Noise Analysis)是与交流分析一起使用的,用来分析电阻热噪声、半导体器件产生的散粒噪声和闪烁噪声等,其参数设置方法是:在 Noise Analysis 栏,点选 Enabled,并设定相关参量。今后的模拟电子技术中常涉及这一功能,这里暂不作详细讨论。

SPICE 中,交流分析对应的命令语句为:

```
.AC    DEC    ND    FSTART    FSTOP
.AC    OCT    NO    FSTART    FSTOP
.AC    LIN    NP    FSTART    FSTOP
```

其中,DEC、OCT 和 LIN 是频率变化的方式,分别对应于 10 倍频、8 倍频和线性变频,ND、NO 和 NP 是扫描点数,FSTART 和 FSTOP 分别是起始频率和结束频率。如前所述,在电路中,需要至少指定一个独立源为交流源,此分析才起作用。

4.3.3 一阶电路的频率响应

下面以图 4.1 给出的一阶 *RC* 电路为例,介绍如何借助 PSpice 软件的交流分析功能获得电路的频率响应。

(1) 在原理图编辑环境下绘制电路原理图并保存,定义电阻 R1 两端的结点名分别为 N1 和 N2,如图 4.9 所示。其中电阻 R1 取值为 1 kΩ,电容 C1 取值为 10 μF。

(2) 创建新的仿真文件,仿真起始频率为 1 Hz,结束频率为 1 MHz,选择 10 倍频对数扫描方式,对数间隔点之间的扫描点数取为 10,如图 4.10 所示。

(3) 运行 PSpice 分析程序,在波形显示窗口中观察结点 N1 和 N2 处的电压波形,如图 4.11 所示。图中,结点 N1 处的电压幅值,即交流电压源的电压幅值,是不随频率变化的常量,而结点 N2 处的电压幅值随着频率的增高不断下降并趋于 0 V。这是因为低频时,电容的容抗很大,根据串联电路的分压公式,其分得的电压也大;随着频率的增大,电容的容抗减小,分得的电压也不断减小。

需要说明的是:电路中各结点电压和支路电流都为复数,PSpice 软件给出的是它们的模。

(4) 根据仿真输出的结点电压和支路电流特性,计算分析电路的网络函数。在波形显示窗口中,通过 Trace(迹线)菜单下的 Add Trace(增加迹线)命令打开增加迹线对话框,并在下方的 Trace Expression 一栏中按公式(4.2)给出的策动点函数输入表达式 I(R1)/V(N1),如图 4.12 所示。点击 OK 确定后,得到该 *RC* 电路的端口导纳如图 4.13 所示。

由式(4.2)可知,低频时,端口导纳接近 0;当频率趋于无穷时,端口导纳为电阻 R1 的倒数,又因为电阻 R1 取值为 1 kΩ,因此端口的导纳为 1mS。图 4.13 与理论分析结果一致。注意,图 4.13 中纵轴表示导纳,默认的单位为 S(西[门子]),纵轴坐标显示的 m,表示毫。再次提醒,PSpice 软件中用 m 表示毫,MEG 表示兆,不能混淆。

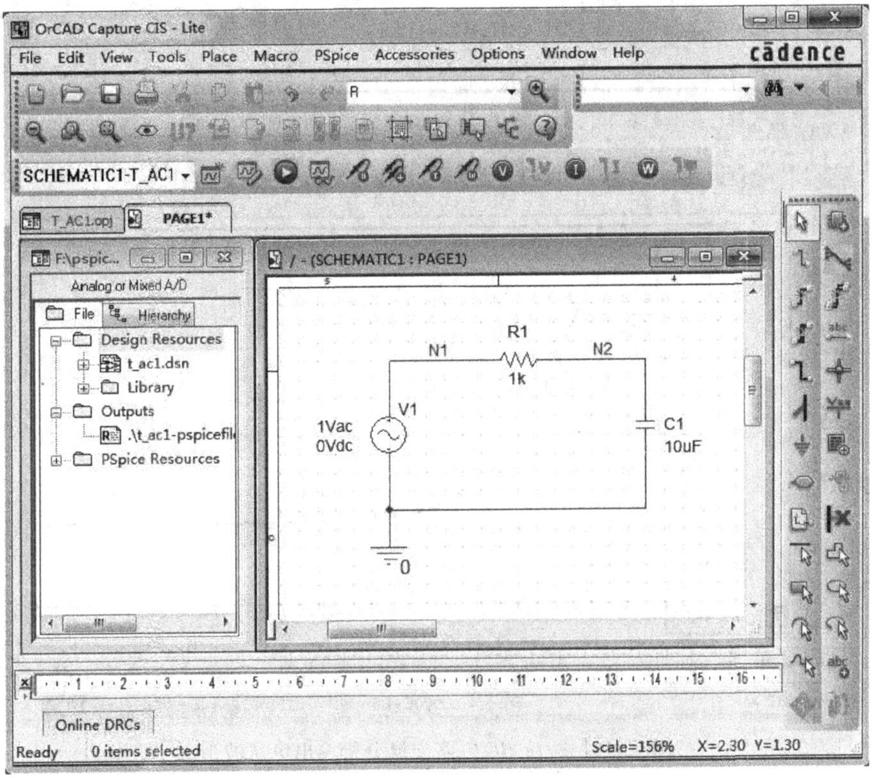

图 4.9 一阶 *RC* 电路交流分析仿真图

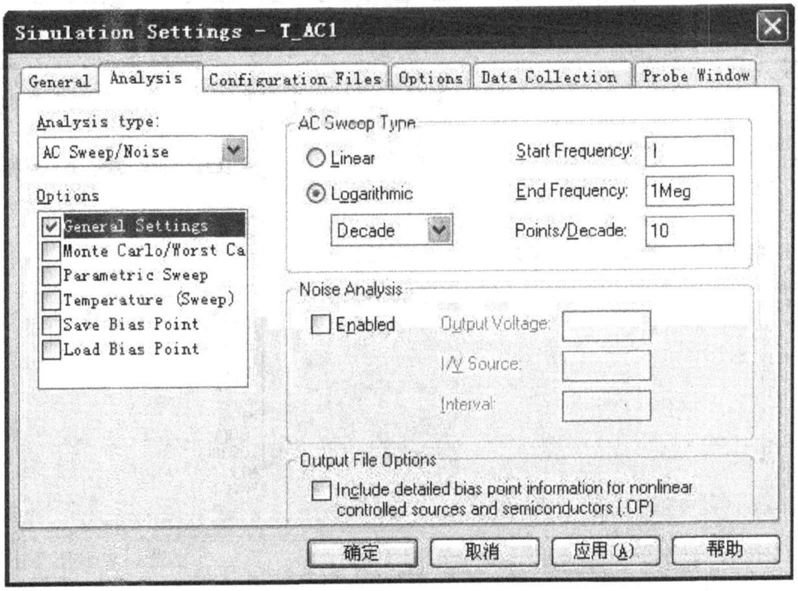

图 4.10 交流分析参数设置窗口

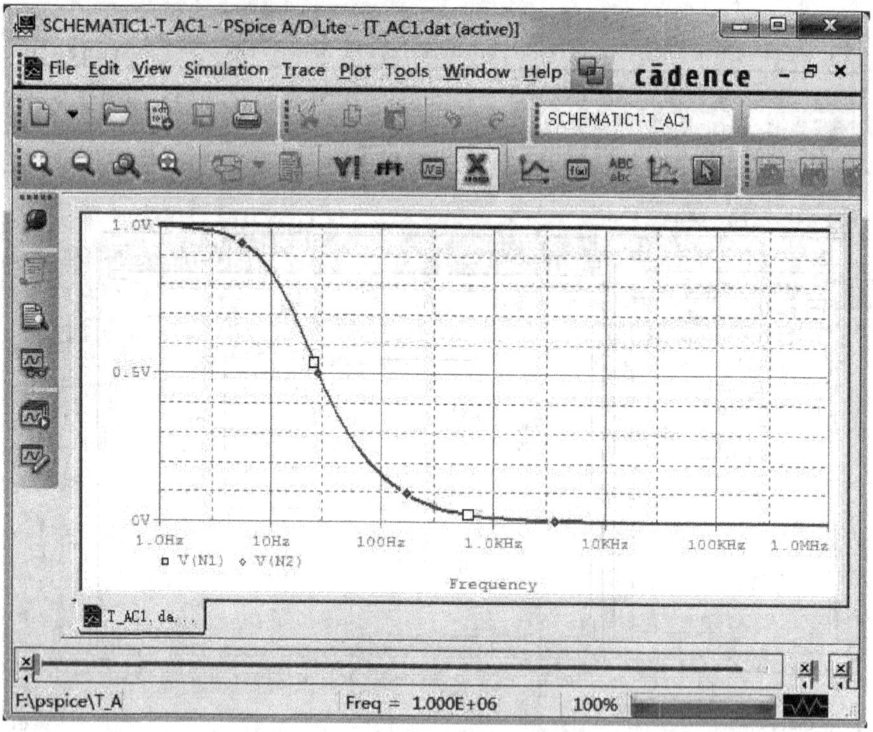

图 4.11 一阶 *RC* 电路交流分析输出电压波形

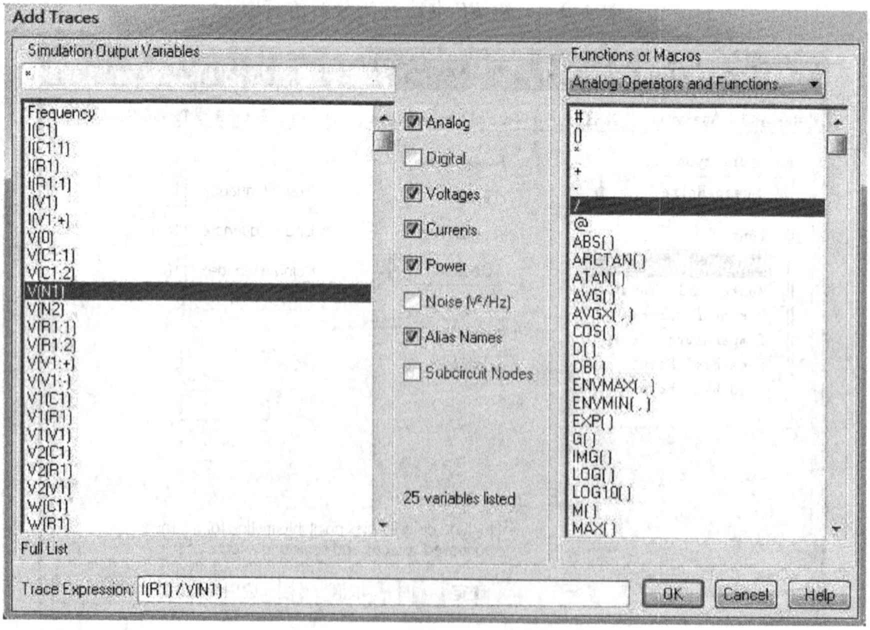

图 4.12 计算 *RC* 电路策动点导纳

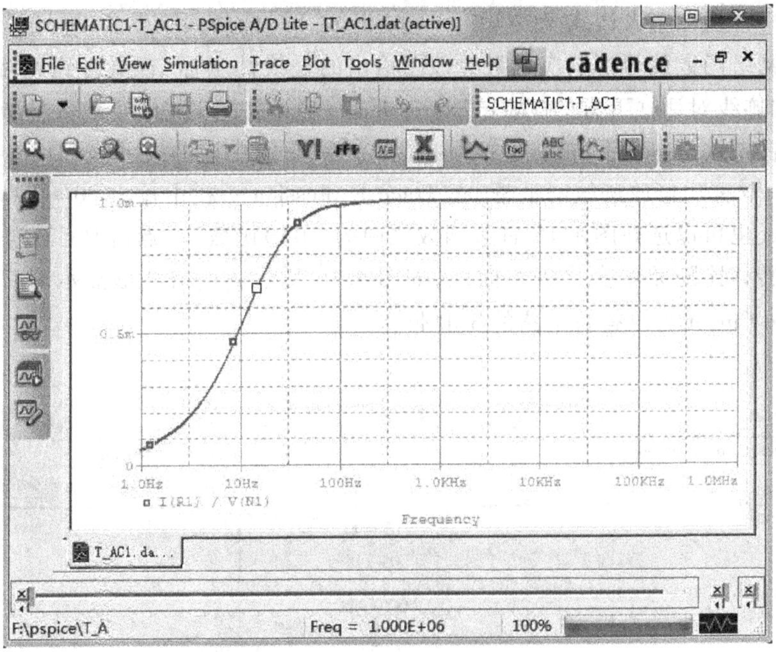

图 4.13 *RC* 电路策动点导纳随频率变化关系

同样，根据公式(4.3)给出的转移函数定义，得到该 *RC* 电路的转移电压比如图 4.14 所示。

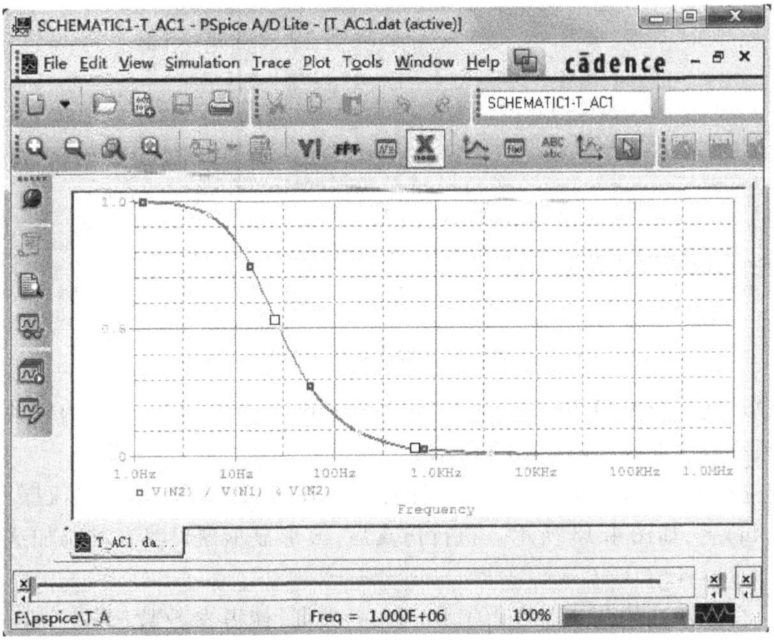

图 4.14 *RC* 电路转移电压比随频率变化关系

图4.14中,转移电压表达式V(N2)/V(N1)和V(N2)两条曲线重合,可见,将输入电压相量设为$1\angle 0^\circ$时,网络函数就等于响应相量。该图给出的是线性坐标,若要得到用对数模表示的幅频曲线,在增加迹线对话框下方的Trace Expression一栏中按公式(4.5)输入计算表达式。或者在图4.14中,首先点击曲线下方的V(N2)/V(N1)标识,选中该曲线并按“Delete”键删除,然后双击V(N2)标识,弹出修改迹线对话框,在Trace Expression一栏中输入20 * LOG10(V(N2)),如图4.15所示(也可以选择图4.15右边函数栏中的DB()函数)。点击OK确定后,得到用对数模表示的电压转移比随频率变化关系曲线,如图4.16所示。点击波形显示窗口中的快捷图标,打开Toggle Cursor可以查看电路的3dB带宽。

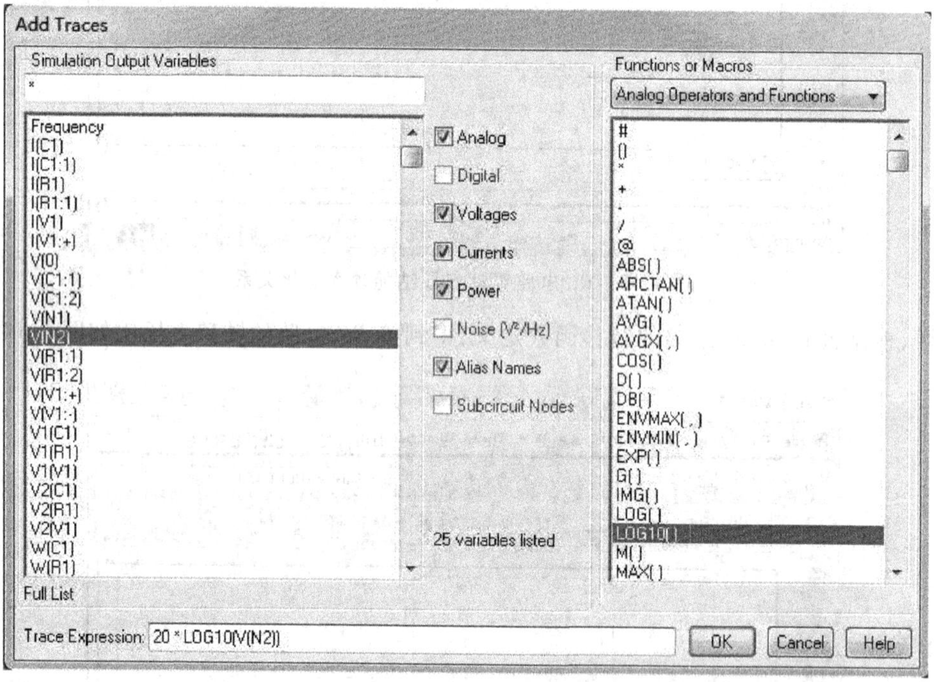

图4.15　修改迹线对话框

(5) 使用原理图编辑窗口中,PSpice—Markers—Advanced菜单下提供的各种探针,可以快速地得到电路的频率响应曲线,如图4.17所示。

这里,我们选择dB Magnitude of Voltage探针放置在结点N2处,选择电流探针放置在电阻元件R1的引脚(pin)上,如图4.18所示。执行仿真后,波形显示窗口将自动添加这两条曲线,如图4.19所示。

图4.19中,自动添加的两条曲线由于共用一个坐标,使得参数数值较小的I(R1)显得可读性不强。为此,可以将该窗口分为上下两部分显示,具体方法是:选择Plot菜单下的Add Plot to

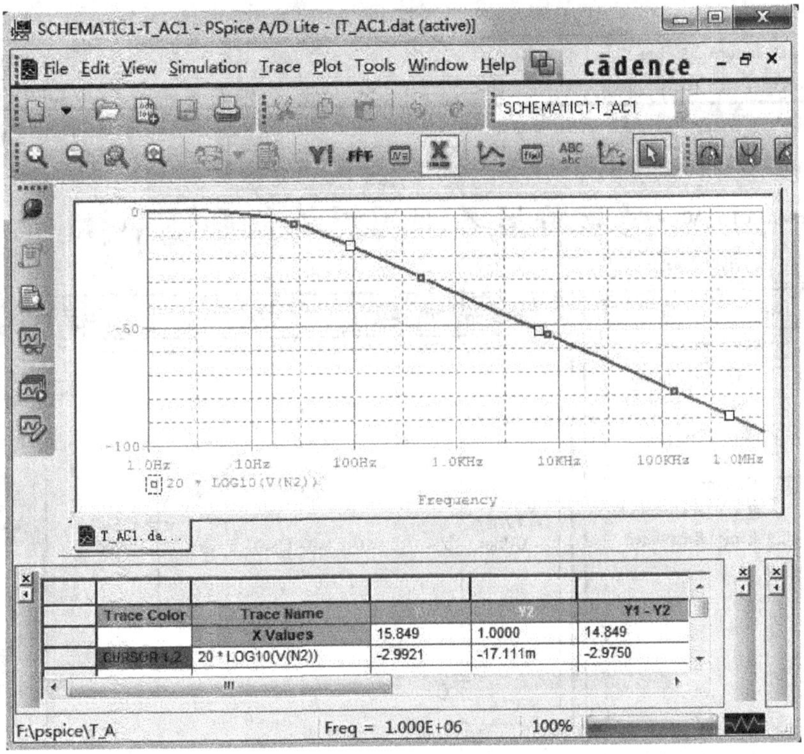

图 4.16　对数模表示的转移电压比频率曲线

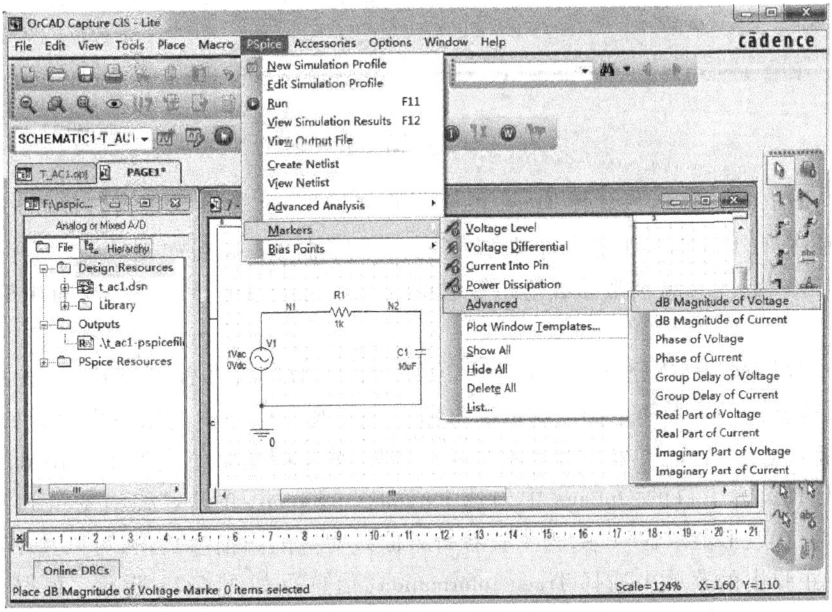

图 4.17　添加探针示意图

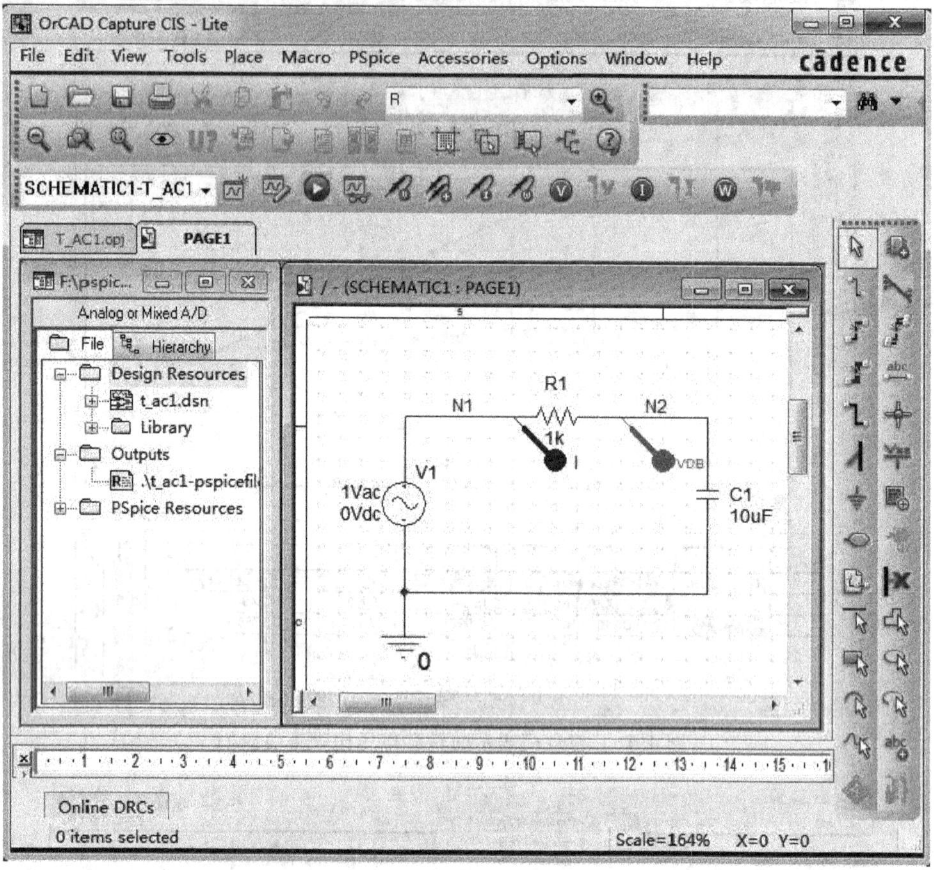

图 4.18 在原理图上添加探针

Window 命令新增一个窗口，再选择 Trace 菜单下的 Add Trace 命令或单击快捷图标 新增一条欲显示的曲线 I(R1)，同时删去原来图中的 I(R1)曲线，得到如图 4.20 所示结果。曲线 I(R1)与图 4.13 相比，其纵轴坐标数值相等但单位不同，曲线 DB(V(N2))与图 4.16 相比，则结果一致。

(6) 带参数扫描的 AC 分析。根据图 4.20 所示的幅频特性曲线可以看出，该 *RC* 电路呈现出低通特性，这就是一个最简单的无源低通电路。为了观察电路中电阻或电容元件的参数变化对电路幅频特性的影响，还可以设置参数扫描。例如，将电阻的阻值设为变量 Rval，如图 4.21 所示。然后在仿真设置窗口的 Options 中勾选 Parametric Sweep，并设置扫描变量和扫描方式，如图 4.22 所示。在波形显示窗口中，为了查看每条曲线对应的扫描参数值，可以选中该条曲线，单击鼠标右键，在弹出的菜单中选择 Trace Information(信息)，如图 4.23 所示。根据查看的信息，得到电阻阻值对幅频特性的影响，如图 4.24 所示。

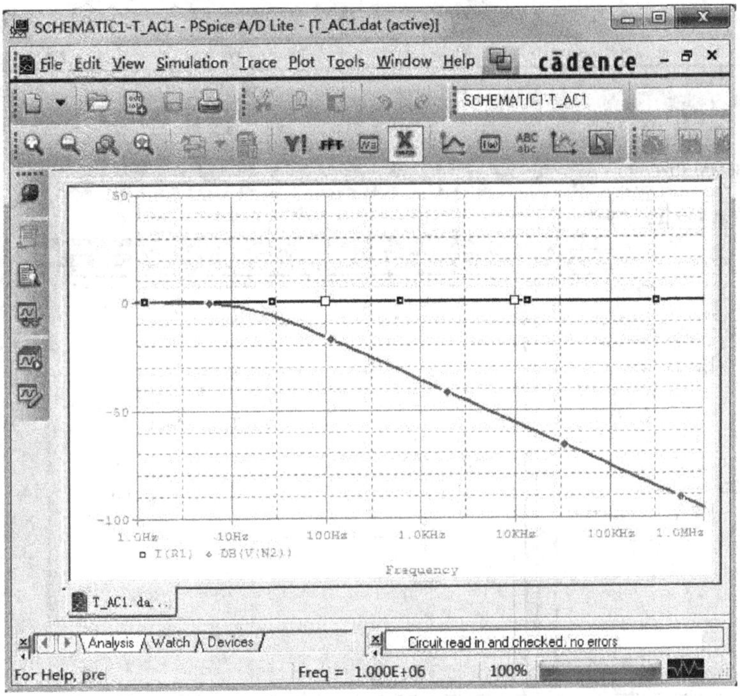

图 4.19 添加探针后仿真自动添加输出曲线

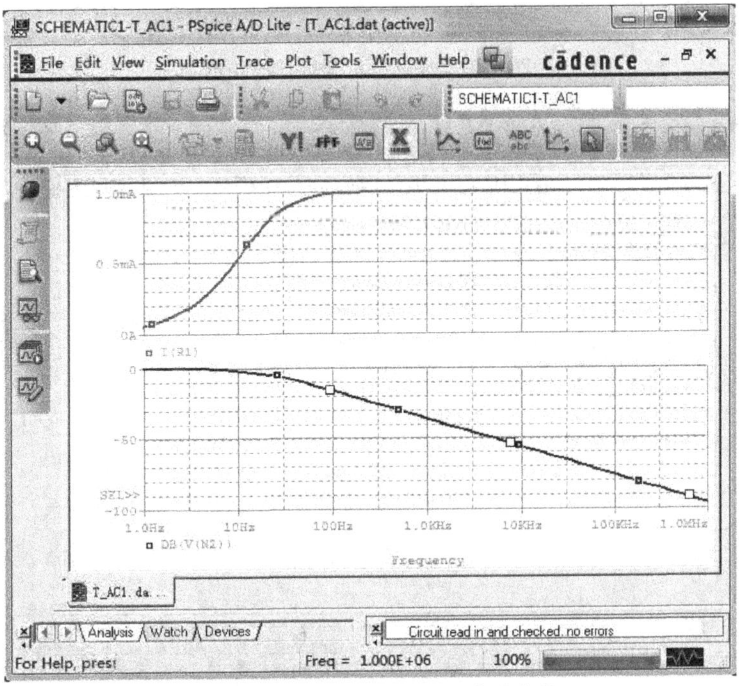

图 4.20 一阶 *RC* 电路输出波形曲线

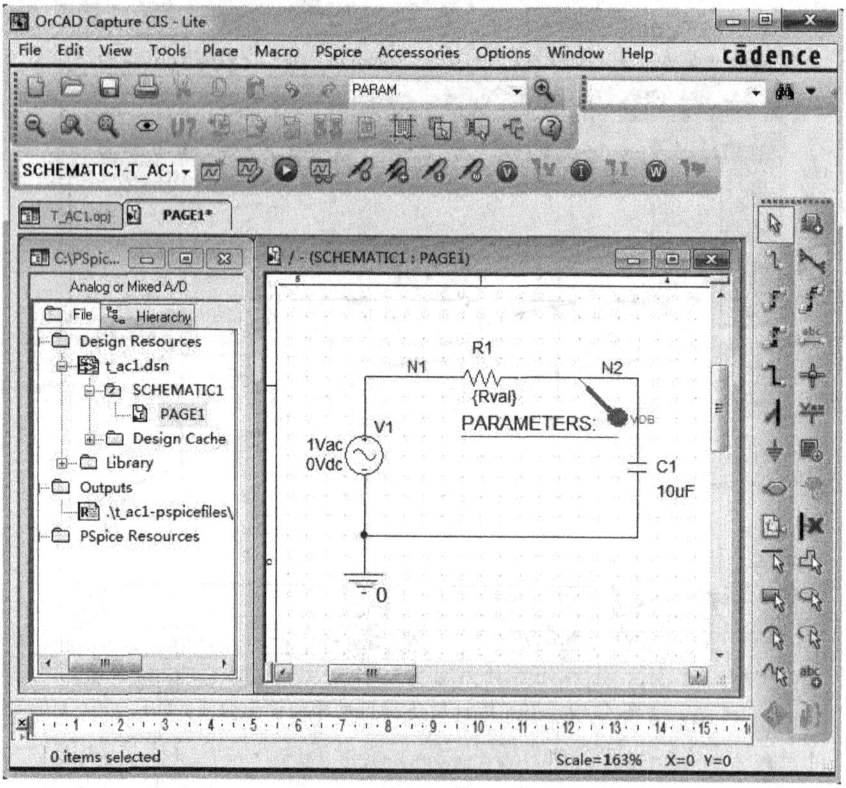

图 4.21　设置 AC 分析扫描变量

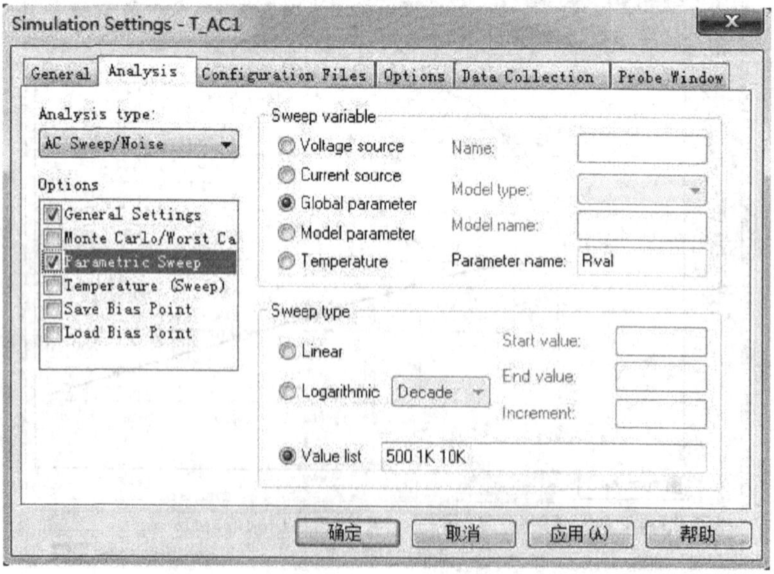

图 4.22　设置 AC 扫描分析参数

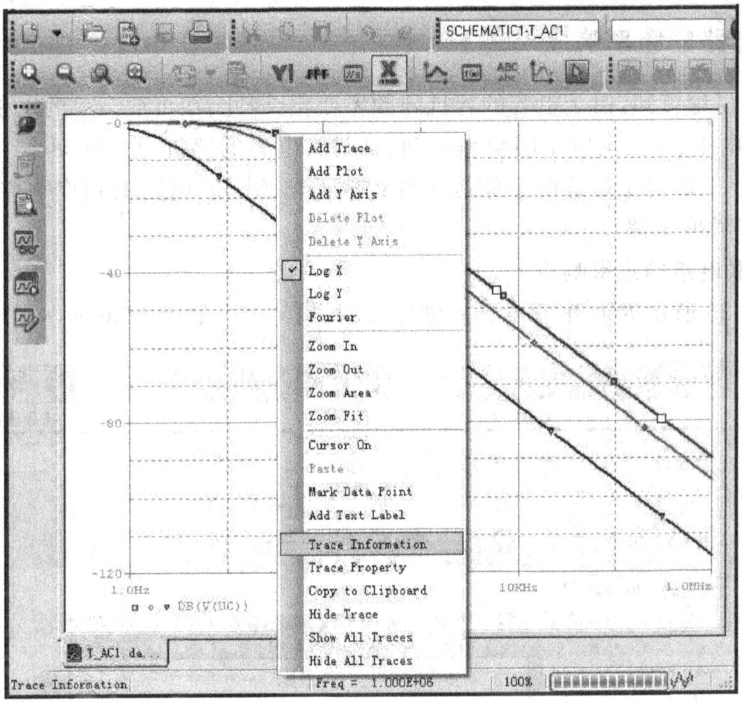

图 4.23 查看曲线信息示意图

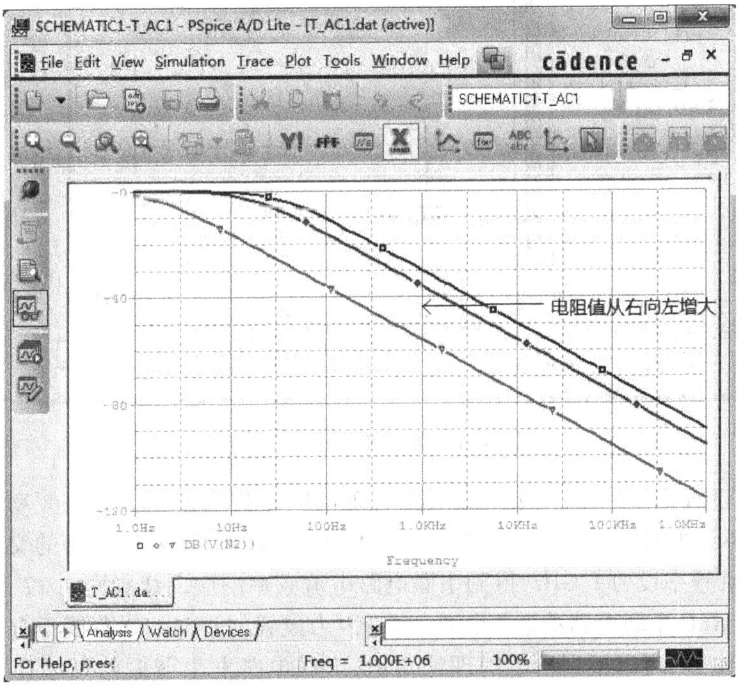

图 4.24 电阻阻值对幅频特性的影响

4.3.4 二阶电路的频率响应

由4.3.3节讨论可知,由于电容的容抗随频率变化,因此,在可变频率的正弦电压源激励下,一阶 *RC* 电路的电压、电流响应也随频率变动。同样,电感的感抗也是随频率变化,并且有容抗为负、感抗为正。下面讨论由这两个储能元件组成的典型二阶电路的频率响应分析:纯 *RLC* 串联电路和纯 *RLC* 并联电路。

1. *RLC* 串联电路的频率响应

绘制如图4.25所示 *RLC* 串联电路并创建新的仿真文件,如图4.26所示。

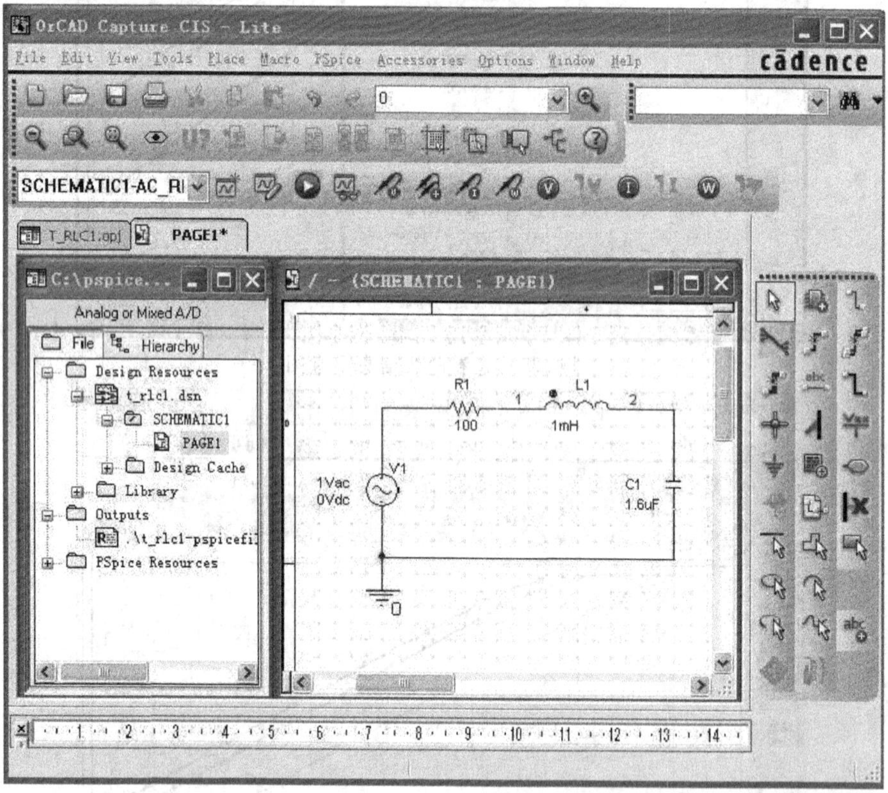

图4.25 *RLC* 串联电路仿真图

在仿真参数设置窗口中,最重要的是设置合理的频率扫描范围。如果频率扫描范围选取不当,就可能观察不到电路的一些重要频率特性。例如,按图4.26将该电路的交流分析起始频率设为10 kHz,结束频率设为1 GHz,得到串联电路电流频率响应曲线如图4.27所示。可见,该曲线并没有反映出 *RLC* 串联电路的谐振特性,这是因为设置的频率扫描范围不合适。

对于简单的电路,可以根据所学的理论知识,串联电路发生谐振的频率计算公式(4.9),代入具体参数值计算出谐振频率,再根据这个谐振频率选择频率扫描范围。

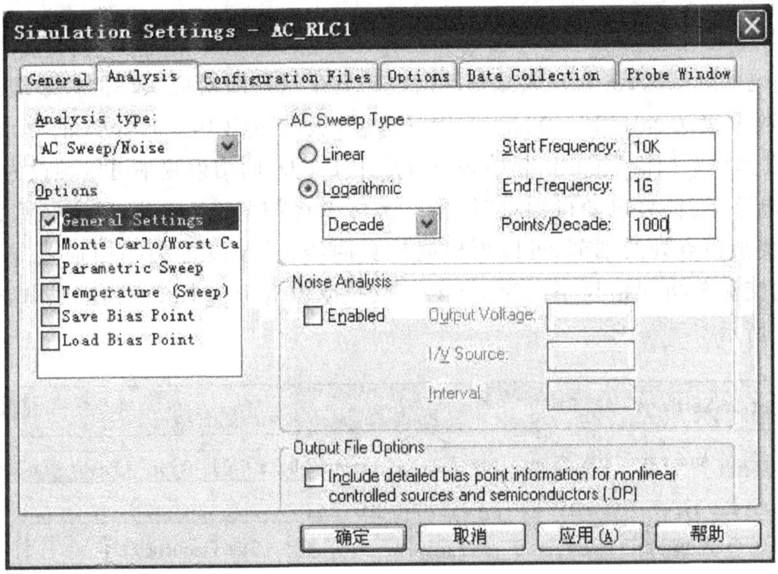

图 4.26 *RLC* 串联电路仿真参数设置示例

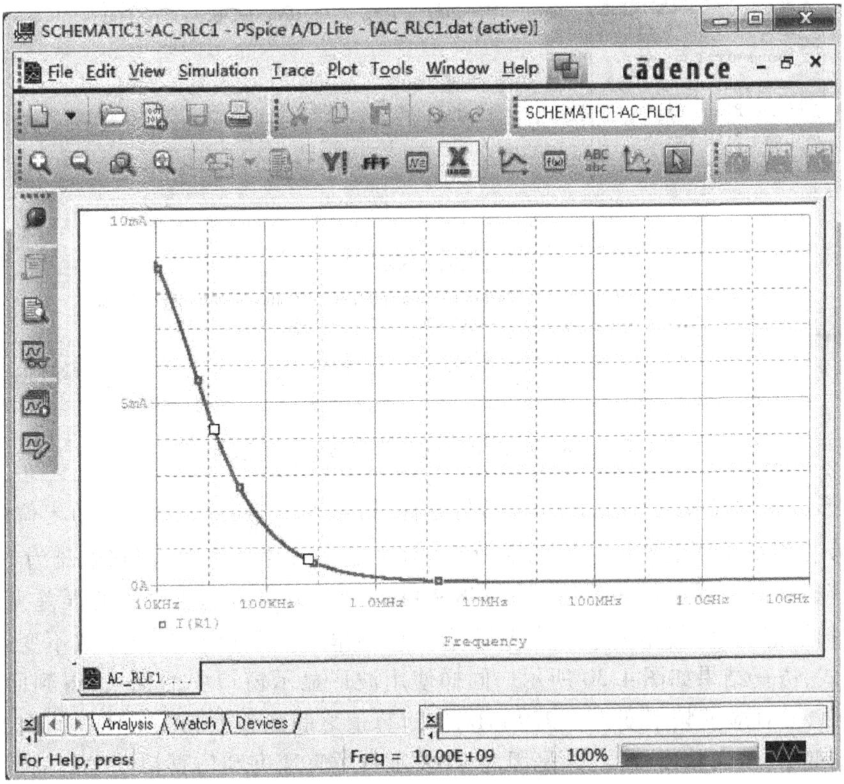

图 4.27 *RLC* 串联电路电流频率响应曲线

$$f_0 = \frac{1}{2\pi\sqrt{LC}} \tag{4.9}$$

当然,我们也可以根据式(4.9)大致估算出电路发生谐振时对应频率的数量级。例如,图4.25中,电感L1的数量级为mH(10^{-3}),电容C1的数量级为μF(10^{-6}),大致估算谐振频率为kHz(10^3)。因此,设置频率扫描范围时,起始频率应小于1 kHz,而结束频率可以预设为大于1 MHz。

对于复杂电路,当估算也变得困难时,第一次可以将扫描范围选取得宽一些,并选用对数扫描方式。为观察某频点处的细节,可以再根据仿真曲线,重新设置频率扫描范围。如图4.28所示,将该电路的交流分析起始频率设为1 Hz,结束频率设为10 GHz,得到串联电路电流频率响应曲线如图4.29所示。

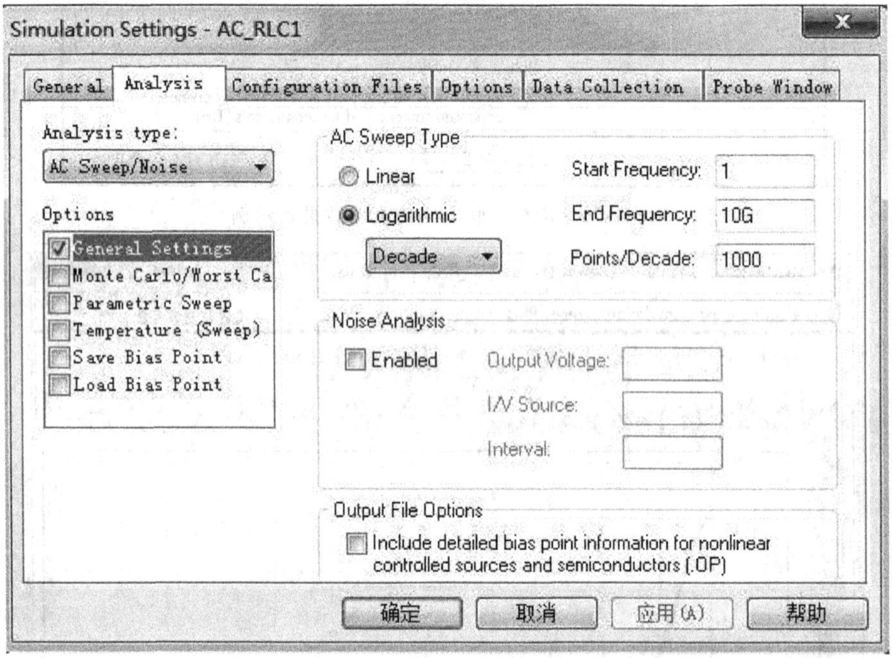

图4.28 *RLC*串联电路仿真参数设置示例

点击图形快捷方式(Toggle Cursor)打开标尺,再点击(Cursor Max)定位曲线最大值,图4.29显示该*RLC*串联电路的谐振频率为3.981 1 kHz,发生谐振时,回路电流为10 mA。由公式(4.9)计算得到电路的谐振频率约为3.978 9 kHz,计算值与仿真值之间的误差为2.2 Hz。重新设置频率扫描范围,将起始频率设为1 kHz,结束频率设为7 kHz,扫描点数不变,将扫描方式改为线性方式,仿真结果如图4.30所示。同样使用波形显示窗口中的标尺,得到回路电流最大值还是10 mA,但对应的频率变为3.979 kHz,与计算值之间的误差为0.1 Hz。可见,扫描点数不变,扫描范围变小,仿真精度提高,这是因为EDA工具仿真速度和仿真精度之间的矛盾。同样的扫描范围内取的点数越多,仿真精度越高但仿真速度越慢。

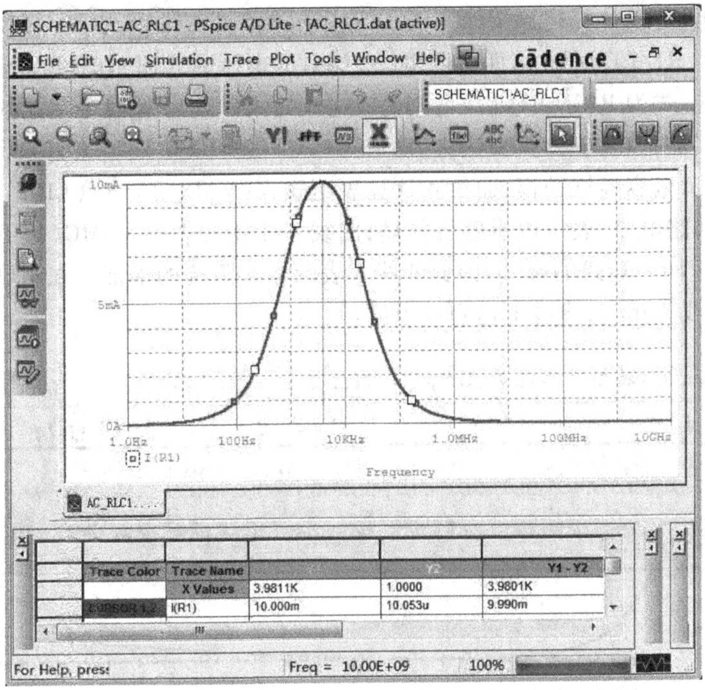

图 4.29 *RLC* 串联电路电流频率响应曲线(1)

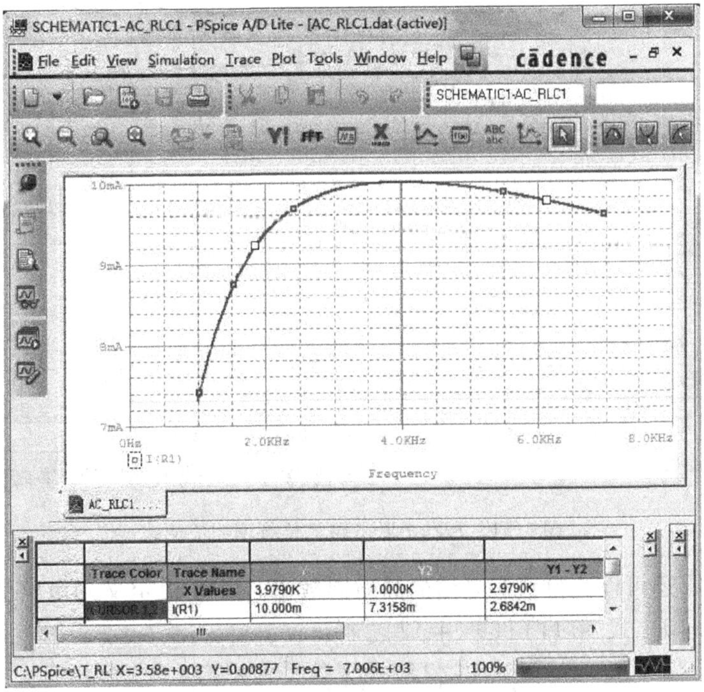

图 4.30 *RLC* 串联电路电流频率响应曲线(2)

根据仿真结果，可以计算得到 *RLC* 串联电路阻抗频率响应曲线如图 4.31 所示。图中，曲线 1 计算表达式为 V(R1:1)/I(R1)，即电阻 R1 左端口的电压除以回路电流，表示电路输入阻抗的模；曲线 2 计算表达式为 R(V(R1:1)/I(R1))，这里的函数 R( )返回表达式的实部，因此曲线 2 表示输入阻抗的实部；曲线 3 计算表达式为(V(C1:1) −V(C1:2))/ I(R1)，即电容两端的电压除以回路电流，表示电容容抗的模；曲线 4 计算表达式为(V(L1:1) −V(L1:2))/ I(R1)，即电感两端的电压除以回路电流，表示电感感抗的模；曲线 5 计算表达式为 IMG(V(R1:1)/I(R1))，这里的函数 IMG( )返回表达式的虚部，因此曲线 5 表示输入阻抗的虚部。在 4 kHz 附近，曲线 5 过零点，曲线 3 和曲线 4 相交，曲线 1 达到最小值。

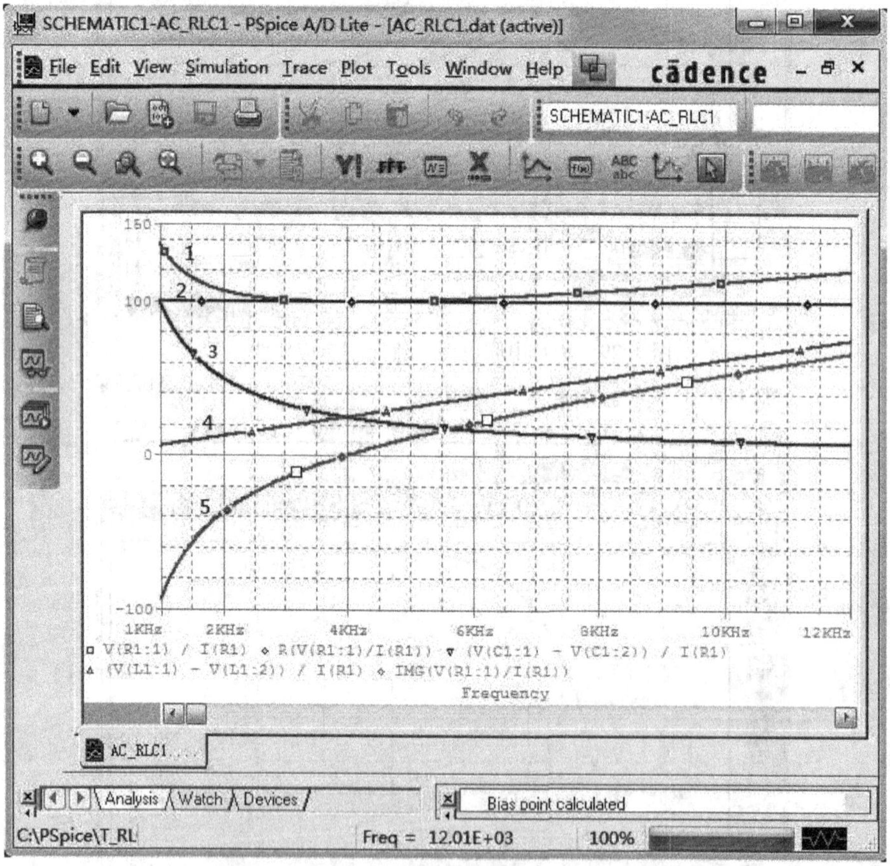

图 4.31 *RLC* 串联电路阻抗频率响应曲线

根据仿真结果，还可以获得谐振电路的品质因数 Q。由 Q 值定义和电路的元件的电压关系式，可以得到式(4.10)、式(4.11)和式(4.12)。

$$Q = \frac{\omega_0 L}{R} = \frac{1}{\omega_0 CR} = \frac{1}{R}\sqrt{\frac{L}{C}} \tag{4.10}$$

$$|\dot{V}_C(\mathrm{j}\omega_0)| = \left|\frac{\dot{V}_s}{R} \times \frac{1}{\mathrm{j}\omega_0 C}\right| = Q|\dot{V}_s| \tag{4.11}$$

$$|\dot{V}_L(\mathrm{j}\omega_0)| = \left|\frac{\dot{V}_s}{R} \times \mathrm{j}\omega_0 L\right| = Q|\dot{V}_s| \tag{4.12}$$

可见，通过计算谐振时的电感或电容电压与输入电压的比值就可以得到 Q 值。又因为交流仿真中输入电压的幅度通常设为单位1，因此，谐振时的电感或电容电压值就是电路的 Q 值。

本例中，电感两端的电压计算式为 V(L1:1)−V(L1:2)，电容两端的电压计算式为 V(C1:1)−V(C1:2)，计算曲线如图4.32所示，电路的 Q 值约为0.25。将图4.25中给出的各元件参数值，即 $R^* = 100\ \Omega, L = 1\,\mathrm{mH}, C = 1.6\ \mu\mathrm{F}$，代入公式(4.10)，得到 Q 值为0.25，与仿真分析结果一致。

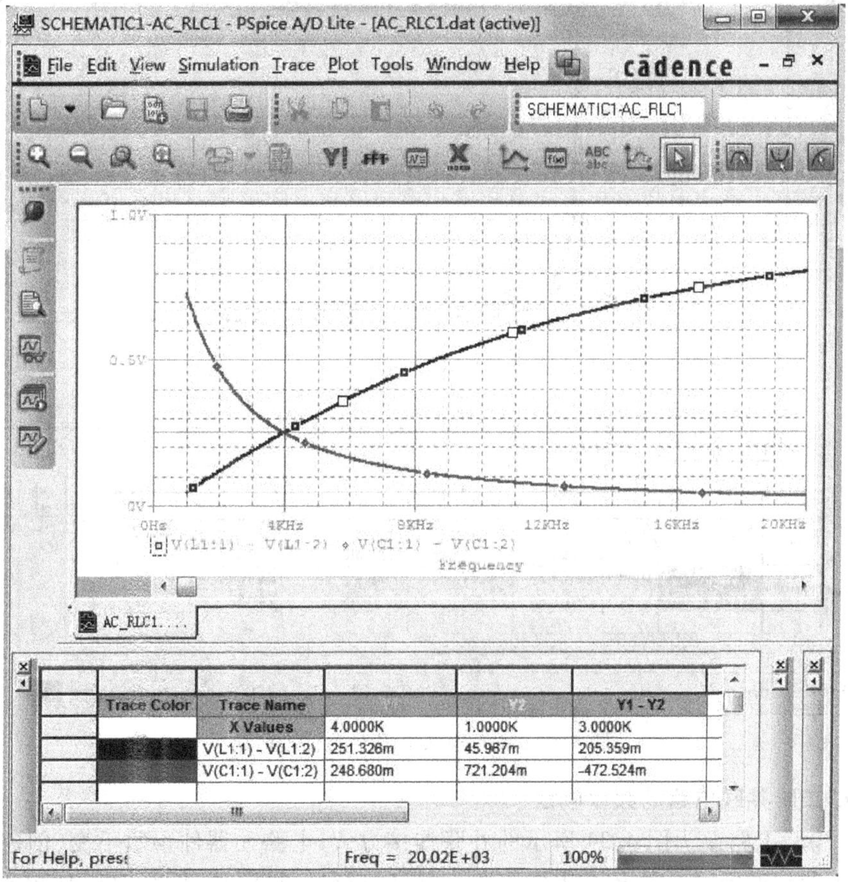

图4.32 *RLC* 串联电路 Q 值计算曲线

将电路中串联电阻的阻值由100 Ω改为1 Ω，再次仿真观察电感和电容元件两端的电压曲

*：这里的 R、L、C 分别与图4.25中的R1、L1、C1对应。

线，如图4.33所示，此时的 Q 值约为25。可见，电阻缩小100倍，电路的 Q 值提高了100倍，电感和电容的两端分别出现了比输入电压高 Q 倍的过电压。这个过电压在高压配送电等强电系统中通常会危及到系统的安全，必须采取措施加以防范；但谐振现象却被广泛应用于多种弱电系统，例如，各类仪器仪表的滤波电路、收音机的调谐回路、LC 振荡回路等。

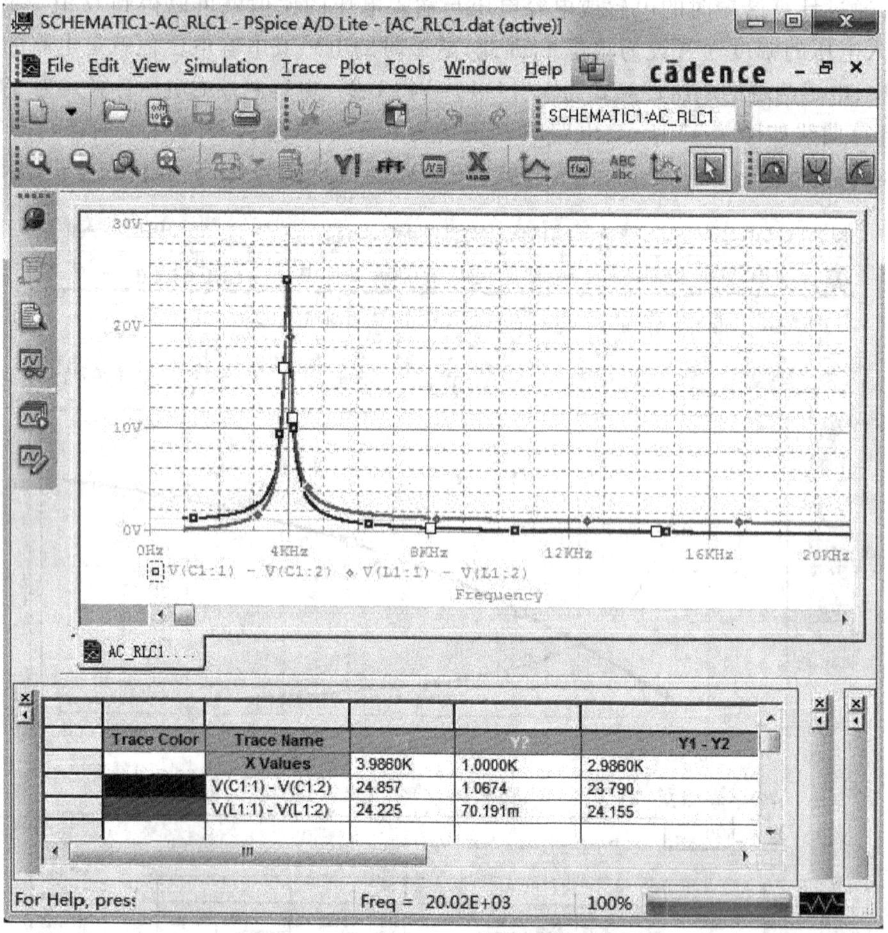

图4.33 *RLC* 串联电路 Q 值计算曲线

2. *RLC* 二阶并联电路的频率响应

将 *RLC* 串联电路改为图4.34所示的并联连接方式，电路元器件参数不变，创建新的仿真文件，交流分析参数设置可参考 *RLC* 串联电路。程序执行后，在波形显示窗口（如图4.35）中出现如下错误提示信息：

ERROR(ORPSIM－15143)：Voltage source and/or inductor loop involving V_V1.

You may break the loop by adding a series resistance

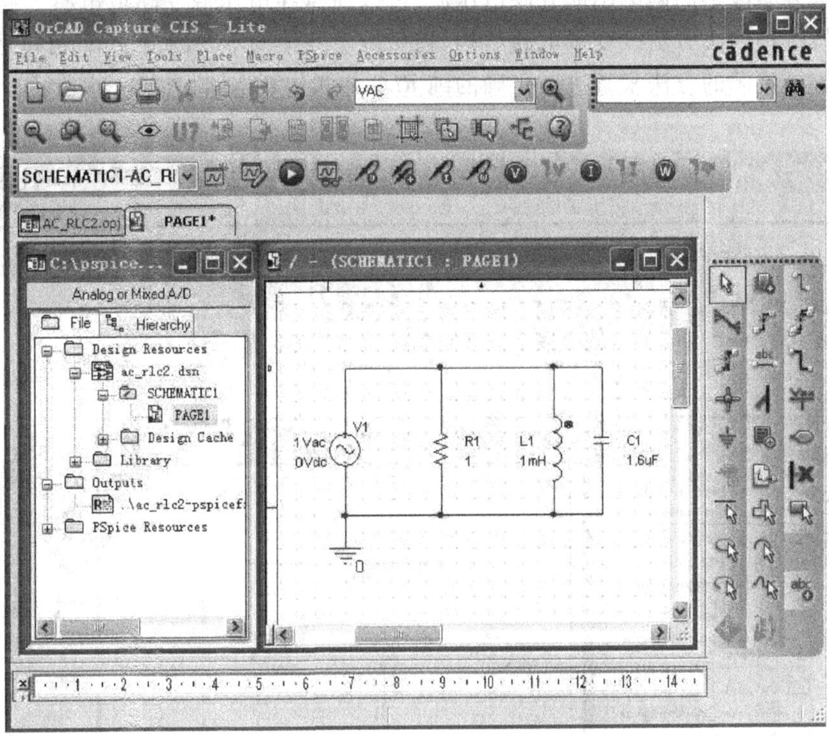

图 4.34　*RLC* 并联电路仿真图

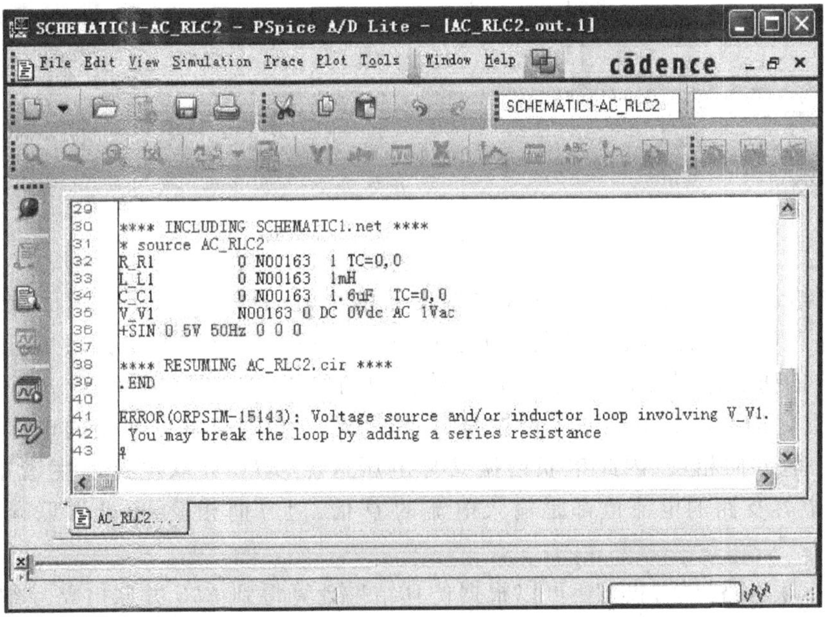

图 4.35　*RLC* 并联电路仿真输出报告

提示信息表明电感的两端不能并联电压源,可以通过在电压源支路或电感支路串联一个电阻来解决。但这种解决方法改变了电路结构,在保持电路结构不变的情况下,可以通过将交流电压源改为交流电流源的方法来解决。正确的纯 *RLC* 并联仿真电路如图 4.36 所示。

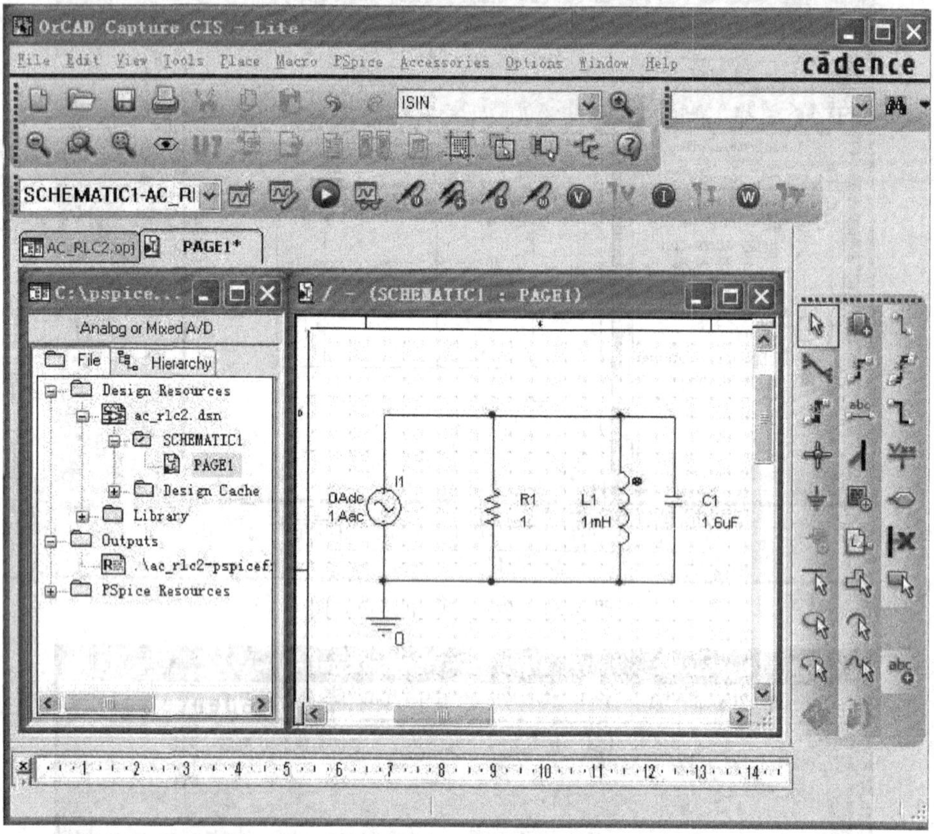

图 4.36　*RLC* 并联电路仿真图

图 4.37 给出了并联谐振时电感和电容支路的电流曲线,图中标尺显示,在频率 4 kHz 处,电感支路和电容支路的电流相等,约为 40 mA,也就是说该并联电路的 Q 值约为 0.04。比较图 4.33 的仿真结果可以发现,元件参数相同的纯 *RLC* 串联电路和纯 *RLC* 并联电路的 Q 值互为倒数。*RLC* 串联电路发生谐振时,电感两端的电压与电容两端的电压值都是输入电压的 Q 倍,但方向相反,因此串联谐振又称电压谐振;*RLC* 并联电路发生谐振时,电感支路的电流与电容支路的电流值都是输入电流的 Q 倍,但方向相反,因此并联谐振又称电流谐振。

与 *RLC* 串联电路类似,我们还可以根据仿真结果计算得到 *RLC* 并联电路导纳频率响应曲线、分析并联谐振时并联电压特点等。

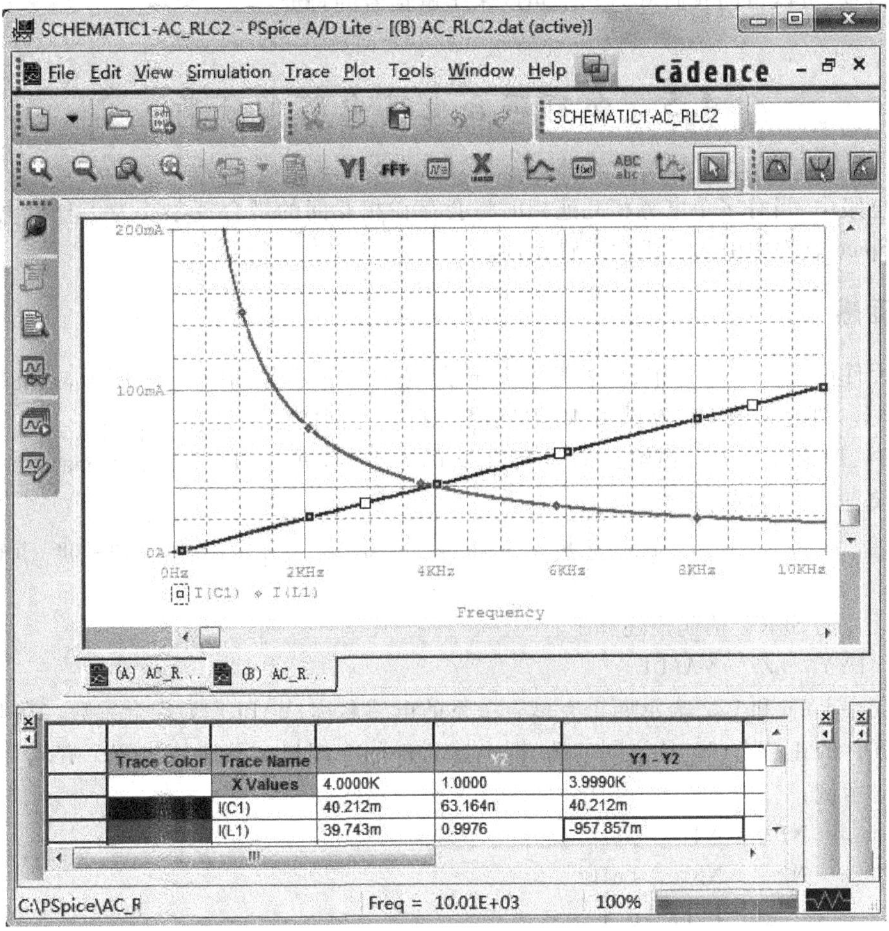

图 4.37　*RLC* 并联电路仿真输出曲线

4.4　交流分析与瞬态分析

通过本章的学习,我们知道 EDA 仿真分析软件中的交流分析主要是指在输入随频率变化的正弦交流电源作用下,电路中各变量的幅频和相频响应,故又被称作频域分析。而第 3 章中的瞬态分析又被称为时域分析,是指在输入随时间变化的各种波形激励下,电路中各变量的响应,正弦信号也是其中的一种。

信号的时域分析是最常用的信号分析手段,信号的时域波形可以用示波器直观地显示出来并读取其特性参数,如正弦信号的周期、幅值。由于时域分析只能反映信号的幅值随时间的变化情况,很难明确揭示信号的频率组成和各频率分量的大小。因此,通过傅里叶变换将时域信号变换为频域信号,可以帮助我们从另一个角度来了解信号的特征。

4.5 含有耦合电感电路的分析

实际电路中,当有多个电感相互连接时将会存在相互间的耦合现象。为了分析电感间的耦合效应,PSpice 软件中引入了线性互感元件。

4.5.1 互感

互感元件位于 Analog 库中,以关键字 K 开头,它的图形符号如图 4.38 所示,系统默认的耦合系数 $k=1$。耦合系数 k 与互感值 M、电感值 L_1 和 L_2 之间的关系见表达式(4.13),理论教材中习惯给出的是互感 M 的大小,而进行 SPICE 分析时需要先计算出耦合系数。

$$k = \frac{M}{\sqrt{L_1 L_2}} \tag{4.13}$$

图 4.38 互感元件

互感元件的 SPICE 语句描述如下:

KXX LYY LZZ VALUE

该语句中 LYY 和 LZZ 表示两个有耦合关系的电感名称,VALUE 为耦合系数。在 PSpice 中,默认电感元件的正结点(N+)为同名端,即电感元件的 1 端口。下面给出两个有耦合效应的电感描述语句示例:

```
L_L1     N1     N2     4uH
L_L2     N2     N3     4uH
Kn_K1    L_L1   L_L2   0.1
```

这三行 SPICE 语句表示:在结点 N1 和 N2 之间定义了一个感值为 4 μH 的电感 L1,在结点 N2 和 N3 之间定义了一个感值为 4 μH 的电感 L2,电感 L1 和 L2 之间的耦合系数为 0.1,即互感为 0.4 μH。并且 L1 的正结点和 L2 的正结点互为同名端,如图 4.39 所示。由图可以更清楚地看到,该耦合电感串联电路为同向串联,属于同向耦合状态或称同名端互吸,此时,两个电感串联后的等效电感值为

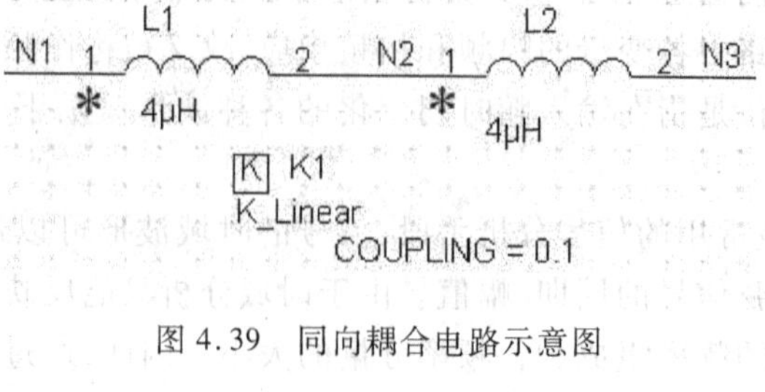

图 4.39 同向耦合电路示意图

$$L = L_1 + L_2 + 2M = 8.8\ \mu\text{H} \tag{4.14}$$ *

如果将图 4.39 中的电感 L2 做关于 Y 轴的镜像对称，即电感 L1 和 L2 的连接关系变为图 4.40 所示，其对应的 SPICE 语句如下。

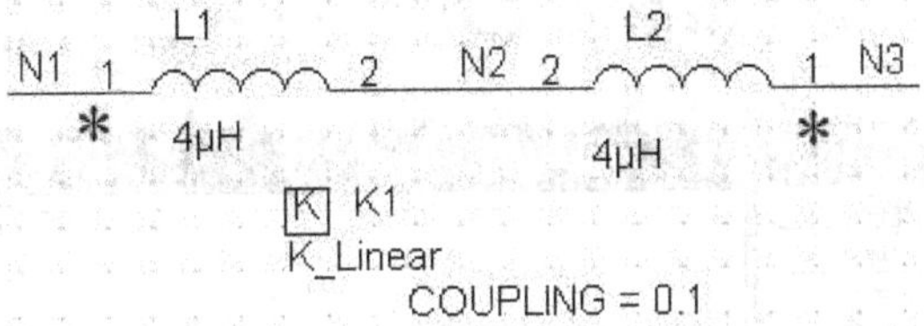

图 4.40　反向耦合电路示意图

```
L_L1     N1     N2     4uH
L_L2     N3     N2     4uH
Kn_K1    L_L1   L_L2   0.1
```

可见，该耦合电感串联电路为反向串联，属于反向耦合状态或称同名端互斥，此时，两个电感串联后的等效电感值为

$$L = L_1 + L_2 - 2M = 7.2\ \mu\text{H} \tag{4.15}$$

根据上述两种情况，给出含耦合电感电路的交流分析实例。

4.5.2　含耦合电感电路的交流分析

设计仿真电路，验证图 4.40 所示电路的等效电感值。为了得到等效电感值，就必须得到串联电路的阻抗，因此选择交流分析。具体步骤如下：

(1) 在原理图编辑环境下绘制电路原理图并保存，如图 4.41 所示。因为是计算电路的阻抗，是电压和电流的比值，因此，图中交流信号源的属性只要设置合适即可，这里选用默认值。

(2) 电感的感值是与频率无关的量，因此，设置交流扫描参数时，其扫描类型和扫描频率范围的设置也只要选取合理即可，本例中参数设置如图 4.42 所示。

(3) 图 4.41 所示电路的输入阻抗等于端口处的电压，即结点 N1 处的电压，除以回路电流，得到

$$Z = \frac{V(\text{N1})}{I(\text{R2})} = R + \text{j}\omega(L_1 + L_2 - 2M) \tag{4.16}$$

因此，等效电感为

$$L = L_1 + L_2 - 2M = \frac{\text{Imag}(Z)}{\omega} = \frac{\text{Imag}(Z)}{2 \times \pi \times f} \tag{4.17}$$

根据式(4.16)和式(4.17)的分析，在波形窗口中的“Add Traces”对话框的“Trace Expression”

---

*：式(4.14)中 L_1、L_2 与图 4.39 中的 L1、L2 对应，后同。

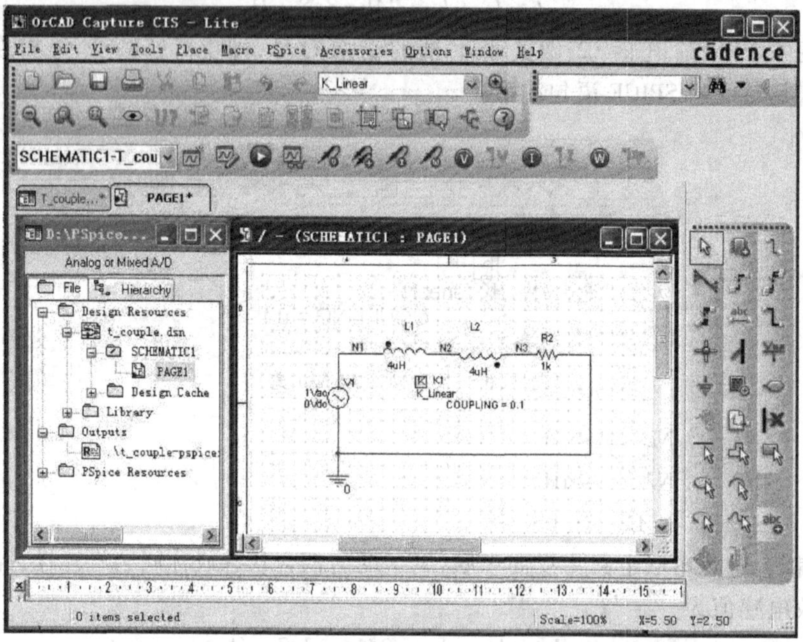

图 4.41 含耦合电感电路交流仿真原理图

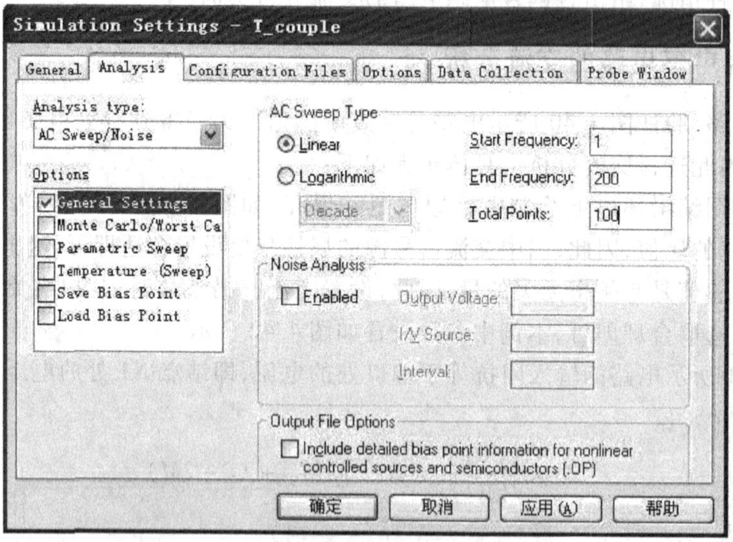

图 4.42 仿真参数设置窗口

栏输入计算表达式，如图 4.43 所示。点击“OK”确定后得到图 4.44 所示结果，可见，该电路的等效电感为 7.2 μH，与理论计算公式(4.15)得到的结果一致。

需要说明的是：输出波形的 Y 轴坐标默认值并非如图 4.44 所示，而是图 4.45 中出现的不规则图形，这主要和软件计算精度、坐标设置有关。双击纵轴刻度值，弹出如图 4.46 所示的坐标设置窗口。Y 轴默认的数据范围(Data Range)为软件自动(Auto Range),点击用户定义(User Defined)可修改 Y 轴坐标范围。

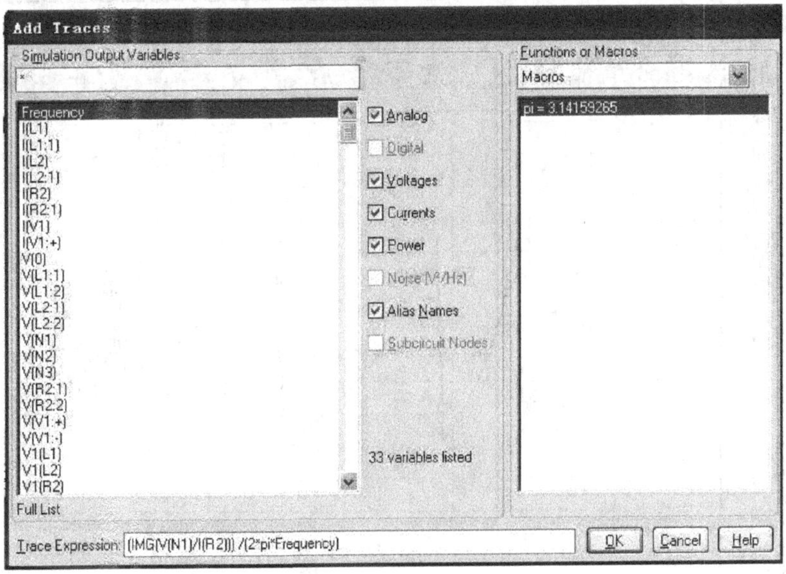

图 4.43 计算等效电感

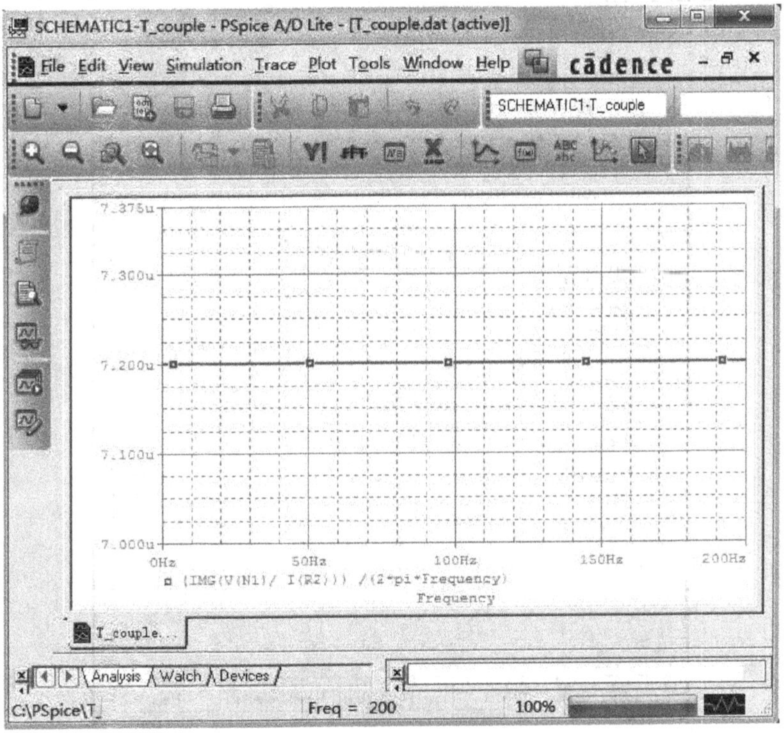

图 4.44 等效电感输出波形

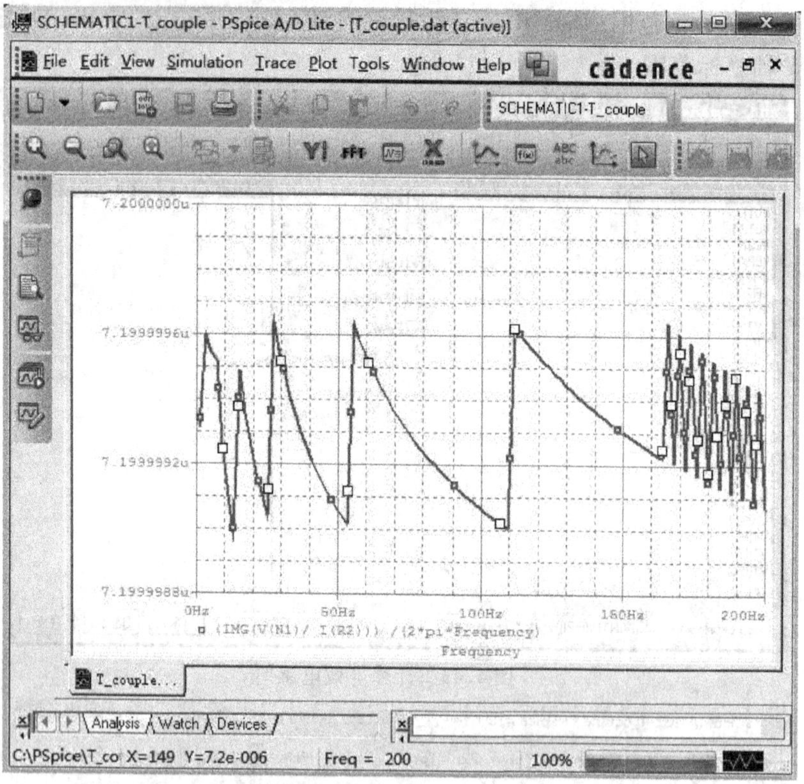

图 4.45 默认坐标下等效电感输出波形

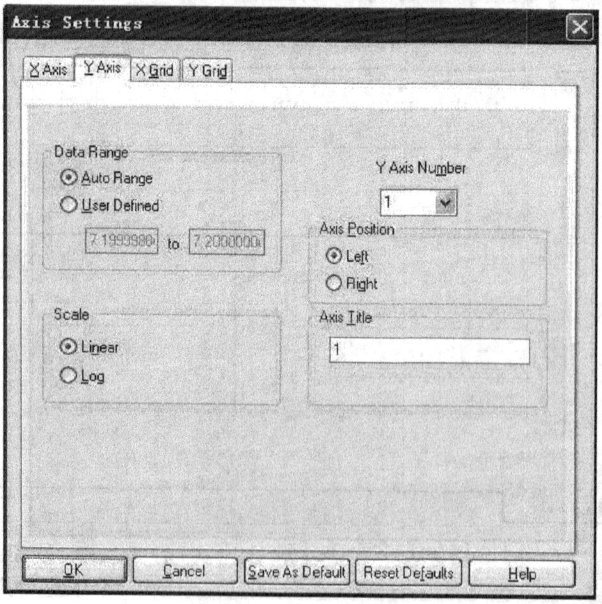

图 4.46 坐标设置窗口

读者可自行验证图 4.39 所示同向串联的情况。

4.5.3 含耦合电感电路的瞬态分析

通过电路理论学习，我们知道：含有储能元件的线性时不变电路，在正弦量激励下，其响应的强制分量，也就是各支路电压、电流的特解都是与激励同频率的正弦量，只是在幅值和初始相位上可能有所差异。下面，我们仍然以图 4.41 所示的串联耦合电路为例，介绍含有耦合电感电路的时域分析。

(1) 将图 4.41 中的交流信号源改为时域正弦信号源，如图 4.47 所示。其中，正弦信号源的直流偏置值为 0，幅值为 1 V，频率为 1 GHz，初始相位为 0。因此，该正弦电压的相量表示为

$$\dot{V}_s = 1\angle 0^\circ \tag{4.18}$$

计算得到回路电流为

$$\dot{I}_s = \frac{\dot{V}_s}{R + j\omega(L_1 + L_2 - 2M)} \tag{4.19}$$

式(4.19)中，R 为串联回路电阻值，角频率 ω 等于 $2\pi f$，$L_1 + L_2 - 2M$ 即串联回路的等效电感，代入各参数值，有

$$\dot{I}_s = \frac{1\angle 0^\circ}{1\,000 + j2 \times 3.14 \times 1 \times 10^9 \times 7.2 \times 10^{-6}}\ \text{A} \approx 22 \times 10^{-6}\angle -88^\circ\ \text{A} \tag{4.20}$$

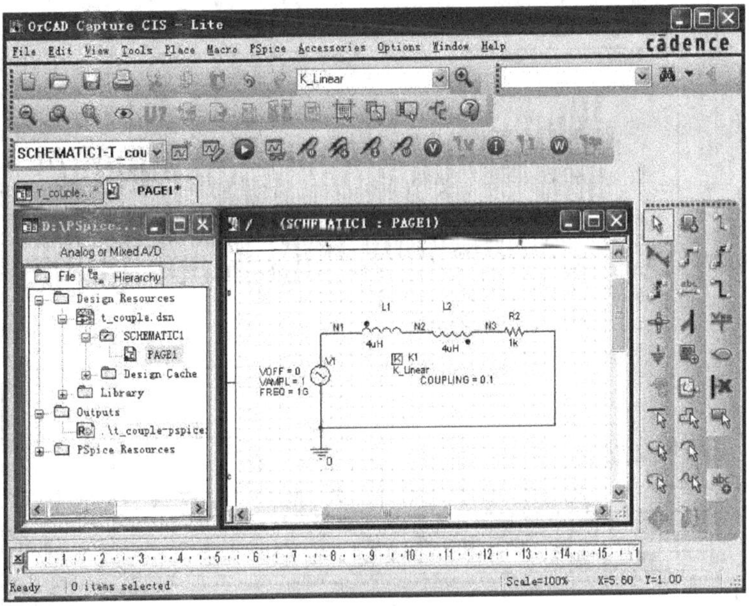

图 4.47 含耦合电感电路瞬态仿真原理图

(2) 设置瞬态分析参数。因为正弦信号源的频率为 1 GHz，也就是周期为 1 ns，综合考虑仿真时间和动态电路达到稳定状态需要一个过程，本例中瞬态分析参数设置如图 4.48 所示。

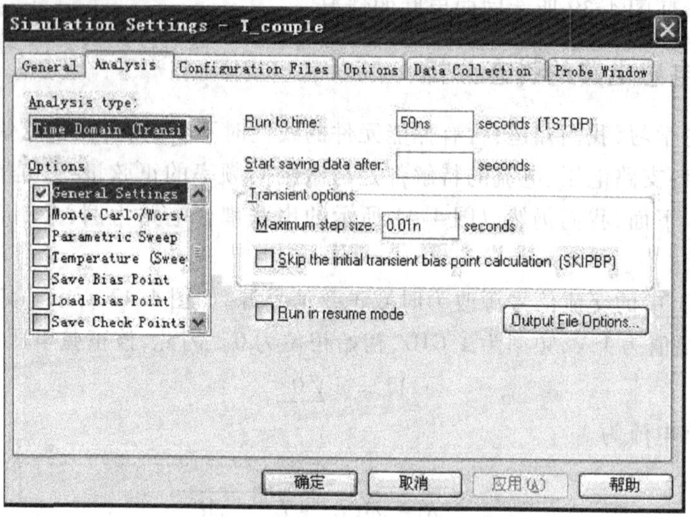

图 4.48 仿真参数设置窗口

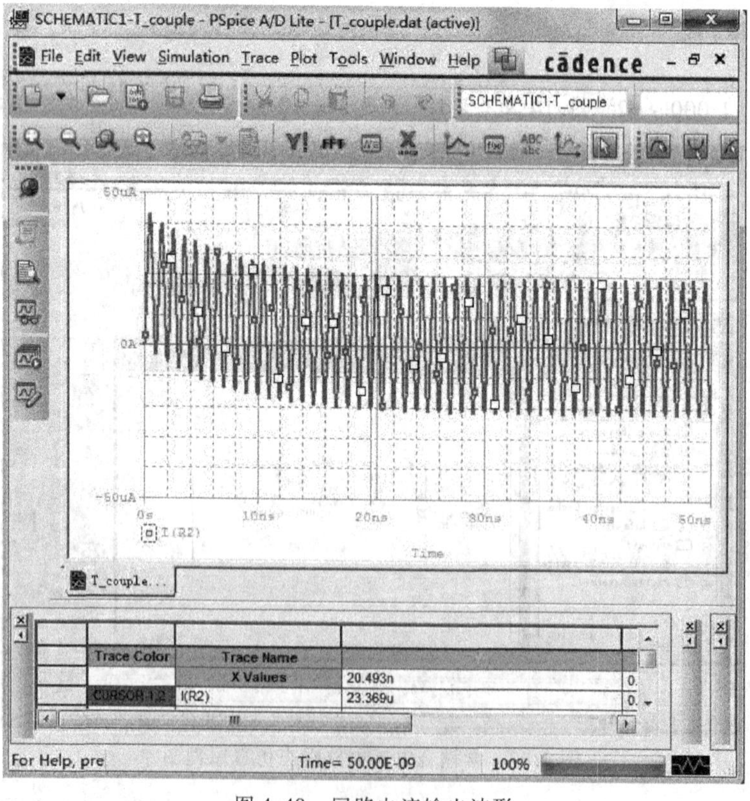

图 4.49 回路电流输出波形

（3）仿真结束后，在波形查看窗口中添加回路电流曲线，如图 4.49 所示。可见，回路电流经过

20 ns，即 20 个信号周期后，达到稳定，稳定时电流的幅值约为 22 μA，与式(4.20)计算结果一致。

根据式(4.20)我们知道，稳定时回路电流和激励电压的相位差约为 88 °，为此，在波形窗口中添加输入电压曲线，打开标尺(Probe Cursor)。将 A1 放置在输入电压波形过零点处，A2 放置回路电流过零点处，根据 Probe Cursor 窗口读数可见，两点之间的时间差约为 247 ps，如图 4.50 所示。

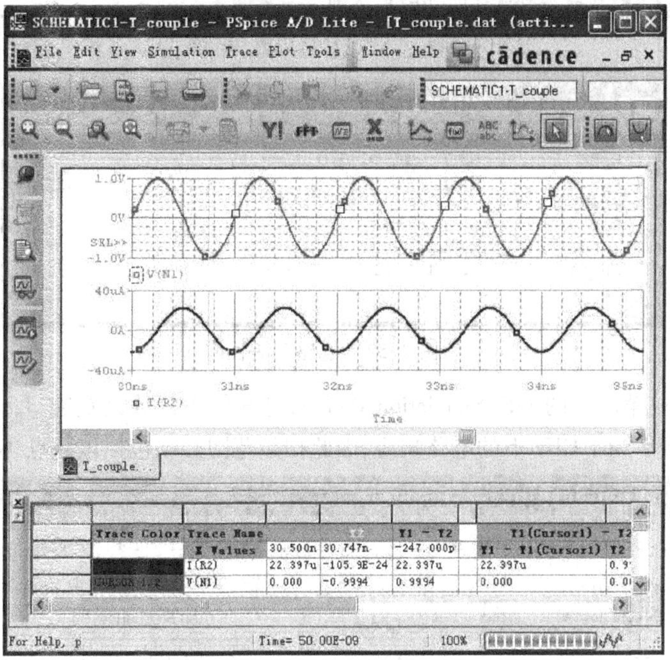

图 4.50　输入电压与回路电流相位差

根据时间与角度之间的转换关系

$$\omega t = \frac{\theta}{360^\circ} \times 2\pi \qquad (4.21)$$

代入参数值得到

$$t = \frac{\theta}{360^\circ} \times \frac{1}{f} = \frac{88^\circ}{360^\circ} \times \frac{1}{1 \times 10^9}\,\mathrm{s} \approx 244 \times 10^{-12}\ \mathrm{s} \qquad (4.22)$$

可见，式(4.22)计算结果与仿真结果一致。

上述分析方法虽然能够帮助我们更直观地看到动态电路时域响应过程，但获得稳态解的过程繁琐，计算也比较麻烦。在 4.4 节，我们介绍过电路的时域和频域是相互关联的，动态电路的瞬态分析其实就对应着特定输入频率下，电路的幅频和相频特性。因此，上述求解回路电流模和相角的方法还可以通过交流分析获得。具体过程如下：

(1) 在图 4.47 中双击正弦电压源符号，打开元件属性编辑窗口，添加 AC 属性，如图 4.51 所示，查看电路的网表(Netlist)，如图 4.52 所示，可以看到其中的电源语句描述行多了 AC 项。

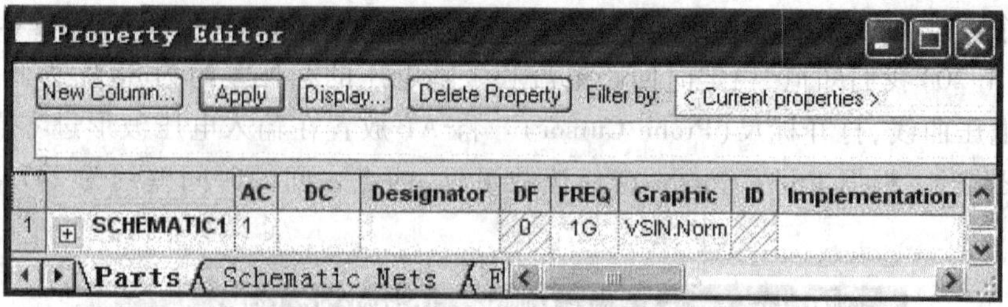

图 4.51 正弦电压源属性编辑窗口

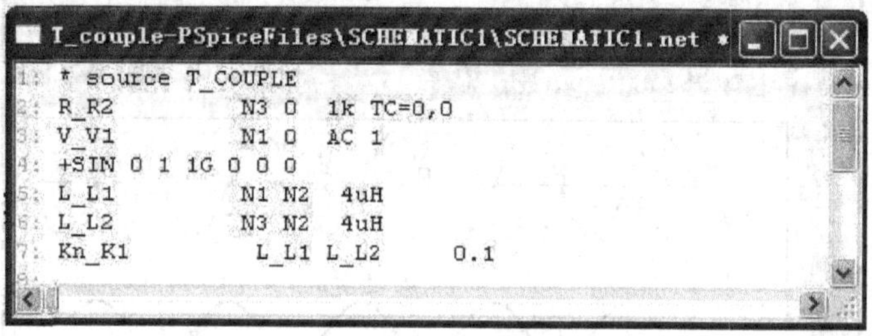

图 4.52 电路网表图

（2）点击 PSpice 菜单下的 Edit Simulation Profile，打开仿真参数设置窗口，设置扫频方式和扫频范围。因为要得到频率为 1 GHz 下的电路响应，因此扫频范围必须包括该频点，例如图 4.53 所示。

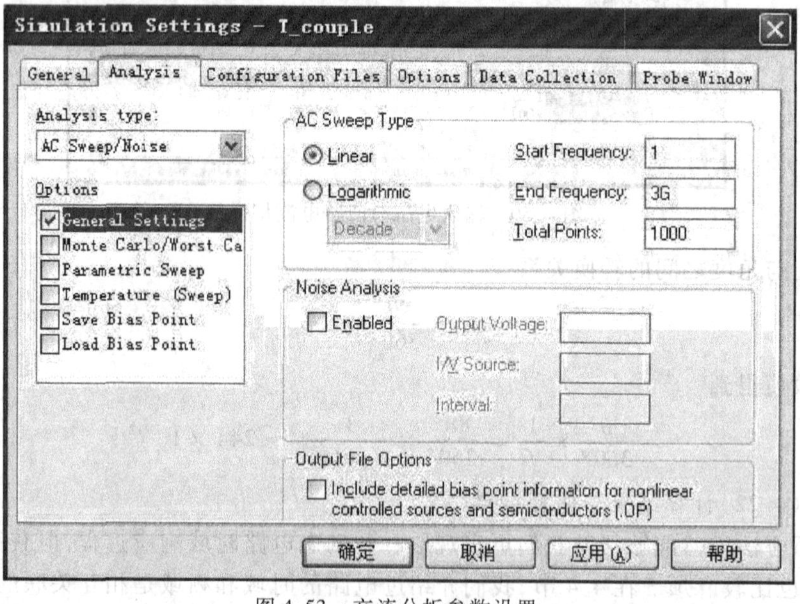

图 4.53 交流分析参数设置

（3）执行仿真程序，在波形窗口中查看回路电流的幅频和相频特性曲线，分别如图 4.54 和图 4.55 所示。可见，1 GHz 频率下回路电流的幅值约为 22 μA，相角约为 -88°，与理论计算结果以及瞬态分析结果一致。

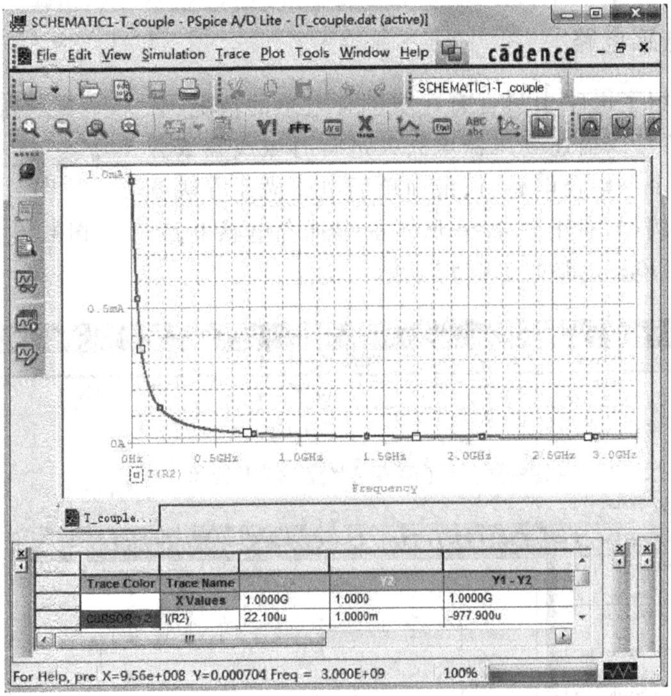

图 4.54　回路电流幅频曲线

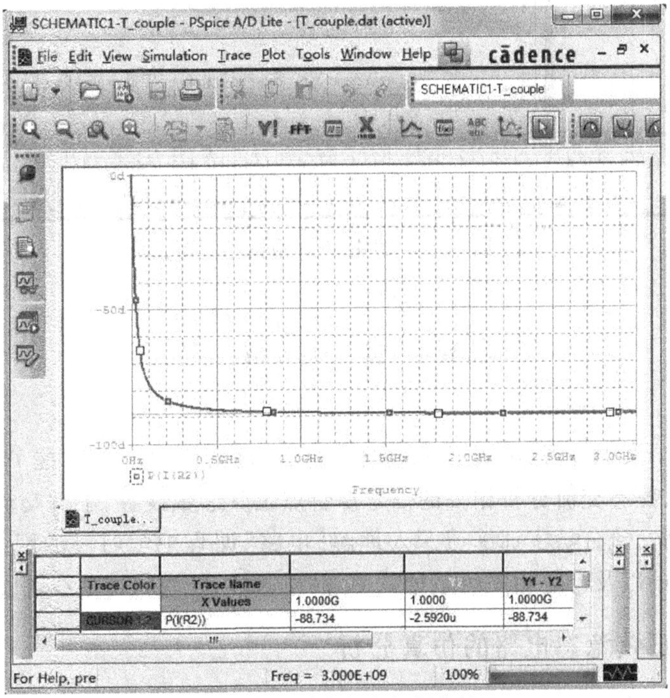

图 4.55　回路电流相频曲线

4.5.4 多耦合电感电路

以上两小节介绍了电路中只含有一个耦合电感的情况，有了互感元件，我们还可以描述变压器电路并进行时域或频域分析。当电路中存在多个耦合电感时，最简单的电路描述方法就是增加互感元件。例如，对于图 4.56 所示的多耦合电感电路，其对应的 Capture 环境下电路如图 4.57 所示。

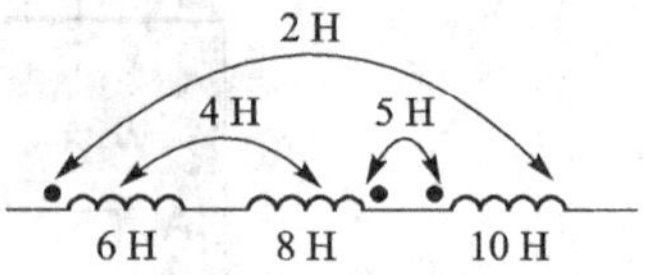

图 4.56 多耦合电感电路

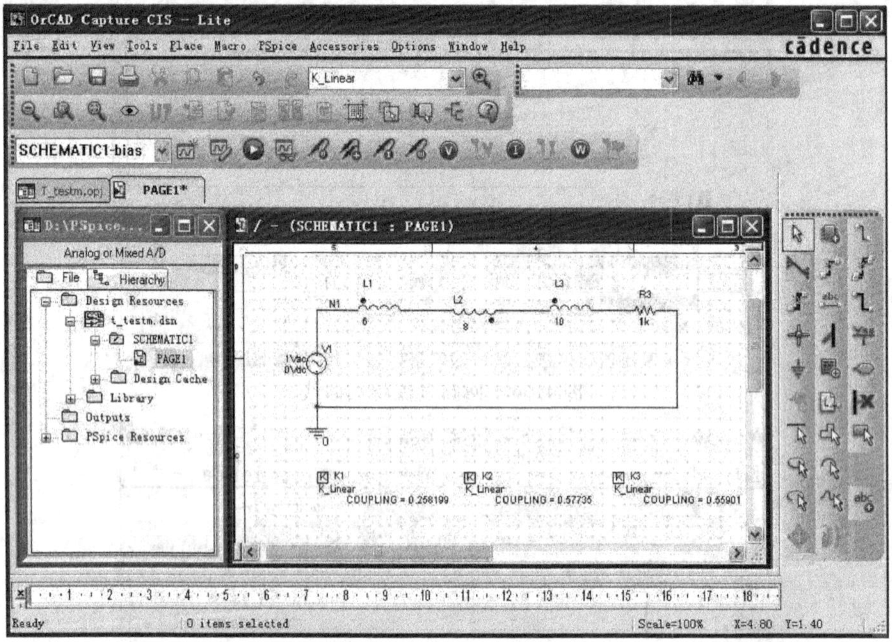

图 4.57 图 4.56 对应的仿真图

4.6 实训练习

本章安排了两个实训练习，希望通过这两个练习，读者不仅能够掌握 PSpice 软件环境下的基本交流分析方法，熟悉交流分析相关的信号源特点及其参数设置，了解交流分析相关的 SPICE 语句，而且能够借助交流分析实训练习深入理解“电路”课程中学习过的网络函数、*RLC* 串联电路和并联电路的谐振以及与之相关的谐振频率、品质因数、频率特性曲线等重要概念。

4.6.1 练习一：正弦稳态电路的仿真分析

本练习的主要目的：(1) 学会使用交流信号源，掌握交流仿真分析方法，会用交流仿真分析网络函数的频率特性曲线、端口阻抗等；(2) 掌握交流分析下的参数扫描分析。具体实验内容及实验报告撰写要求如下。

1. 根据图 4.58 所示电路连接关系，写出下列网络函数的参数表达式：

$\dfrac{\dot{V}_2}{\dot{V}_1}=$________；该网络函数表示________。

$\dfrac{\dot{V}_1}{\dot{I}_1}=$________；该网络函数表示________。

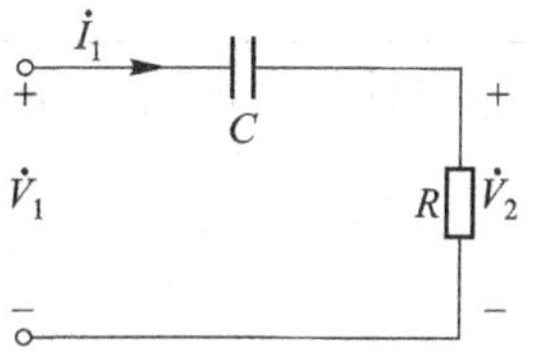

图 4.58 实验原理图一

(1) 若已知 $R=1\ \text{k}\Omega$，$C=10\ \mu\text{F}$，仿真分析电阻 R 两端电压的幅频和相频特性曲线，完成实验报告要求(1)。

(2) 将电阻 R 的阻值设为变量，选择 100 Ω、1 kΩ 和 10 kΩ 三个点进行交流扫描分析，观察电阻 R 两端电压的幅频特性曲线，完成实验报告要求(2)。

(3) 将电容 C 的初始储能设为变量，选择 1 μF、10 μF 和 100 μF 三个点进行交流扫描分析，观察电阻 R 两端电压的幅频特性曲线，完成实验报告要求(3)。

2. 图 4.59 所示电路中，电阻 R 的阻值为 500 Ω，电感 L 的感值为 0.25 H，电容 C 的容值为 0.1 μF。正弦信号源的幅值为 10 V，按对数扫描方式，扫频范围 100 Hz至 10 kHz，每 10 倍频取 1 000 个点，分别画出电阻电压、电感电压和电容电压的频率特性曲线，并根据仿真曲线分析该电路的谐振频率为________，Q 值为________。完成实验报告要求(4)。

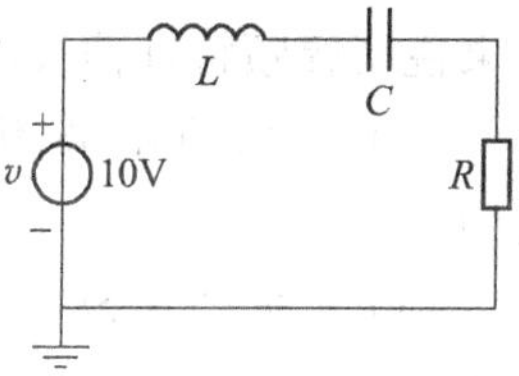

图 4.59 实验原理图二

3. 电路如图 4.60 所示，图中各元件参数值分别为：$R_1=0.45\ \text{k}\Omega$，$R_2=R_6=1\ \text{k}\Omega$，$R_3=1\ \text{M}\Omega$，$R_4=500\ \Omega$，$R_5=100\ \Omega$，$C_1=C_2=4\ \mu\text{F}$，电压控制电压源 VCVS 的增益 $A=5\times10^5$，输入正弦信号 v 的幅值为 2。在频率 1 Hz ~ 10 kHz 范围内，按对数扫描方式，每 10 倍频取 20 个点，做 AC 仿真并记录结点 N1 处的幅频特性。完成实验报告要求(5)。

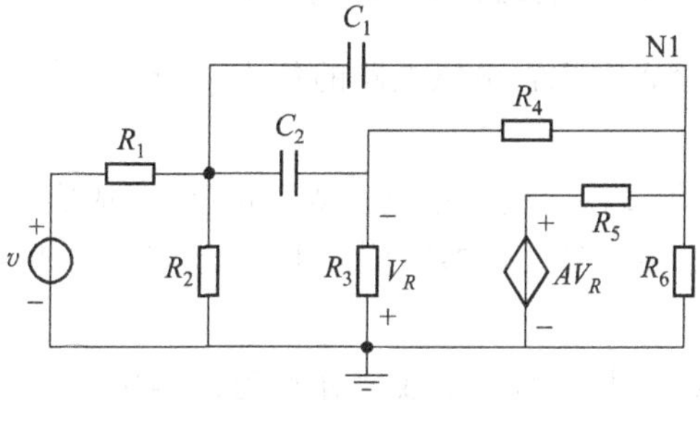

图 4.60 实验原理图三

4. 电阻和电抗的串联形式如图 4.61(a)所示，端口 1 − 1′处的等效输入阻抗为__________

__________________________________。

电阻和电抗的串联形式如图 4.61(b)所示,端口 1 - 1′处的等效输入阻抗为____。

若要使(a)和(b)两个电路端口 1 - 1′的等效输入阻抗相等,则必须满足的条件是____。

设计仿真电路,验证推导的使两个电路等效输入阻抗相等的条件是否正确。

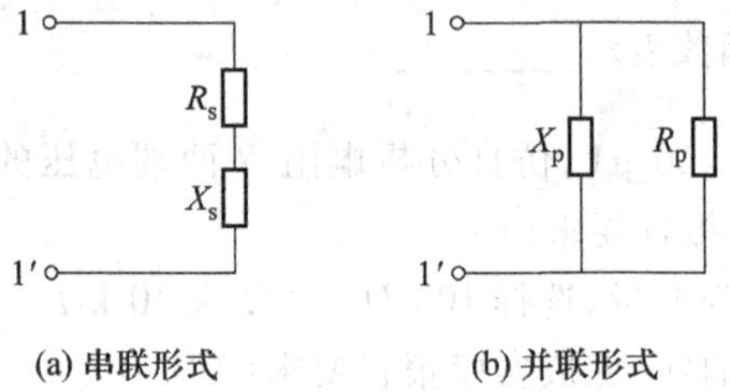

图 4.61 电阻和电抗的串联、并联形式

5. 按下列要求撰写实验报告。

(1) 写出图 4.58 中电阻 R 两端电压幅频和相频特性曲线的仿真分析步骤,并根据仿真输出结果说明幅频特性曲线随频率变化的关系。

(2) 根据图 4.58 仿真结果,说说电阻 R 的阻值变化对幅频特性的影响是什么?并解释说明。

(3) 根据图 4.58 仿真结果,说说电容 C 的初始储能变化对幅频特性的影响是什么?并解释说明。

(4) 写出图 4.59 所示 RLC 串联电路的谐振频率和 Q 值计算公式并根据给定的元件参数计算结果,是否与仿真值一致?

(5) 画出图 4.60 中结点 N1 处的幅频特性曲线,标注关键参数值。

4.6.2 练习二:含有耦合电感电路的时频域分析

本练习的主要目的:学会含有耦合电感电路的仿真分析。具体实验内容及实验报告撰写要求如下。

1. 仿真分析图 4.56 所示多耦合电感电路的等效电感,完成实验报告要求(1)。

2. 电路如图 4.62 所示,图中各元件参数值分别为:$I_s = 2e^{-4t}$ A,$L_1 = 4$ H,$L_2 = 1$ H,$M = 1$ H,仿真分析电压 V_{ac} 响应曲线。

3. 电路如图 4.63 所示,图中各元件参数值分别为:$C = 0.2$ F,$L_1 = 4$ H,$L_2 = 1$ H,$M = 1$ H。仿真分析电路输入阻抗 Z 的实部和虚部随频率变化关系曲线,并根据仿真结果计算输入端口的等效电感(或电容)值。记录当 $\omega = 1\ 000$ rad/s 时,电路的输入阻抗值,完成实验报告(2)。

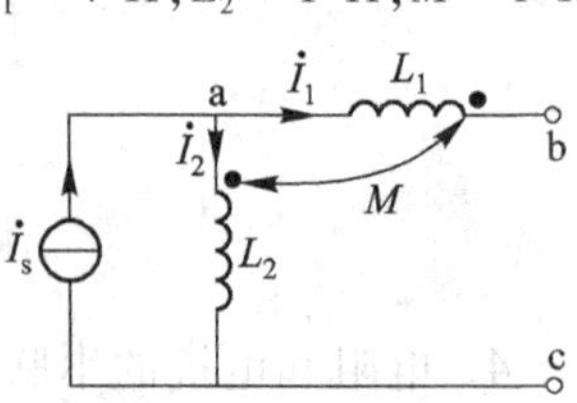

图 4.62 实验原理图一

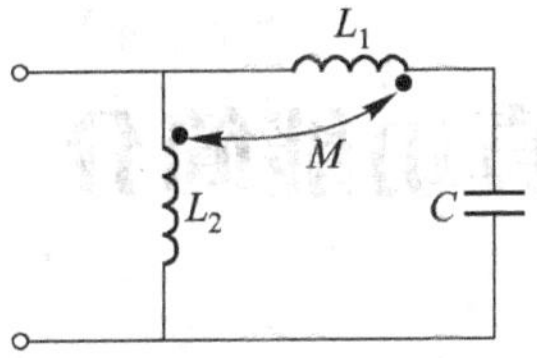

图 4.63　实验原理图二

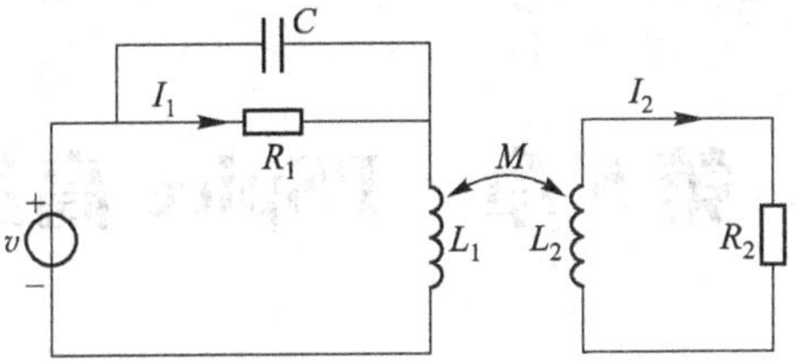

图 4.64　实验原理图三

4. 电路如图 4.64 所示，图中各元件参数值分别为：$R_1=1\ \Omega$，$R_2=4\ \Omega$，$L_1=8$ H，$L_2=2$ H，$M=1$ H，$C=0.5$ F，在 50 Hz 的正弦激励作用下，仿真分析支路电流 I_1 和 I_2 的相位关系，并完成实验报告(3)。

5. 按下列要求撰写实验报告。

(1) 计算求解图 4.56 所示多耦合电感电路的总电感值，并与仿真结果比较。

(2) 当 $\omega=1\ 000$ rad/s 时，计算求解图 4.63 所示电路的输入阻抗，并与仿真结果进行比较。

(3) 试证明图 4.64 所示电路中，当 $R_1 R_2 = L_2/C$ 时，支路电流 I_1 和 I_2 正交。

思考题与习题

1. 电路的网络函数是否与激励有关？
2. 按通带和阻带分类，滤波电路分为哪几类？
3. 在 AC 分析中，可以改变哪些因素来提高扫描精度？
4. 如何修改仿真波形的 X 轴和 Y 轴的范围？
5. 在耦合电感电路中，可以通过哪种分析来得到回路电流的模和相角？
6. 试述交流分析与瞬态分析的区别与联系。
7. 互感量与耦合系数的关系是什么？

第5章　PSpice 高级仿真功能简介

掌握了直流分析、瞬态分析和交流分析方法后，我们就可以进行各类电子系统的设计与功能验证。例如，后续的“电子线路”、“模拟电子技术”和“数字电子技术”等课程中涉及的电子线路也都可以在 PSpice 中进行仿真验证。但是，对于一个实际电子系统而言，功能正确或者性能指标达到设计要求是不够的，还需要从稳定性、可靠性等方面对系统的性能进行全面评估。为此，PSpice 还提供了温度分析、蒙特卡洛分析、最坏情况分析以及灵敏度分析和优化工具等高级仿真功能（Advanced Analysis）作为三大分析的辅助分析。本章将对这些辅助功能逐一做简单介绍，更多的细节留待读者在设计实践中去发现和掌握。

5.1　高级仿真功能概述

在选择三大基本分析功能、设置参数的过程中，我们已经看到仿真设置窗口（Simulation Settings）的各类选项（Options），现总结于表 5.1。

表 5.1　PSpice 分析功能

静态工作点分析 （Bias Point）（.OP）	直流分析 （DC Sweep）（.DC）	瞬态分析 （Transient）（.TRAN）	交流分析 （AC Sweep）（.AC）
温度分析 （Temperature） （.TEMP）	温度分析 （Temperature） （.TEMP）	温度分析 （Temperature） （.TEMP）	温度分析 （Temperature） （.TEMP）
直流灵敏度分析 （Sensitivity） （.SENS）	参数扫描 （Parametric Sweep） （.PARAM）	参数扫描 （Parametric Sweep） （.PARAM）	参数扫描 （Parametric Sweep） （.PARAM）
直流传输特性分析 （Transfer Function） （.TF）	蒙特卡洛分析 （Monte Carlo） （.MC）	蒙特卡洛分析 （Monte Carlo） （.MC）	蒙特卡洛分析 （Monte Carlo） （.MC）

续表

	最坏情况分析 (Worst Case) (.WCASE)	最坏情况分析 (Worst Case) (.WCASE)	最坏情况分析 (Worst Case) (.WCASE)
	二次扫描 (Secondary Sweep)	傅里叶分析 (Fourier Analysis) (.FOUR)	噪声分析 (Noise Analysis) (.NOISE)

由表5.1可见,参数扫描、温度分析、蒙特卡洛分析和最坏情况分析是三大基本分析都具有的辅助分析。其中,参数扫描分析已经在前面的章节中讨论过,借助参数扫描分析可以判别电路响应与某一元器件参数值之间的关系,这也是设计者常用的一种电路优化方法。下面,分别介绍其他几种辅助分析功能。

5.2 温度分析

PSpice中所有元器件参数和模型参数默认都工作在常温下,即27℃,然而实际电子系统的工作温度会各不相同。例如,我国东北地区常年气温偏低,冬天甚至达到-30℃以下,而南方常年气温偏高,夏天甚至达到40℃以上。物理实现的电子元器件,其材料特性随着温度的变化可能表现出一些差异性。这些差异性可能导致一些常温下正常工作的电子系统在低温或高温下就不能工作。因此,进行温度仿真分析对保证电子系统的可靠性是十分必要的。

为了表征温度对元器件性能的影响,人们在器件等效电路模型中引入温度模型,例如,电阻模型中就有TC1和TC2两个温度系数。这样,电路设计工程师们在仿真阶段就能够预测温度变化对电路性能的影响。PSpice在进行基本分析的同时可以用温度分析指定特定的工作温度,也可以指定几个不同的工作温度。

图5.1给出了一个在直流扫描分析下进行温度分析的参数设置示意图,其中,点击选中"Run the simulation at temperature"后,在空白栏输入温度值,程序将在该指定的温度下进行直流扫描分析;点击选中"Repeat the simulation for each of the temperature"后,可在其下方的空白栏输入多个温度值,这时,程序对每一个温度都进行一次直流扫描分析。

下面我们以图5.2所示简单电阻电路直流分析下的温度分析为例,观察温度变化对电路响应的影响。双击图中的电阻R_2打开属性窗口并设置电阻R_2的温度系数TC1为0.1,TC2为0.01,对应的网表如图5.3所示。

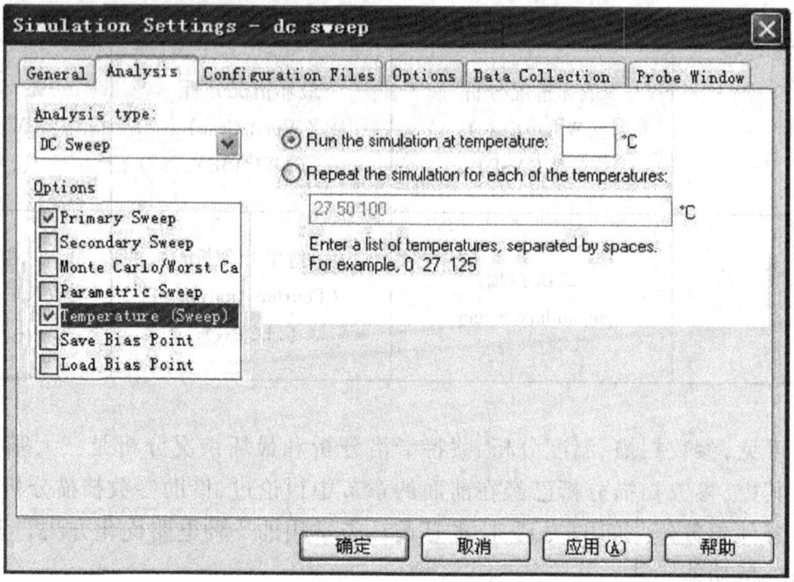

图 5.1 温度分析参数设置窗口

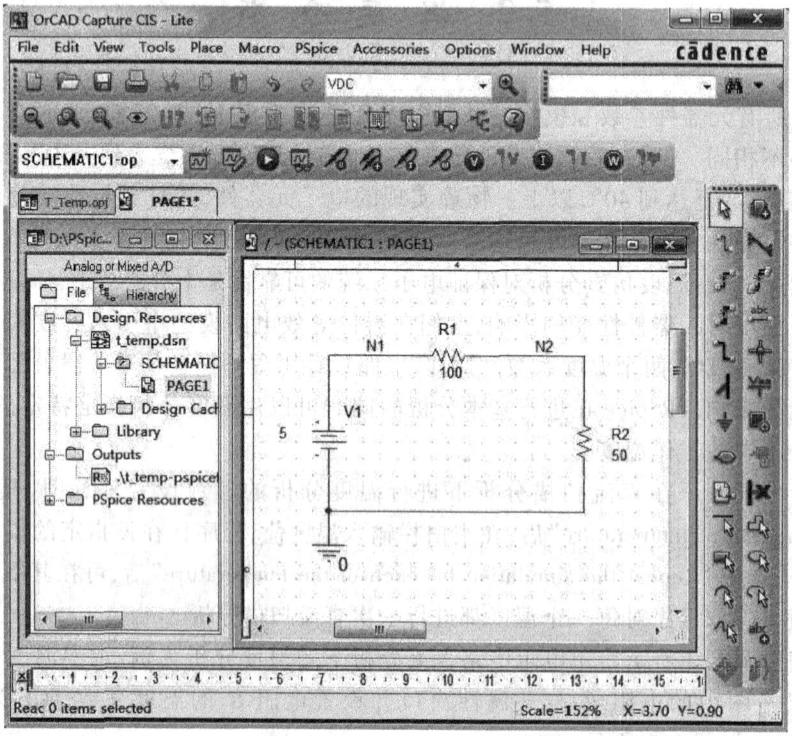

图 5.2 温度分析示例电路图

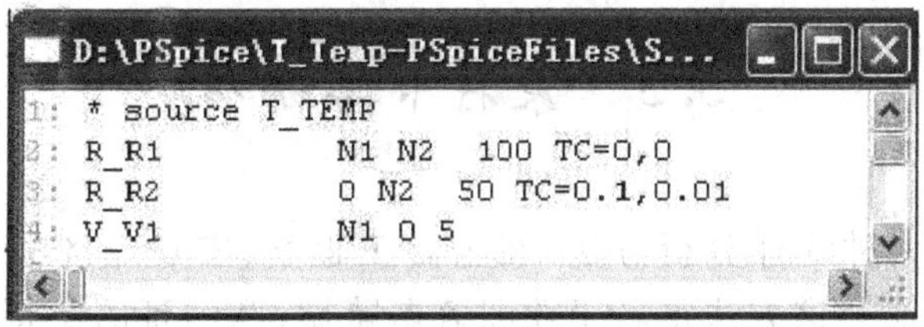

图 5.3　带温度系数的电阻 SPICE 描述

在图 5.1 所示的温度分析参数设置窗口中，点选“Run the simulation at temperature”，在空白栏依次输入“ -30 27 50”，执行仿真程序后，得到图 5.4 所示结点 N2 处的电压在三个不同温度下的直流扫描曲线。

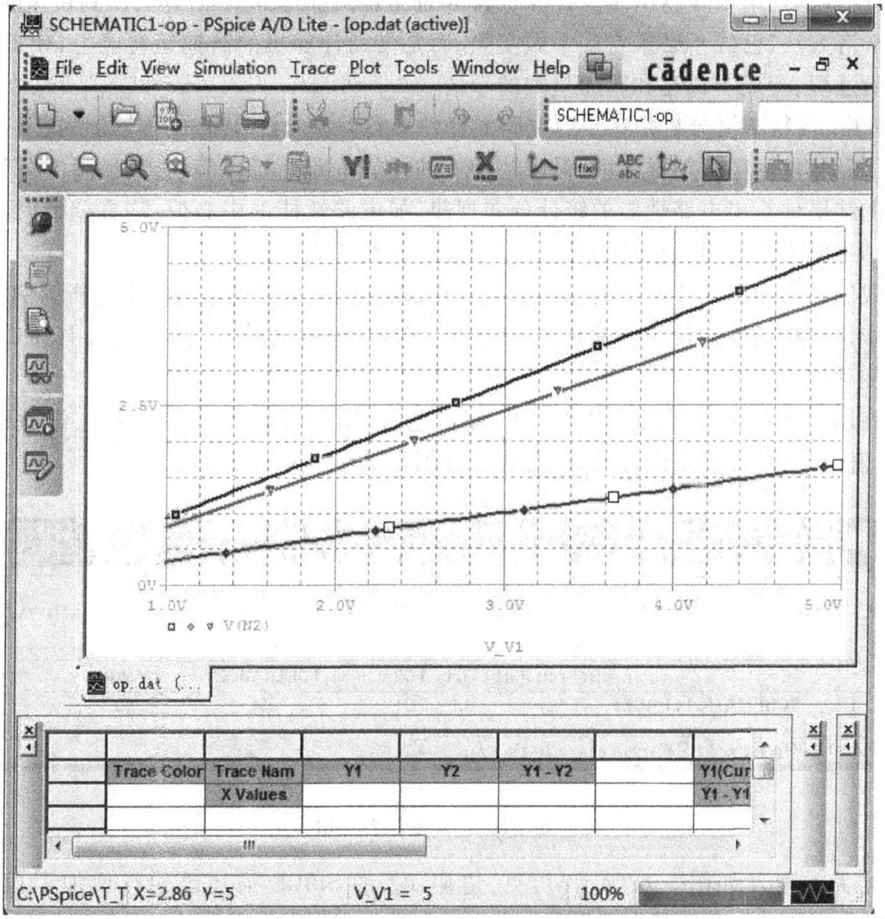

图 5.4　三个不同温度下的直流扫描曲线

5.3 蒙特卡洛分析

蒙特卡洛方法是一种统计分析方法，在金融工程学，宏观经济学，生物医学，计算物理学等众多领域应用广泛。该方法得名于欧洲著名赌城，摩纳哥的蒙特卡洛。大概是因为赌博游戏与概率的内在联系，第二次世界大战时美国曼哈顿计划中把这种方法称为蒙特卡洛方法。

蒙特卡洛模拟是一种有效的统计实验计算法。这种方法的基本思想是：人为地造出一种概率模型，使它的某些参数恰好重合于所需计算的量；又可以通过实验，用统计方法求出这些参数的估值，这些估值作为要求的量的近似值。从理论上来说，蒙特卡洛方法需要大量的实验。实验次数越多，所得到的结果才越精确。计算机技术的发展，使得蒙特卡洛方法得到快速的普及。现代的蒙特卡洛方法，已经不必亲自动手做实验，而是借助计算机的高速运转能力，使得原本费时费力的实验过程，变成了快速和轻而易举的事情。

PSpice 中，蒙特卡洛分析是在给定电路元器件参数容差的统计分布规律的情况下，用一组伪随机数求得元器件的随机抽样序列，对这些随机抽样的电路进行直流、交流或瞬态分析，并通过多次分析的结果估算出电路性能的统计分布规律，如电路性能的中心值、均方差、合格率及成本等。用此结果作为是否修正设计的参考，以增加仿真的可信度。

下面我们仍然用图 5.2 所示的简单电阻电路，以直流分析下的蒙特卡洛分析为例，介绍如何进行蒙特卡洛分析的参数设置和输出结果分析。例如，分析电阻 R2 的容差为 10% 时，结点 N2 处的电压变化情况。

(1) 在图 5.2 所示原理图编辑环境下，双击电阻 R2 打开属性编辑对话框，添加容差(TOLERANCE)值，本例设置容差值为 10%，如图 5.5 所示。

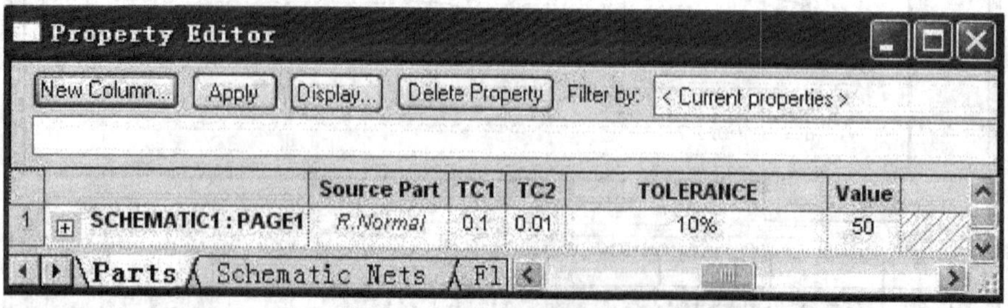

图 5.5 添加电阻容差值

此时电路的网表如图 5.6 所示，可见，电阻 R2 的 SPICE 描述语句行增加了模型名选项 <(MODEL)NAME>，并且其内容由下一行的.model 语句给出，该语句定义了电阻的容差值为 10%。

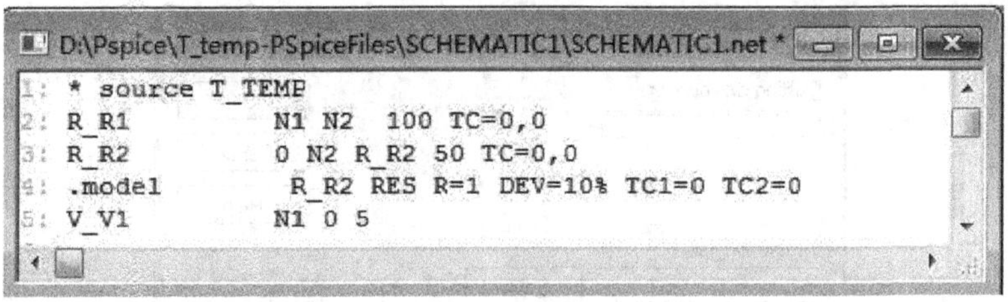

图 5.6 带有容差值的电阻 SPICE 描述

（2）在 Simulation Settings（仿真设置）窗口中选择 DC Sweep（直流扫描分析），并在“Options”中点选“Monte Carlo/Worst Case”后单选“Monte Carlo”，勾选“Enable PSpice AA support for legacy”以确保在 PSpice A/D 高级仿真中可以使用基本库中的元器件模型，在 Output variable（输出变量）栏输入待观测结点 N2 处的电压“V(N2)”，如图 5.7 所示。

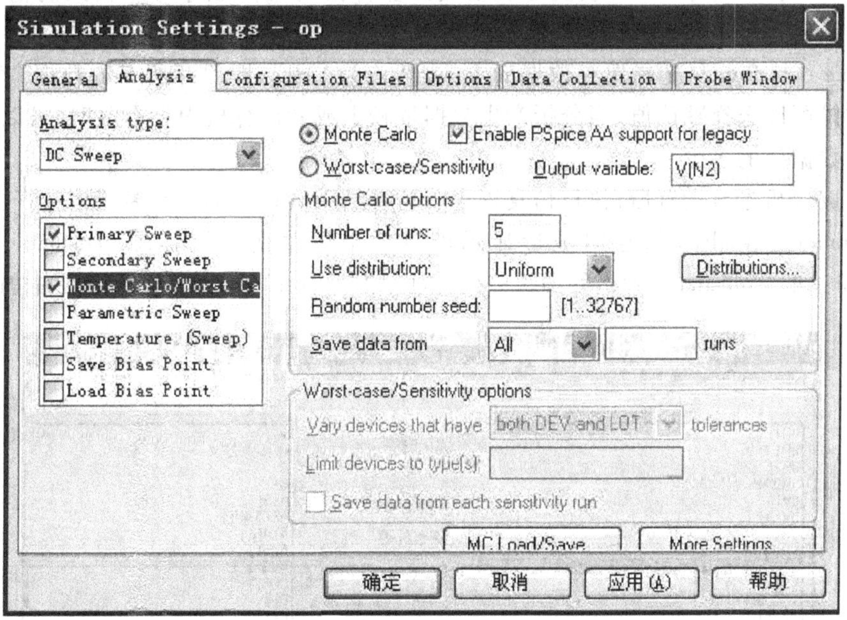

图 5.7 蒙特卡洛分析设置示例

蒙特卡洛分析各选项参数设置说明如下：

①“Number of runs”，设置 Monte Carlo 分析次数。程序运行时，第一次为标称值分析，然后按指定的分布函数随机改变元件参数值，重复进行分析。分析次数的设定取决于仿真精度和运行时间的折衷考虑，在 Demo 版软件中，分析次数限定最大值为 5，本例选择分析次数为“5”。

②“Use distribution”，选择分布函数类型，本例选择均匀分布“Uniform”。在下拉菜单下，还可以选择 PSpice 提供的高斯分布“Gaussian”或“GaussUser”。若选用其他分布函数，可以点击右边的“Distributions”，在弹出如图 5.8 所示的对话框中输入自定义的分布函数。

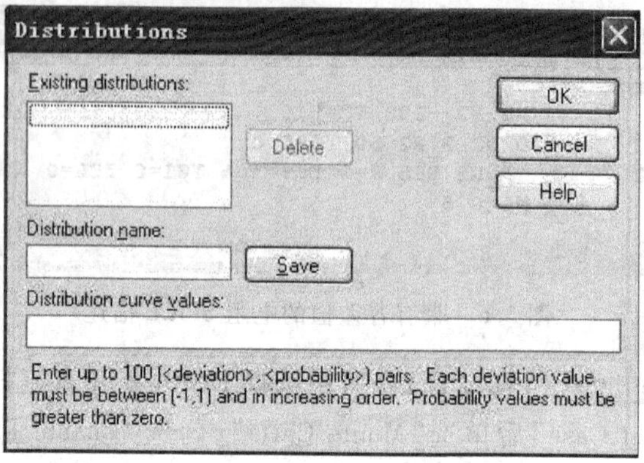

图 5.8 自定义分布函数对话框

③ "Random number seed",设置随机改变元器件值的不同顺序号。输入的值必须是 1 到 32 767 中的任何一个奇数,系统默认值为 17 533,本例选择系统默认值。

④ "Save data from",选择保存数据的方式,默认为"All",即保存所有的数据。对于分析数据较少的时候可以选择默认值,当分析产生数据量较大或者计算机内存有限时,可以根据实际情况选择保存数据量的多少。

(3) 完成分析参数设置后,执行仿真程序。仿真结束后在波形查看窗口中选择"Trace"菜单下的"Performance Analysis",这时波形显示窗口的坐标改变为柱状图"Histogram"。再选择"Trace"菜单下的"Add trace"弹出如图 5.9 所示的"Add Traces"对话框,该对话框右边的"Functions

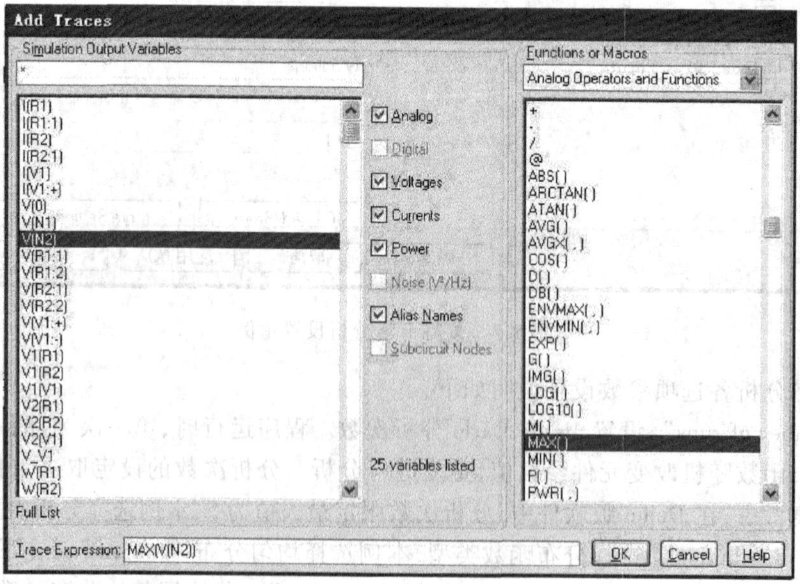

图 5.9 选择目标函数

or Macros"栏新增加了一项"Measurements",提供了多种目标函数供设计者使用。各目标函数含义可参见软件手册或本书后的附录部分,本例中选择 MAX( )函数,分析在电阻 R_2 容差变化范围内结点 N2 处电压最大值的变化情况,分析结果如图 5.10 所示。

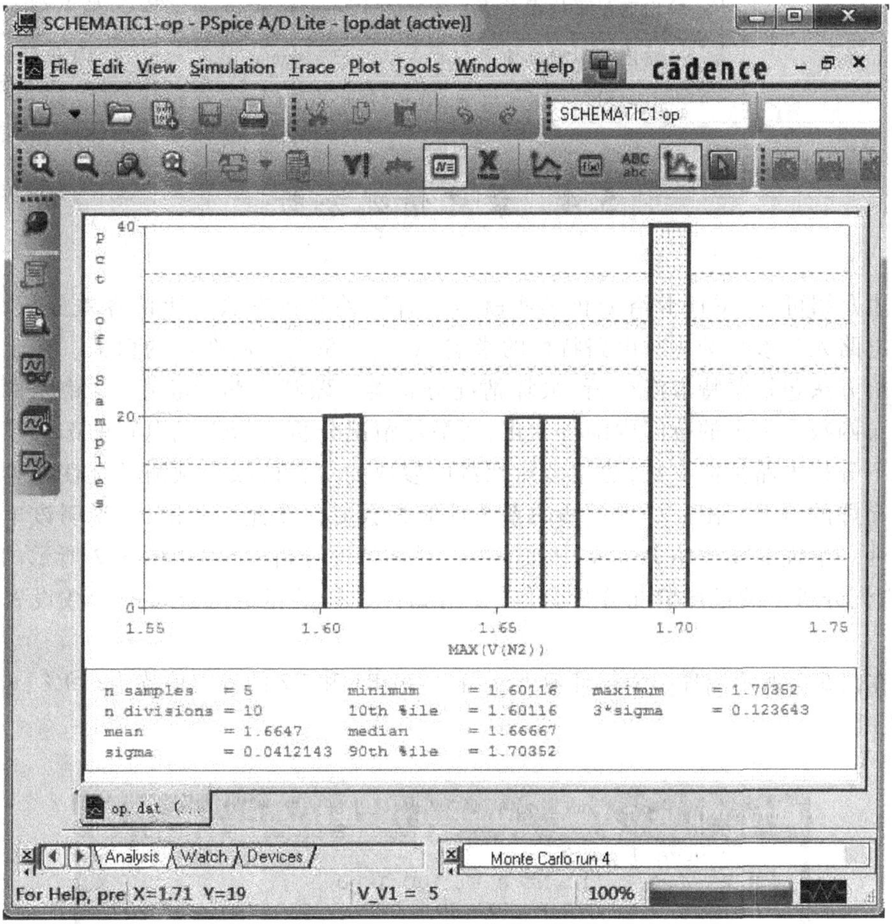

图 5.10 蒙特卡洛分析结果

图 5.10 中,直方图的下方是函数 MAX(V(N2))的 Monte Carlo 分析统计结果数据区。数据区各参数简要说明如表 5.2 所示。

表 5.2 蒙特卡洛分析统计结果数据区参数说明

参数名	含义	参数名	含义
n sample	蒙特卡洛分析次数	10th % ile	10% 的输出值小于该值
n divisions	显示直方形个数	median	输出变量中间值

续表

参数名	含义	参数名	含义
mean	输出变量平均值	90th % ile	90%的输出值小于该值
sigma	输出变量平均误差值	maximum	输出变量最大值
minimum	输出变量最小值	3 * sigma	3倍的sigma

5.4 最坏情况分析

由上述介绍可见，蒙特卡洛分析其实就是一种容差分析方法。所谓容差分析，简单地说就是研究电路元件参数变化对电路特性的影响，是电子系统可制造性的保证。在工程中常用的容差分析方法包括蒙特卡洛分析、最坏情况分析等。蒙特卡洛分析中，电路元件的参数值按某种分布函数在一定的范围内随机变化，而最坏情况分析是指组成电路的部分参数在最坏组合情况下分析电路性能参数，通过已知元器件参数的变化极限来预测系统性能参数变化是否超过了允许的偏差范围。如果预测的系统性能参数变化在允许范围内，说明该电路具有较高的稳定性。下面简要介绍PSpice中如何进行最坏情况分析，仍然用图5.2所示的简单电阻电路，以直流分析下的最坏情况分析为例，介绍如何进行最坏情况分析的参数设置和输出结果分析。

(1) 在图5.2所示原理图编辑环境下，设置电阻R1和R2的容差值均为±10%，电路的网表如图5.11所示。

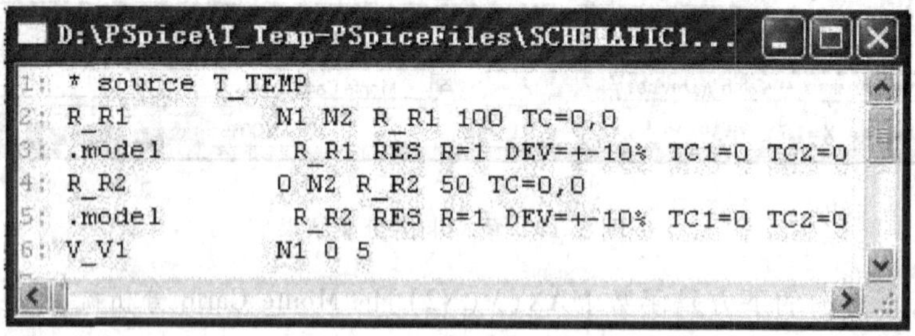

图5.11 最坏情况分析电路网表

(2) 在Simulation Settings(仿真设置)窗口中选择DC Sweep(直流扫描分析)，并在"Options"中点选"Monte Carlo/Worst Case"后单选"Worst - case/Sensitivity"，勾选"Enable PSpice AA support for legacy"，在Output variable(输出变量)栏输入待观测结点N2处的电压"V(N2)"，如图5.12所示。

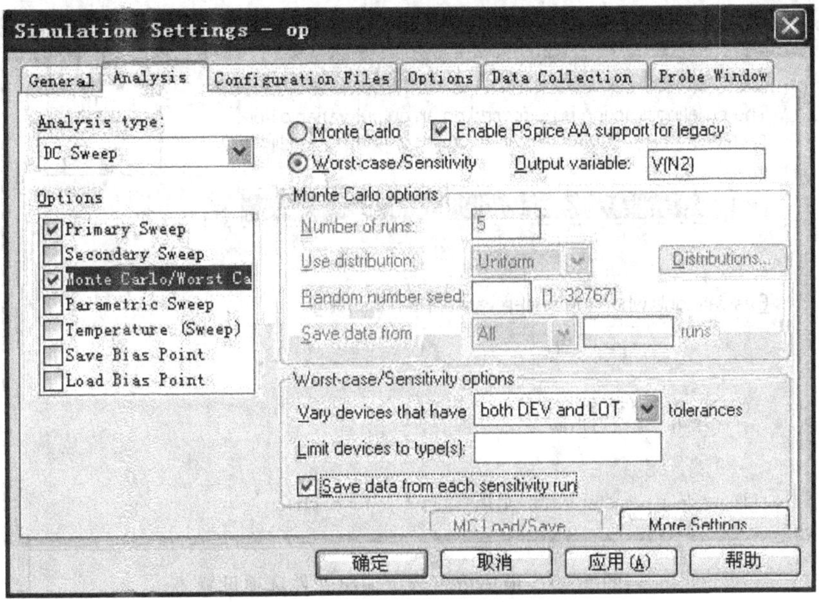

图 5.12　最坏情况分析设置示例

最坏情况分析各选项参数设置说明如下：

① "Vary devices that have ______ tolerance"，设置元器件参数按怎样的容差值变化，该下拉菜单栏共提供了三种方式。其中，"only DEV"表示器件容差可以相互独立变化；"only LOT"表示器件容差可以同时变化，但它们的值同时变大或变小；"both DEV and LOT"表示器件容差可以组合变化，以达到设定目标的最坏情况。

本例拟观察电阻 R1 和 R2 的参数值在容差范围内组合变化时，结点 N2 处的电压变化情况，因此，这里选择"both DEV and LOT"方式。

② "Limit devices to type(s)"，设置最坏情况分析局限于所选择的器件。

③ "Save data from each sensitivity run"，勾选表示同时保持灵敏度分析结果。

④ 点选"More Settings"，出现如图 5.13 所示对话框。其中，"Find"下拉菜单有五类最坏情况可以让设计者选择向哪种坏的方向发展。

情况一："the greatest difference from the nominal run (YMAX)"表示与元件参数标称值状态下性能参数的差值最大；

情况二："the maximum(MAX)"表示使电路性能参数的最大值增大或减小；

情况三："the minimum"表示使电路性能参数的最小值增大或减小；

情况四："the first rising threshold crossing(RISE EDGE)"表示提前或滞后电路性能参数上升到规定值的第一次发生时刻；

情况五："the first falling threshold crossing(FALL EDGE)"表示提前或滞后电路性能参数下降到规定值的第一次发生时刻。

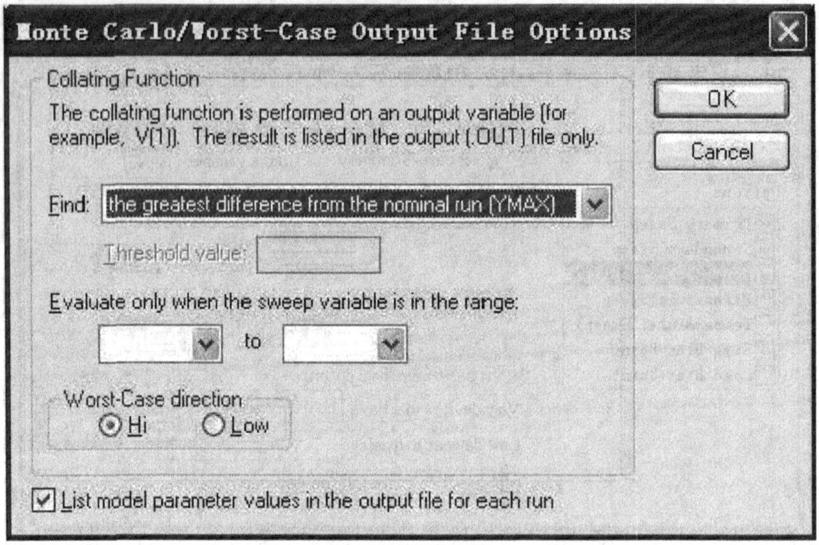

图 5.13　最坏情况分析输出文件选项设置

图 5.13 中,“Evaluate only when the sweep variable is in the range”表示在设定的范围内做最坏情况分析;“Worst - Case direction”选项中选“Hi”表示分析的输出结果朝正向偏移,选“Low”表示分析的输出结果朝负向偏移;勾选“List model parameter values in the output file for each run”程序执行时将不同情况下的模型参数值存放到输出文件中。

(3) 完成分析参数设置后,执行仿真程序。仿真结束后在波形查看窗口前出现图 5.14 所示的画面。从该画面可见有 4 项模拟结果的波形资料,点击“OK”确认后,通过波形窗口“Trace”菜单下的“Add Trace”添加结点 N2 处的曲线如图 5.15 所示。

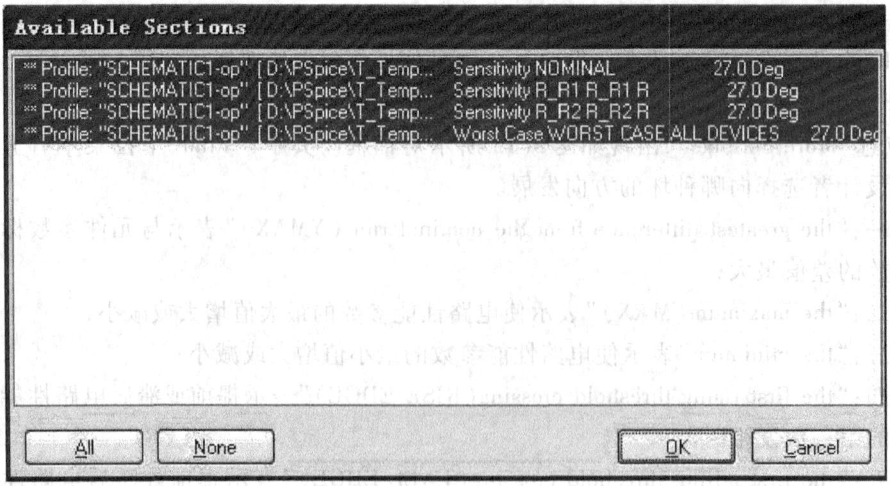

图 5.14　模拟结果信息

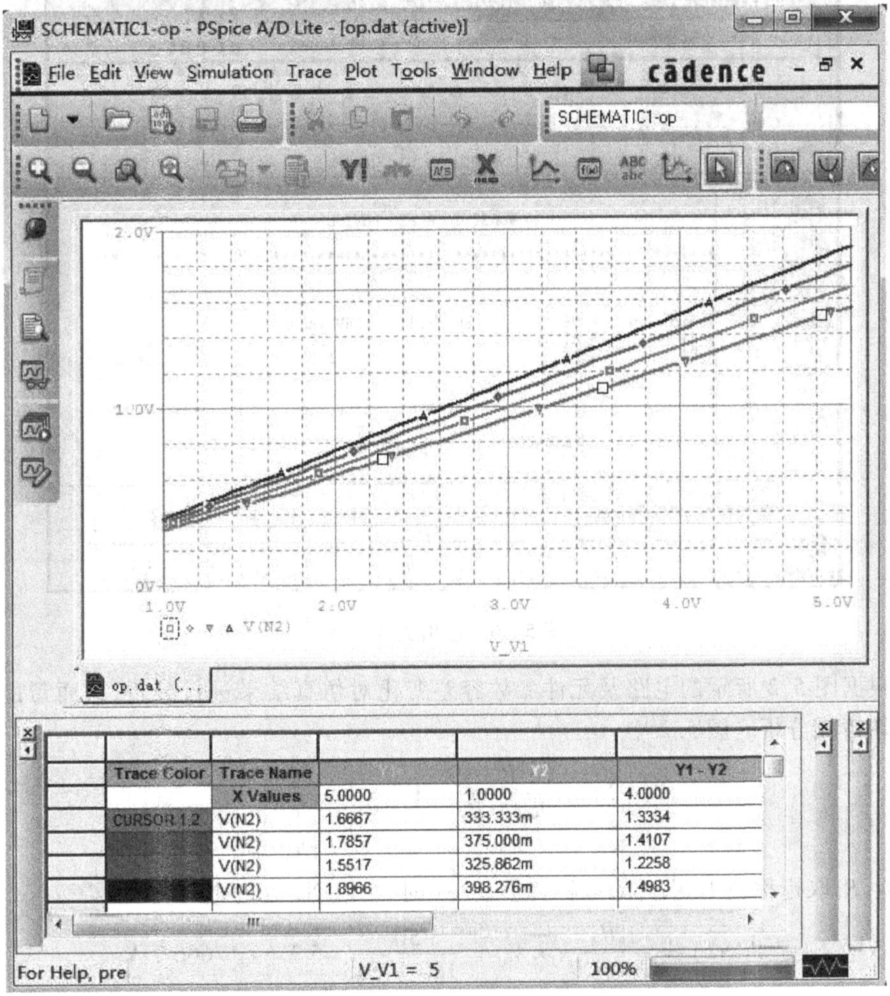

图 5.15 最坏情况分析曲线

选择 View 菜单栏的下拉子菜单 Output File 或者波形显示窗口左侧的快捷图标，可以在仿真输出文件中看到各种分析数据，如图 5.16 所示。

(4) 输出结果分析。由仿真结果得到，当输入电压为 5 V 时，输出结点电压的标称值为 1.666 7 V；电阻 R_1* 独立变化时，得到与标称值的正向最大偏差，对应输出结点电压为 1.785 7 V；电阻 R_2独立变化时，得到与标称值的负向最大偏差，对应输出结点电压为 1.551 7 V；电阻 R_1和 R_2同时变化时，得到最坏情况下输出结点电压为 1.896 6 V。

*：为了更符合电路分析的表达习惯，第(4)点中的 R_1、R_2、V_1 采用斜体下标的排法，分别与图 5.2 中的 R1、R2、V1 对应。后面的式(5.7)、式(5.9)与此相同。

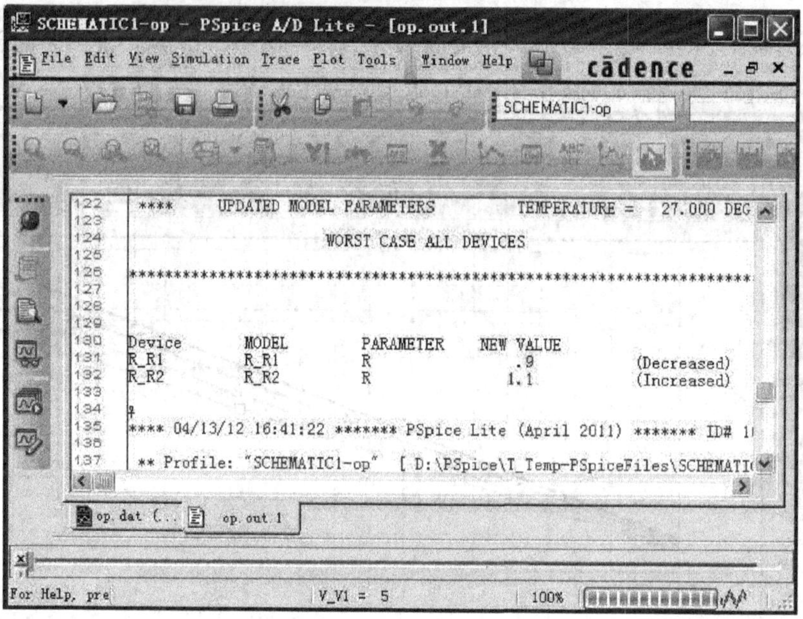

图 5.16　输出文件示例

下面根据图 5.2 所示的电路及元件参数容差变化对仿真结果进行分析，从而帮助读者更好地理解最坏情况分析。图 5.2 中

$$V(\mathrm{N2}) = \frac{R_2}{R_1 + R_2} \times V_1 = \frac{1}{1 + \dfrac{R_1}{R_2}} \times V_1 \tag{5.1}$$

当电阻 R_1 取标称值 100 Ω，R_2 取标称值 50 Ω 时，结点 N2 处的电压为

$$V(\mathrm{N2}) = \frac{R_2}{R_1 + R_2} \times V_1 = \frac{50}{100 + 50} \times 5\ \mathrm{V} \approx 1.666\,7\ \mathrm{V} \tag{5.2}$$

由结点 N2 处的电压计算式(5.1)可见，电阻 R_1 减小，R_2 增大，结点电压增大。因为设定的目标函数为情况一，因此，电阻 R_1 取容差范围内的最小值 90 Ω，电阻 R_2 取容差范围内的最大值 55 Ω时，得到的结点电压与它们取标称值的结点电压偏差最大，此时结点 N2 处的电压为

$$V(\mathrm{N2}) = \frac{R_2}{R_1 + R_2} \times V_1 = \frac{55}{90 + 55} \times 5\ \mathrm{V} \approx 1.896\,6\ \mathrm{V} \tag{5.3}$$

当电阻元件在容差范围内独立变化时，R_1 取最小值 90 Ω，R_2 取标称值 50 Ω 对应的结点电压与标称值有正向最大偏离，此时结点 N2 处的电压为

$$V(\mathrm{N2}) = \frac{R_2}{R_1 + R_2} \times V_1 = \frac{50}{90 + 50} \times 5\ \mathrm{V} \approx 1.785\,7\ \mathrm{V} \tag{5.4}$$

当电阻元件在容差范围内独立变化时，R_1 取标称值 100 Ω，R_2 取最小值 45 Ω 对应的结点电压与标称值有负向最大偏离，此时结点 N2 处的电压为

$$V(N2)=\frac{R_2}{R_1+R_2}\times V_1=\frac{45}{100+45}\times 5\ \text{V}\approx 1.5517\ \text{V} \tag{5.5}$$

5.5 傅里叶分析

由表 5.1 可见,傅里叶分析是在瞬态分析下的分析类型。由第 4 章的学习我们已经知道信号的时域和频域是相关联的,傅里叶分析方法将瞬态输出波形从时域变换到频域,求出它的频域变化规律,主要用于分析估计时域信号的直流、基频和谐波分量。

下面仍以图 5.2 所示的简单电阻电路为例,将其中的直流电压源改为时域周期正弦信号,在 PSpice 中通过傅里叶分析观察正弦信号的频域特点,步骤如下。

(1) 在图 5.2 所示原理图编辑环境下。将直流电压源替换为时域正弦信号,设该正弦信号的直流偏置为 0 V、振幅为 1 V、频率为 100 MHz。

(2) 设置时域仿真参数。考虑到输入信号频率为 100 MHz,即周期为 0.01 μs,因此,设置时域仿真时间为 1 μs,即 100 个周期;为提高时域仿真精度,设置最大步长为 0.1 ns,如图 5.17 所示。

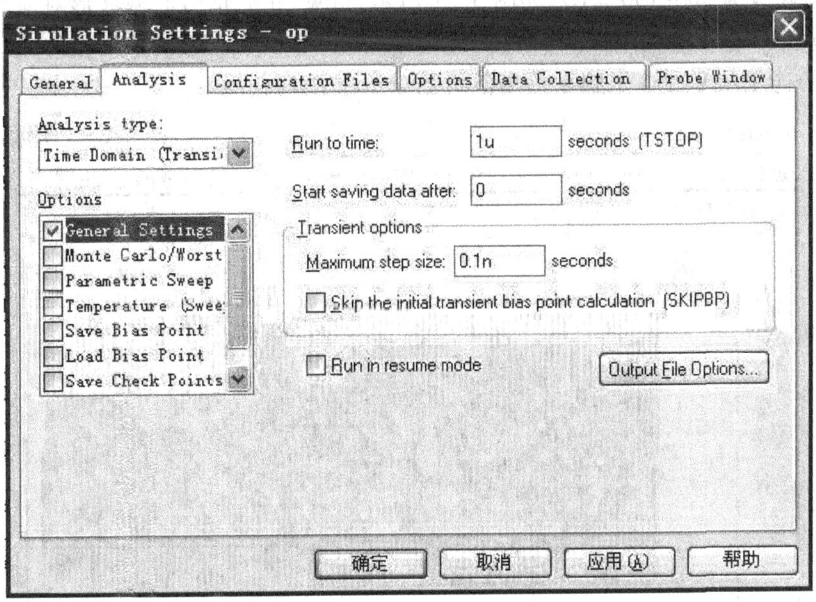

图 5.17 时域分析参数设置

(3) 在时域仿真参数设置窗口中,点击"Output File Options",在弹出如图 5.18 所示的窗口中勾选"Perform Fourier Analysis"设置傅里叶分析参数。其中,中心频率"Center Frequency"可以根据时域波形的周期估算出;"Number of Harmonics"表示傅里叶分析输出的谐波数;"Output Variables"定义输出变量。

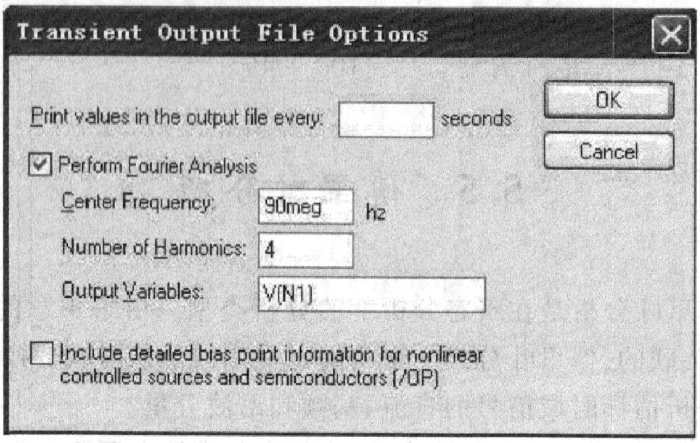

图 5.18　傅里叶分析参数设置

(4) 执行仿真后得到结点 N1 处的时域电压波形如图 5.19 所示。点击波形窗口中标有“FFT”(Fast Fourier Transform,快速傅里叶变换)字样的快捷图标,得到图 5.20 所示的正弦信号傅里叶分析结果。从图中可以看到,正弦信号的频域波形只有一根谱线,没有谐波分量。为观察这个谱线的细节,双击横轴坐标,在弹出的坐标设置窗口中修改横轴坐标到恰当的范围,这里将横轴坐标范围修改为 50 ~ 150 MHz,如图 5.21 所示,可见,正弦信号时域波形对应着频域该频点处的一个尖脉冲。在以后的“信号与系统”课程中,我们将知道理想正弦信号的频域波形是冲激信号 δ,时域的连续信号变成了频域的离散信号。

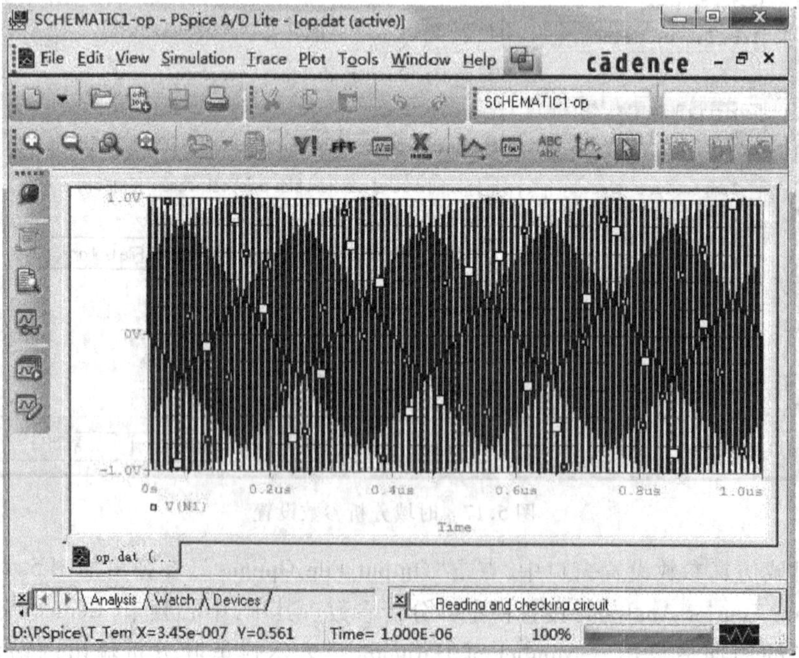

图 5.19　正弦信号时域波形

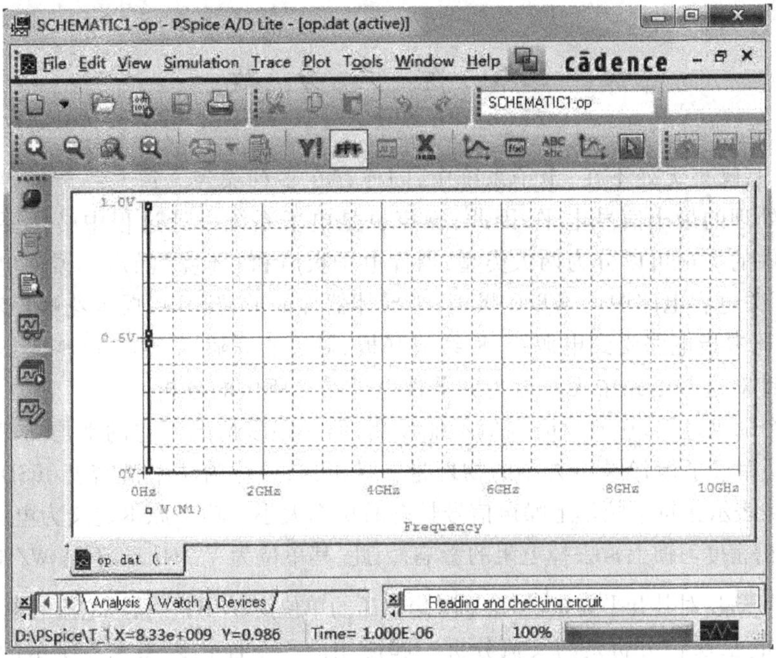

图 5.20 正弦信号 FFT 输出波形

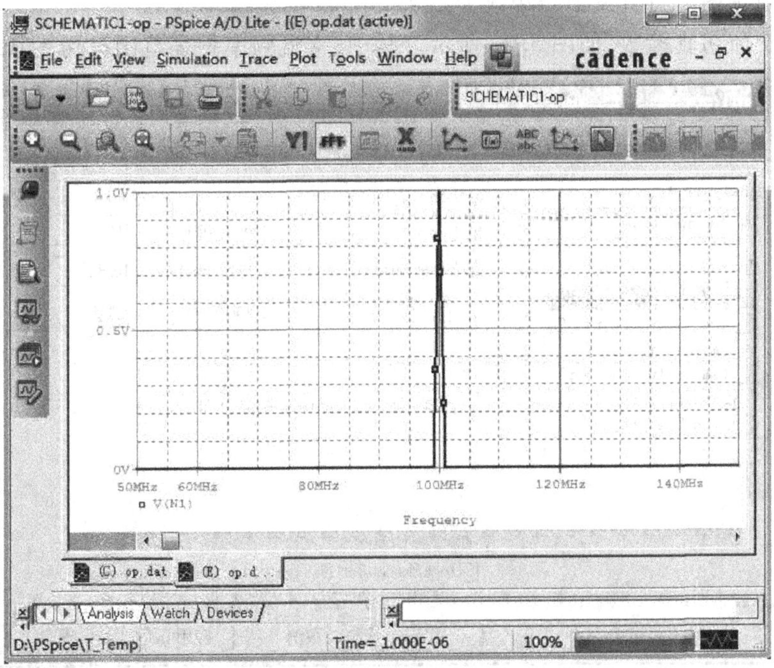

图 5.21 正弦信号傅里叶输出结果

5.6 噪声分析

现实世界中,噪声无处不在;电子系统中,同样存在多种噪声。这些噪声的存在限制了电子系统能够正确处理的最小信号电平,因此,噪声也是电子系统设计过程中必须要考虑的问题之一。电子系统中的噪声可以分为两大类型:器件电子噪声和"环境"噪声。器件电子噪声主要有电阻热噪声,开关电容电路中的 KT/C 噪声,半导体器件的散粒噪声、爆米花噪声和闪烁噪声等。而"环境"噪声通常指电路受到电源线、地线或基板、衬底上等随机干扰的影响。SPICE 软件中的噪声分析就是针对这些电路中无法避免的器件电子噪声所做的分析。

噪声是一个随机过程,它的瞬时幅值不能预测,但在很多情况下它的平均功率是可以被预测的,因此,平均功率成了衡量噪声大小的物理量。噪声谱,或称为功率谱密度(PSD:Power Spectral Density),被用来表示在每个频率上噪声信号具有的功率大小。功率原本定义为电压的平方除以电阻,而噪声功率谱密度习惯上常去掉电阻的影响,因此,其单位为 V^2/Hz,而不是 W/Hz。为了将它表示为更常见的电压量,对其开平方,这样得到噪声电压的单位为 $V/Hz^{\frac{1}{2}}$,噪声电流的单位为 $A/Hz^{\frac{1}{2}}$。

由表 5.1 可见,噪声分析是与交流分析一起使用的。下面仍以图 5.2 所示的简单电阻电路为例,介绍在交流电压源作用下如何做交流噪声分析。

(1) 输入原理图。将直流信号源改为频域交流信号源。

(2) 设置交流仿真参数,如图 5.22 所示。其中,交流频率扫描范围设为 1 Hz ~ 1 GHz,扫描

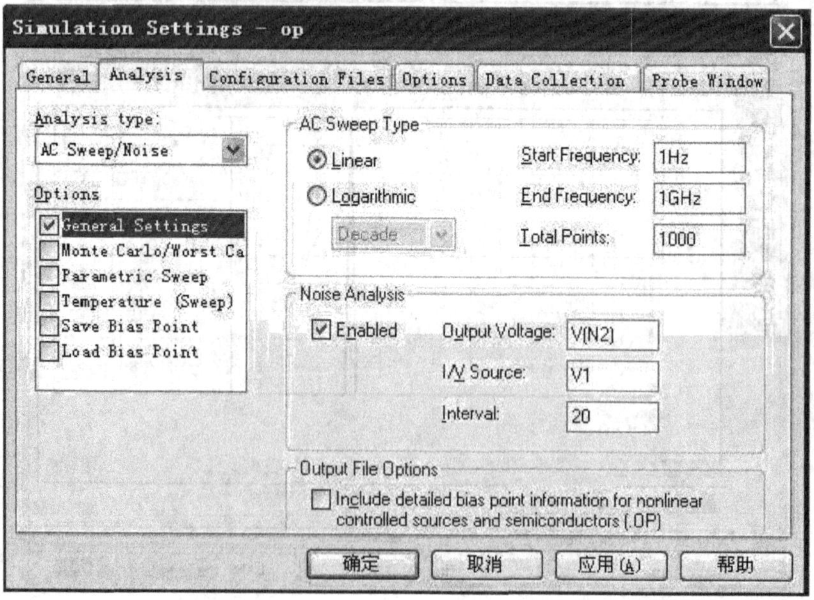

图 5.22　噪声分析参数设置示例

点数设为 1 000;在“Noise Analysis”栏勾选“Enabled”选中噪声分析;在“Output Voltage”栏指定噪声输出端,本例中填入的 V(N2)表示对结点 N2 的电压做噪声分析;在“I/V Source”栏指定噪声输入端,本例中填入的 V1 表示计算电压源 V1 处的等效输入噪声;在“Interval”栏指定输出文档中每隔多少个频点输出噪声分析报告,本例中指定为 20。

(3) 执行仿真程序,在波形输出窗口中添加噪声仿真曲线:指定输出端口的噪声电压 V(ONOISE)和等效到指定输入端口的噪声电压 V(INOISE)。输出曲线如图 5.23 所示,可见,在整个频带内噪声谱都是平坦的,表明热噪声是白噪声。由曲线下方显示的标尺数值可知,输出噪声电压大小为 743.32 $\mathrm{pV/Hz^{\frac{1}{2}}}$,输入等效噪声电压大小为 2.23 $\mathrm{nV/Hz^{\frac{1}{2}}}$。还可以通过查看仿真输出文件“Output File”得到噪声分析数据,如图 5.24 所示。

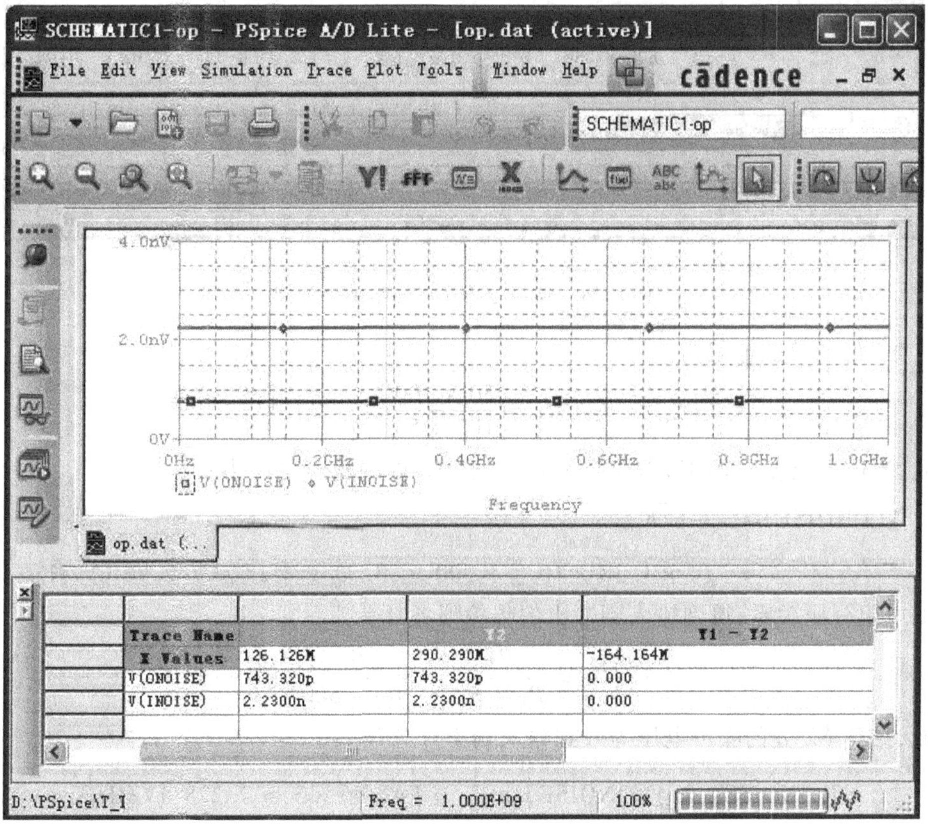

图 5.23 噪声分析输出曲线

(4) 输出结果分析。下面根据图 5.2 所示的电路及元件参数值对噪声仿真结果进行分析,给出结点 N2 处的噪声电压和输入等效噪声电压计算方法。已知电阻热噪声谱密度计算公式为

$$S_v(f) = 4kTR \tag{5.6}$$

式(5.6)中,系数 k 是玻耳兹曼常数,其值为 1.38×10^{-23} J/K;T 是标准温度。

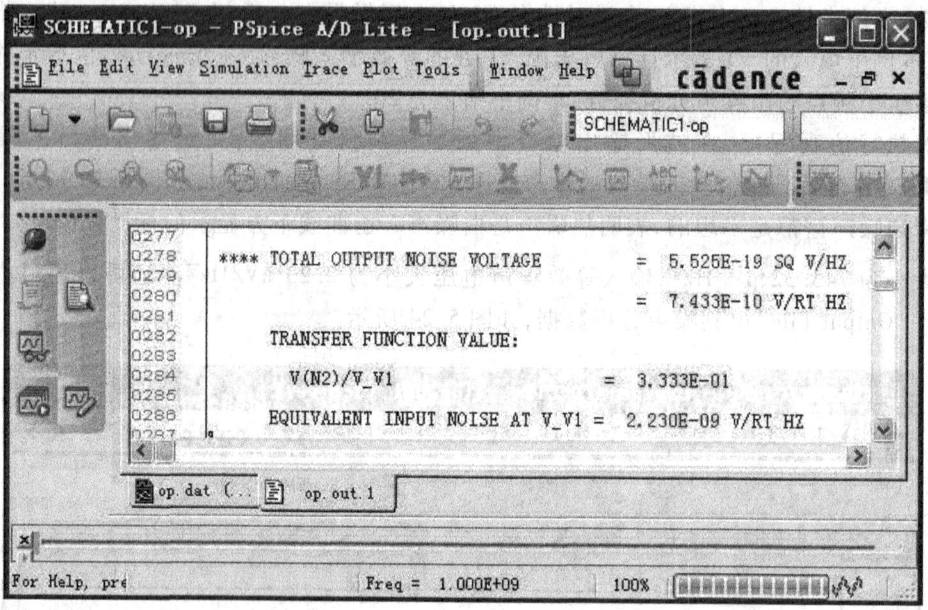

图 5.24 噪声分析文本输出结果示例

结点 N2 处的等效电阻为

$$R_{\text{equ}} = R_1 // R_2 = \frac{50 \times 100}{100 + 50}\ \Omega \approx 33.33\ \Omega \tag{5.7}$$

因此,当仿真温度为 27℃,即 300 K 时,结点 N2 处的噪声电压为

$$\begin{aligned} V(\text{ONOISE}) &= \sqrt{4kTR_{\text{equ}}} \\ &= \sqrt{4 \times 1.38 \times 10^{-23} \times 300 \times 33.33}\ \text{V/Hz}^{\frac{1}{2}} \approx 742.96\ \text{pV/Hz}^{\frac{1}{2}} \end{aligned} \tag{5.8}$$ *

根据电阻分压关系,得到输入到输出的传输增益 A 为

$$A = \frac{V_{\text{N2}}}{V_{\text{N1}}} = \frac{R_2}{R_1 + R_2} = \frac{50}{100 + 50} = \frac{1}{3} \tag{5.9}$$

因此,结点 N2 处的噪声电压等效到输入端为

$$V(\text{INOISE}) = V(\text{ONOISE}) \times \frac{1}{A} = 742.96 \times 3 \approx 2.228\ \text{nV/Hz}^{\frac{1}{2}} \tag{5.10}$$

由上述分析可见,理论计算结果与仿真分析结果一致。

---

*:式(5.8)、式(5.10)中的 V(ONOISE)和 V(INOISE)分别与图 5.23 中的 V(ONOISE)和 V(INOISE)对应。

5.7 实训练习

本练习的主要目的是:希望读者能够掌握 PSpice 软件环境下的高级仿真分析方法。

1. 某信号源 SPICE 语句描述如下,试设计仿真电路,分析该信号源的频谱特点,并给出直流、基频和谐波分量。

SPICE 语句:V_V1　N1 0　PULSE　0　5　10 n　10 n　10 n　50 n　100 n

2. 电路如图 5.25 所示,图中各元件参数值分别为:$R_1=5\ \Omega$,$R_2=40\ \Omega$,$R_3=32\ \Omega$,$R_4=8\ \Omega$,$I_1=5\ \mathrm{A}$,$V_1=10\ \mathrm{V}$,设结点 N1 为输入端、结点 N2 为输出端,试分析电路的输出噪声电压和等效输入噪声电压。

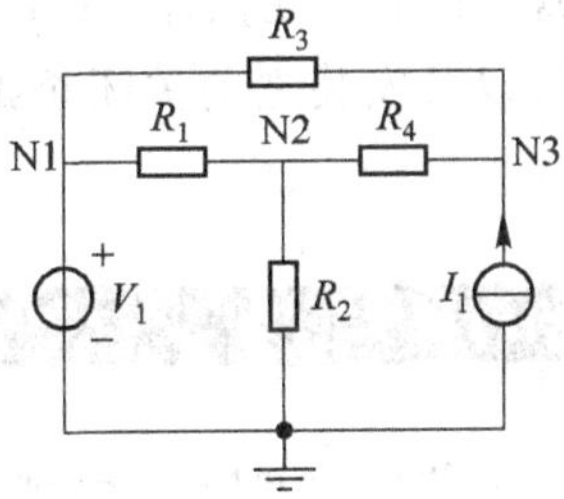

图 5.25　噪声分析实验电路图

3. 分析图 5.25 中,所有电阻的容差为±10% 时,结点 N2 处的电压变化情况。比较蒙特卡洛分析和最坏情况分析结果。

思考题与习题

1. 总结 PSpice 的仿真分析功能。
2. 什么是容差分析,主要的容差分析方法有哪些?
3. 蒙特卡洛分析与最坏情况分析的异同点是什么?
4. 电子系统的噪声主要有哪些类型?

附录A 软件安装

A.1 软件安装步骤

本教材附带的光盘中提供了 OrCAD Capture&PSpice Demo 版安装软件，用户可以在交互式的安装环境下，根据安装向导轻松地完成软件安装。程序安装主要步骤如下：

（1）双击安装文件中的 Setup. exe 文件，出现如图 A. 1 所示安装提示对话框。从该对话框中，我们可以了解到软件的版本信息，以及安装之前关闭杀毒软件、防火墙等可能影响程序正常安装的相关提醒。

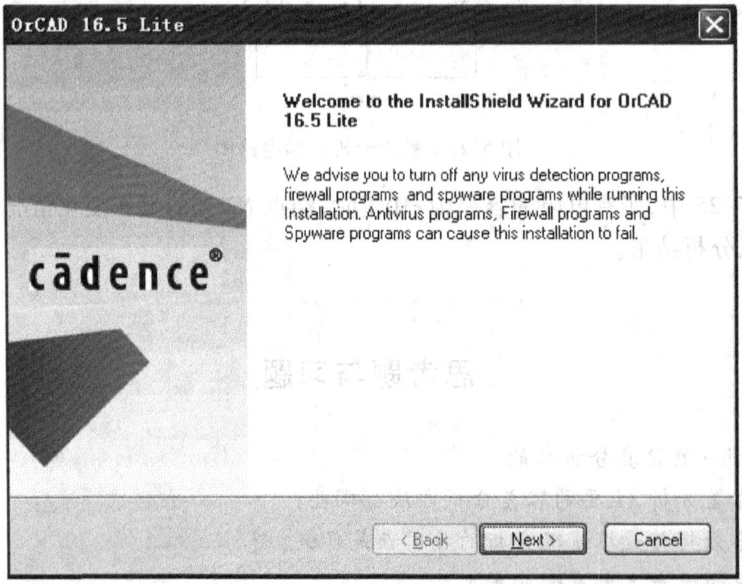

图 A. 1 安装提示对话框

（2）点击“Next”选项出现如图 A. 2 所示的软件许可“License Agreement”对话框。

（3）在图 A. 2 中点选“I accept the terms of the license agreement”，然后点击“Next”，出现如图 A. 3 所示的对话框，提示安装路径。点击“Next”，并在之后出现的对话框中做同样的选择，即可完成软件安装。

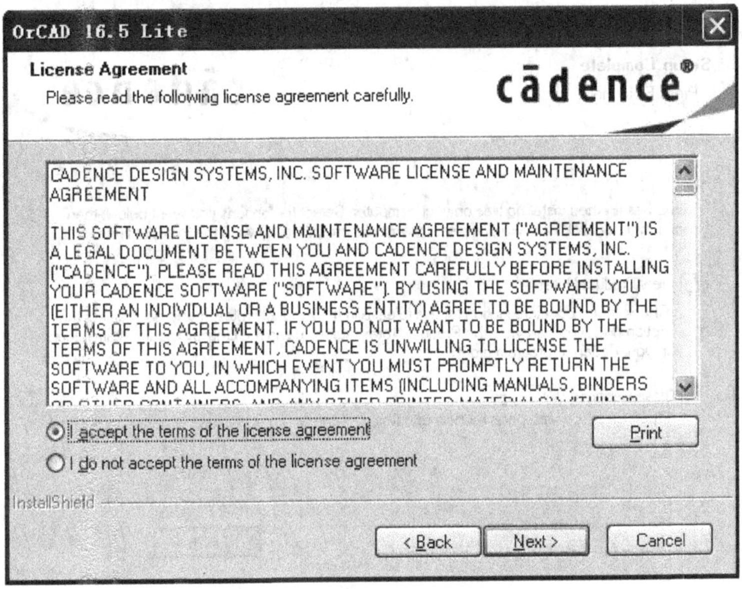

图 A.2 “License Agreement”对话框

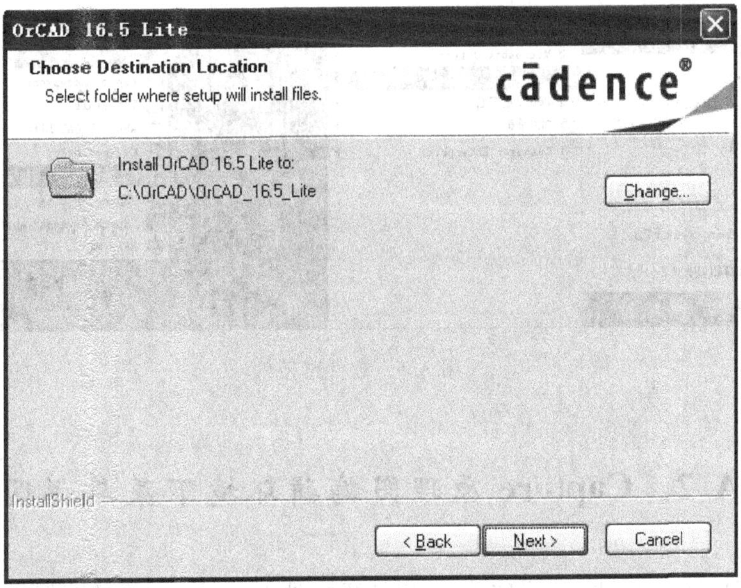

图 A.3 选择安装路径

(4) 安装结束出现如图 A.4 所示的提示对话框,点击“Finish”完成整个程序安装。现在可以从电脑桌面的开始→程序中查看到软件所在位置,如图 A.5 所示。点击图中的“OrCAD Capture CIS Lite”启动程序,打开原理图编辑环境。

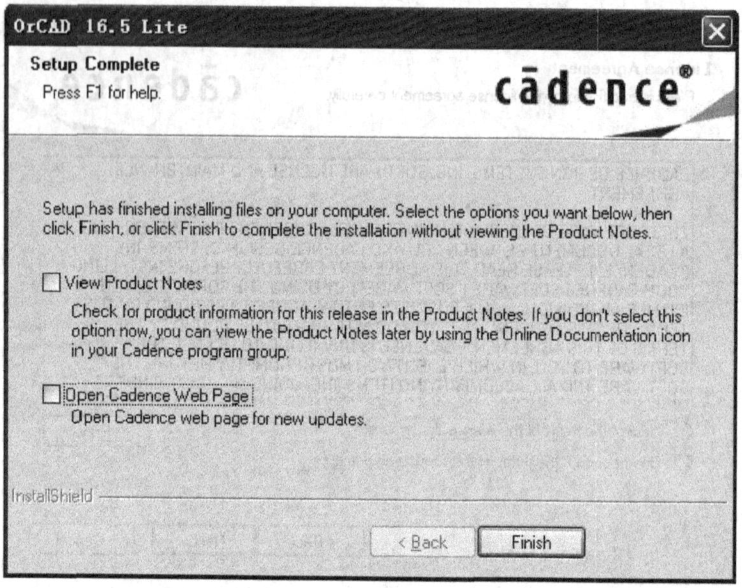

图 A.4 提示安装结束

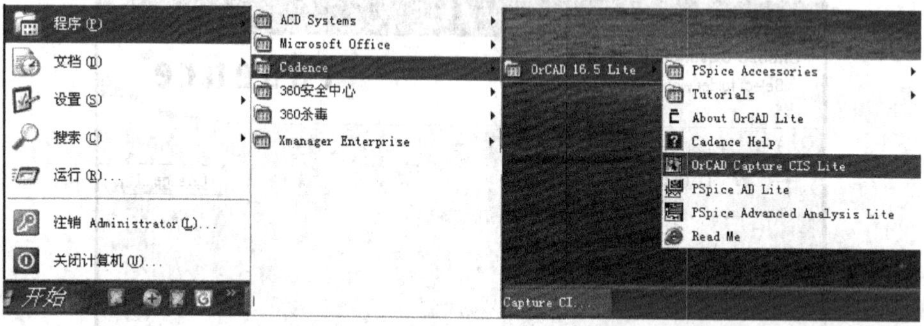

图 A.5 软件路径

A.2 Capture 原理图编辑环境下菜单说明

运行“OrCAD Capture CIS Lite”软件后,将打开如图 A.6 所示的原理图编辑窗口。下面简要介绍该窗口中各菜单栏命令及其对应功能以及图形窗口右边的各快捷图标及其对应功能。

1. File(文件)子菜单

原理图编辑环境下的 File(文件)子菜单包含的命令如图 A.7 所示,各命令功能如表 A.1 所示,其中 New 和 Open 对应的子命令如表 A.2 所示。

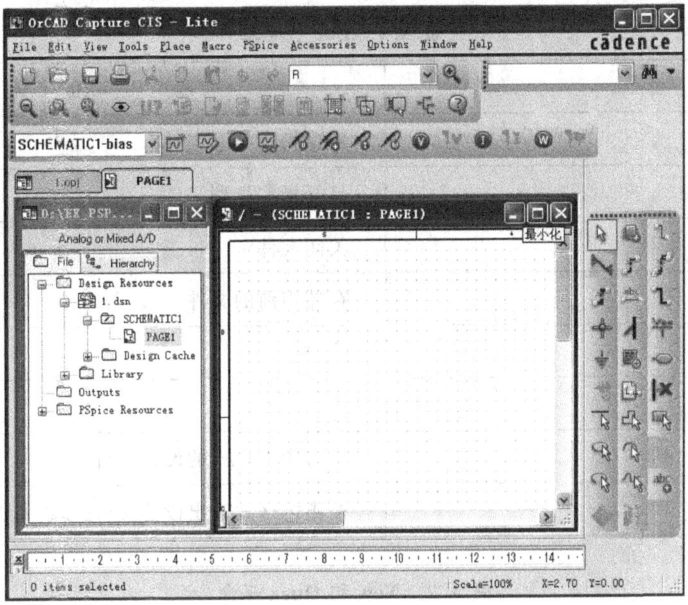

图 A.6　原理图编辑窗口

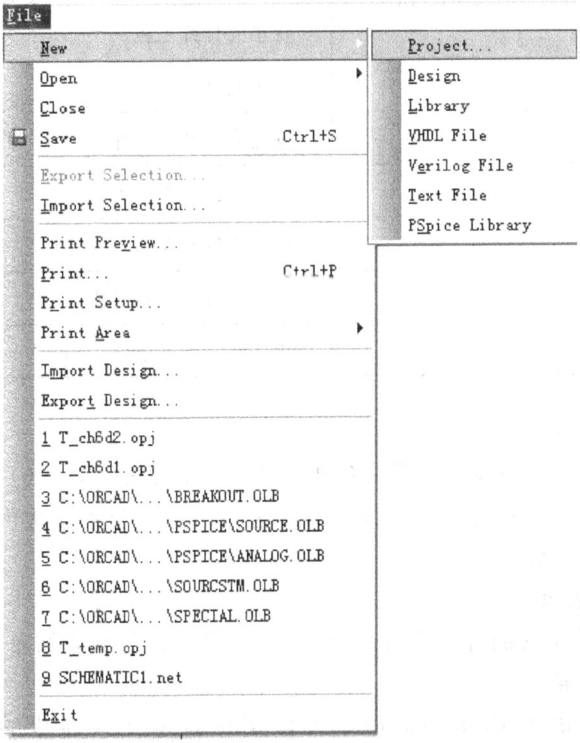

图 A.7　文件管理菜单

表 A.1 File 子菜单

命令	功能
New	新建指定类型文件
Open	打开指定类型文件
Close	关闭文件
Save	存储当前的文件
Export Selection	导出
Import Selection	导入
Import Design	读入指定格式的设计文件
Export Design	按指定格式输出设计文件

表 A.2 New 和 Open 子命令

命令	功能
Project	新建或打开工程
Design	新建或打开设计
Library	新建或打开元件库
VHDL File	新建或打开 VHDL 文件
Verilog File	新建或打开 Verilog 文件
Text File	新建或打开文本编辑文件
PSpice Library	新建或打开 PSpice 元件库

2. Edit(编辑)子菜单

Edit(编辑)子菜单包含的各类编辑命令如图 A.8 所示,图中显示的大多数命令为灰色不可用,只有当在原理图编辑窗口中选中某个部件时,这些编辑命令才由灰色变为黑色,成为可用状态,各编辑命令功能如表 A.3 所示。

3. View(查看)子菜单

View(查看)子菜单包含的各种查看命令如图 A.9 所示,各功能如表 A.4 所示。

4. Tools(工具)子菜单

Tools 子菜单下提供了 Customize 命令方便用户自定义个性化的操作环境,如图 A.10 所示。

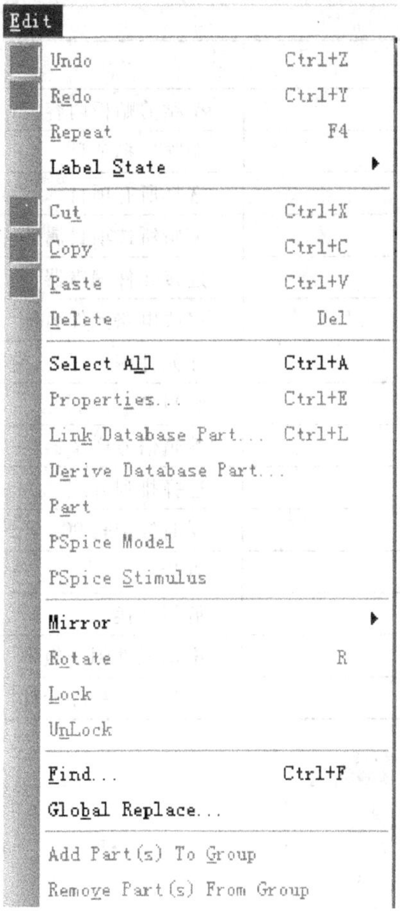

图 A.8 编辑菜单

表 A.3 Edit 子菜单

命令	功能
Undo	恢复
Redo	重复上一个动作
Repeat	重复上一个动作 *
Label State	选项状态
Cut	删除选择的项目,放在剪贴板
Copy	复制选择的项目,放在剪贴板

*:Redo 和 Repeat 的区别:Redo 的动作类似 word 编辑中的重复键入,例如,删除了一些文字,又不想删除了,这是就 Redo 一下;当选择添加器件的时候,Repeat 栏变成了 Repeat place,一般情况下,这两个子菜单是灰色的,正如图 A.8 所示,这是 Repeat。

续表

命令	功能
Paste	粘贴剪贴板内容
Delete	删除选择项目
Select All	选择所有项目
Properties	编辑所选项目属性
Link Database Part	连接元件编辑器
Derive Database Part	修改电路元件名称
Part	在元件编辑器中，编辑选择元件
PSpice Model	编辑 PSpice 模型
PSpice Stimulus	编辑信号产生器
Mirror	选择排列方式
Rotate	逆时针旋转 90°
Find	查找
Global Replace	群组替换
Add Part(s) To Group	增加元件到群组中
Remove Part(s) From Group	从群组中移除元件

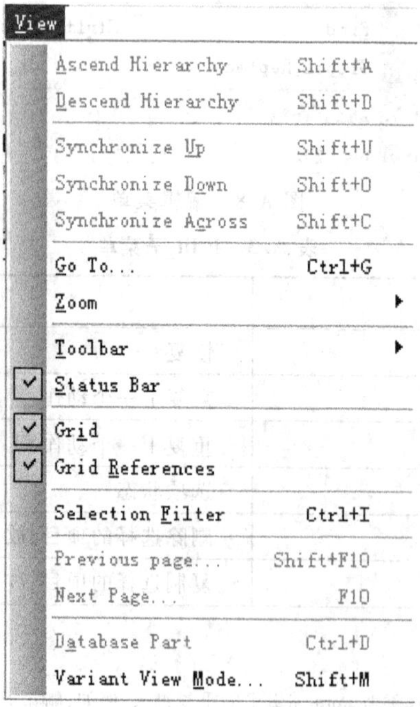

图 A.9　查看菜单

表 A.4 View 子菜单

命令	功能
Ascend Hierarchy	移动到上层原理图页
Descend Hierarchy	移动到下层原理图页
Synchronize Up	往上同步
Synchronize Down	往下同步
Synchronize Across	互相同步
Go To	跳到某个位置
Zoom	改变画面大小
Toolbar	显示工作列
Status Bar	显示状态栏
Grid	网格是否要显示
Grid References	网格线参考位置是否要显示
Selection Filter	选择元件过滤器
Previous page	前面原理图页
Next Page	下一个原理图页
Database Part	看选择元件的数据库特性
Variant View Mode	变体查看模式

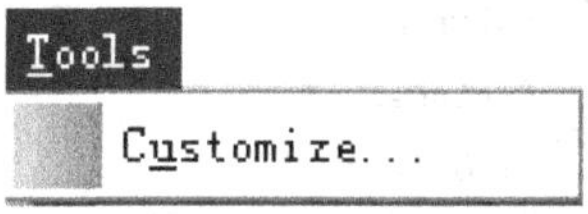

图 A.10 工具菜单

5. Place(放置)子菜单

Place 子菜单包含的各种操作命令如图 A.11 所示,各功能如表 A.5 所示。

6. Macro 子菜单

Macro 子菜单包含的宏操作命令如图 A.12 所示,各功能如表 A.6 所示,类似于摄像机,可以用来记录操作过程。

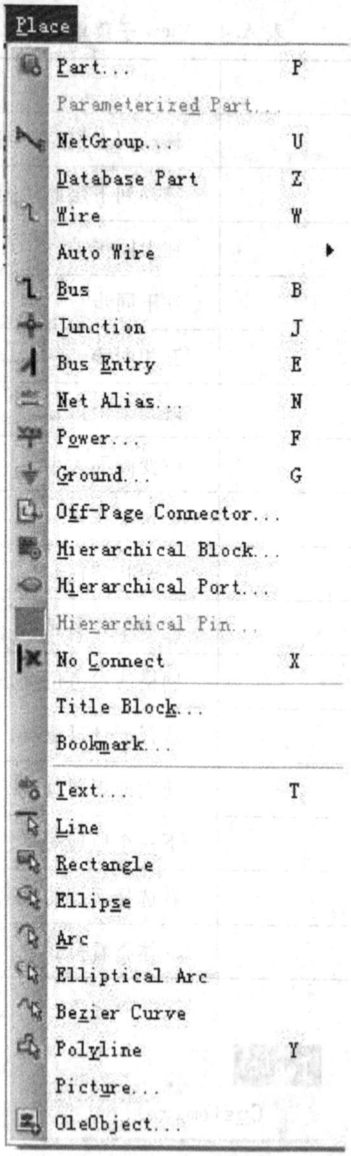

图 A.11 放置菜单

表 A.5 Place 子菜单

命令	功能
Part	放置元件
Parameterized Part	放置参数化元件
Database Part	放置数据库元件

续表

命令	功能
Wire	画线
Bus	画总线
Junction	放置结点
Bus Entry	放置总线的输入输出端口
Net Alias	放置结点名称
Power	放置电源元件
Ground	放置接地元件
Off - Page Connector	放置 Off - Page 连接器
Hierarchical Block	放置层次方格
Hierarchical Port	放置层次输入输出端口
Hierarchical Pin	放置层次引脚
No Connect	放置不连接元件
Title Block	放置标题方格
Bookmark	放置 Bookmark
Text	放置文字
Line	画线
Rectangle	画长方形
Ellipse	画椭圆
Arc	画圆弧
Polyline	放置多边折线
Picture	放置图形

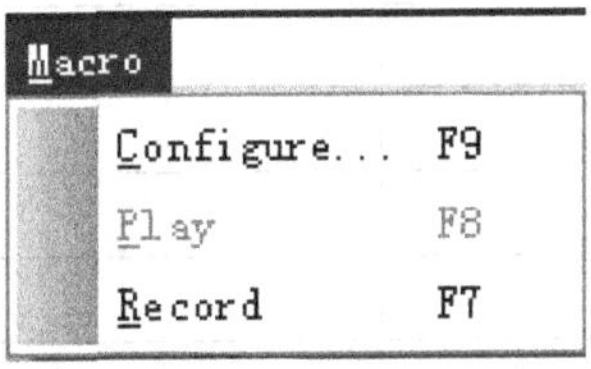

图 A. 12　宏菜单

表 A.6 Macro 子菜单

命令	功能
Configure	宏文件管理
Play	播放宏
Record	记录宏内容

7. PSpice 子菜单

PSpice 子菜单提供了原理图编辑环境与 PSpice 仿真环境的接口,其包含的操作命令如图 A.13 所示,各功能如表 A.7 所示。

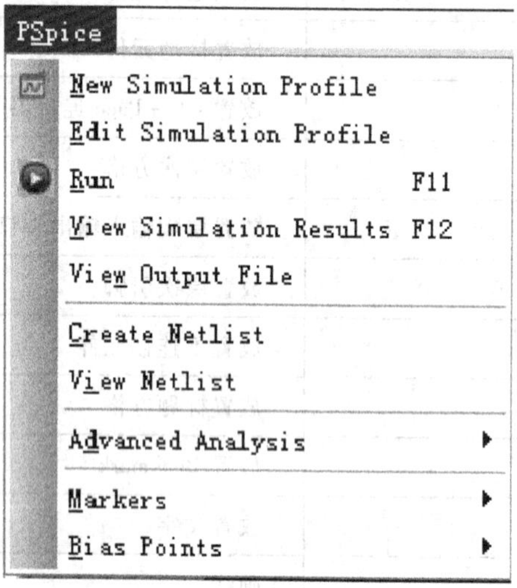

图 A.13 PSpice 菜单

表 A.7 PSpice 子菜单

命令	功能
New Simulation Profile	创建新的仿真
Edit Simulation Profile	编辑仿真
Run	执行
View Simulation Results	观看分析结果
View Output File	观看输出文件内容
Create Netlist	产生网表文件
View Netlist	观看网表文件
Advanced Analysis	高级分析
Markers	放置探针
Bias Points	偏压点设置

8. Accessories(附件)子菜单

Accessories 菜单包含的操作命令如图 A. 14 所示,第一个命令用于软件环境中的字符操作,第二个命令链接到 Cadence 的产品介绍开始页面。

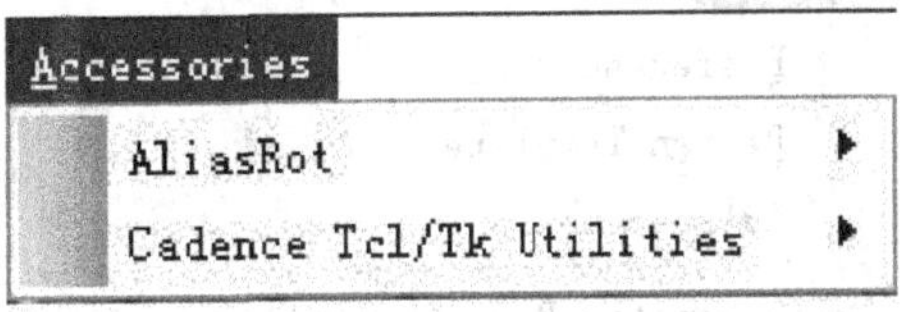

图 A. 14　附件菜单

9. Options(选项)子菜单

Options 菜单包含的操作命令如图 A. 15 所示,各功能如表 A. 8 所示。

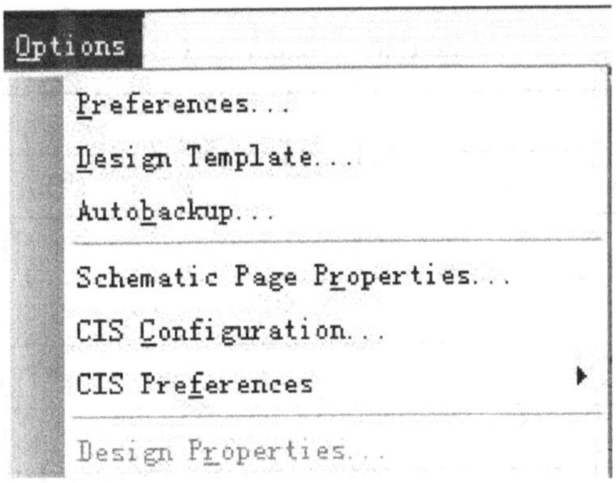

图 A. 15　选项菜单

表 A. 8　Options 子菜单

命令	功能
Preferences	选择设置
Design Template	设计模板
Autobackup	设置多层备份
Schematic Page Properties	原理图页的特性
CIS Configuration	产生或编辑 CIS 配置文件
CIS Preferences	设置 CIS 支持连接
Design Properties	设计特性

10. Window(窗口)子菜单

Window 子菜单包含的操作命令如图 A.16 所示,各功能如表 A.9 所示。

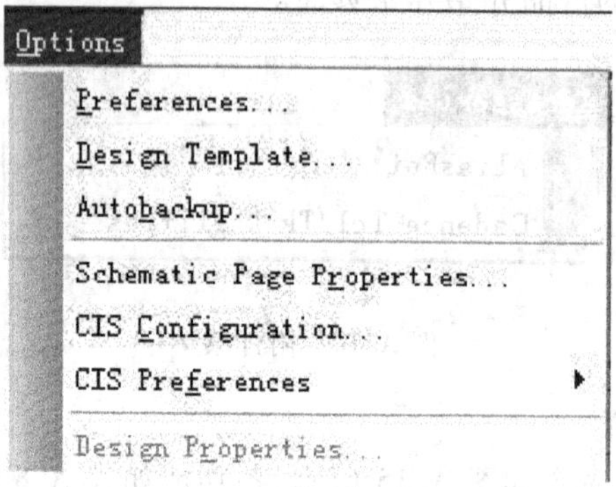

图 A.16 窗口菜单

表 A.9 Window 子菜单

命令	功能
New Window	打开新的窗口
Cascade	窗口列表放置
Tile Horizontally	窗口水平分割
Tile Vertically	窗口垂直分割
Arrange Icons	图标排列

11. Help(帮助)子菜单

Help 子菜单包含的操作命令如图 A.17 所示,各功能如表 A.10 所示。

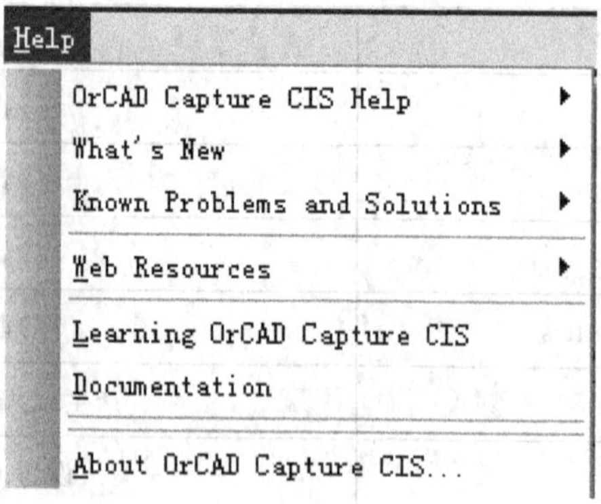

图 A.17 帮助菜单

表 A. 10　Help 子菜单

命令	功能
OrCAD Capture CIS Help	打开 OrCAD Capture CIS 帮助文档
What's New	打开新加入功能简介文档
Know Problems and Solutions	打开软件使用已知问题和解答文档
Web Resources	打开网络资源
Learning OrCAD Capture CIS	打开 OrCAD Capture CIS 课程学习
Documentation	打开在线文件
About OrCAD Capture CIS	有关 OrCAD Capture CIS 说明

12. 绘制原理图右侧快捷图标

绘制原理图右侧快捷图标如表 A. 11 所示。

表 A. 11　绘制原理图快捷图标

图标	功能
	画元件的连接导线
	自动连接两点
	自动连接到总线
	画总线
	画总线入口
	放置接地
	放置端口
	放置 Off - Page 连接器
	画线
	画长方形
	画弧线
	画曲线
	添加元件
	自动连接多个端点
	给连线命名

续表

图标	功能
	放置结点
	放置电源
	放置层次方格
	放置不连接元件
	放置多边折线
	画椭圆
	画圆弧
	放置文字

A.3 快 捷 键

在原理图编辑窗口中,还可以通过表 A.12 所示的快捷键加快原理图编辑速度。

表 A.12 快 捷 键

快捷键	功能	快捷键	功能
I	放大	B	放置总线 On/Off
O	缩小	E	放置总线端口
C	以光标所指为新的窗口显示中心	Y	画多边形
W	画线 On/Off	T	放置 TEXT
P	快速放置元件	PageUp	上移一个窗口
R	元件旋转 90°	Ctrl + PageUp	左移一个窗口
N	放置网络标号	PageDn	下移一个窗口
J	放置结点 On/Off	Ctrl + PageDn	右移一个窗口
F	放置电源	Ctrl + F	查找元件
H	元件标号左右翻转	Ctrl + E	编辑元件属性
V	元件标号上下翻转	Ctrl + C	复制
R	元件旋转 90°	Ctrl + V	粘贴
G	放置地	Ctrl + Z	撤销操作

A.4 Plot Window 图形显示环境下功能函数

为方便用户对基本仿真数据进行分析和处理，Plot Window 环境下，当执行“Add Traces”或“Modify Trace”命令时，其对话框的右侧的“Functions or Macros”栏提供了如表 A.13 至表 A.16 所示的部分功能函数。当然，用户也可以自定义特性函数，更多的信息请参考软件使用手册。

1. 模拟运算符和功能函数(Analog Operators and Functions)

表 A.13 功 能 函 数

表达式	功能意义
( )	分组
+	加
-	减
*	乘
/	除
#	涉及波形窗口中已添加的迹线
@	at a specific section and/or data file
ABS(x)	x 的绝对值
ARCTAN(x)	x 的反正切函数
ATAN(x)	x 的反正切函数，与 ARCTAN(x) 相同
AVG(x)	变量 x 在水平轴变化范围内的平均值
AVGX(x,d)	变量 x/d 在水平轴变化范围内的平均值
COS(x)	余弦函数 $\cos(x)$
D(x)	变量 x 关于水平轴变量的导数
DB(x)	$20\lg\|x\|$
ENVMAX(x,d)	向量 x 的最大值，d 是落在定义顶点两边，且比定义的顶点值小的点的数目。
ENVMIN(x,d)	向量 x 的最小值，d 是落在定义顶点两边，且比定义的顶点值小的点的数目。
EXP(x)	以 e 为底的指数函数 e^x
G(x)	x 的群延迟量
IMG(x)	x 的虚部
LOG(x)	以 e 为底的对数

续表

表达式	功能意义
LOG10(x)	以10为底的对数
M(x)	x的幅值
MAX(x,y)	x,y中的最大值
MIN(x,y)	x,y中的最小值
P(x)	x的相位
PWR(x,y)	x绝对值的y次方
R(x)	x的实部
RMS(x)	$\|x\|$的方根值
S(y)	相对于x对y求积分
SGN(x)	结果为 +1(若$x>0$)或 -1(若$x<0$)或 0(若$x=0$)
SIN(x)	正弦函数$\sin(x)$
SQRT(x)	x的平方根
TAN(x)	正切函数$\tan(x)$

2. 宏(Macros)

表A.14 宏

宏符号	参数值
Pi	3.141 592 65

3. 图形窗口模板(Plot Window Templates)

表A.15 波形窗口模板

模板名	说明
3 dB Bandwidth - Band pass[multi - run](1)	计算波形的3 dB带宽
3 dB cut - off frequency - High pass[multi - run](1)	计算高通滤波器3 dB截止频率
3dB cut - off frequency - Low pass[multi - run](1)	计算低通滤波器3 dB截止频率
Admittance(1,2)	计算导纳
Average(1)	计算平均值

续表

模板名	说明
Bode Polt - dual Y axes(1)	在同一个窗口中同时给出幅度和相位
Bode Polt - separate(1)	在不同窗口中同时给出幅度和相位
Bode Polt dB - dual Y axes(1)	在同一个窗口中给出幅度 dB 值和相位
Bode Polt dB - separate(1)	在不同窗口中给出幅度 dB 值和相位
Conductance(1,2)	计算电导
Current Gain(1,2)	计算电流增益
DC Voltage Gain(1,2)	计算直流电压增益
Derivative(1)	求导数
Falltime of Step Response[multi - run](1)	计算负向阶跃响应曲线的下降时间
First Peak[multi - run](1)	计算第一个峰值
Fourier Transform(1)	傅里叶变换
Impedance(1,2)	计算阻抗
Integral(1)	计算积分
Log - Linear(1)	x 轴为线性坐标,y 轴为对数坐标
Log - Log(1)	x 轴、y 轴均为对数坐标
Nyquist Plot(1)	奈奎斯特图
Overshoot of Step Response[multi - run]	阶跃响应的过冲
Period[multi - run](1)	计算周期
Phase Difference(1,2)	计算相位差
Resistance(1,2)	计算电阻
Risetime of Step Response[multi - run](1)	计算阶跃响应曲线的上升时间
Rms(1)	计算方根值
Square Root(1)	计算平方根
Voltage Gain(1,2)	计算电压增益

4. 测量函数(Measurements)

表 A.16 测 量 函 数

函数名	说明
Bandwidth(1,db_leval)	计算波形带宽(用户选择带宽对应的分贝数)
Bandwidth Bandpass_3 dB(1)	计算波形 3 dB 带宽

续表

函数名	说明
Bandwidth Bandpass_3 dB_XRange(1,begin_x,end_x)	在指定的 X 范围内计算波形 3 dB 带宽
Center Frequency(1,db_level)	计算波形中心频率(用户选择中心频率对应的分贝数)
Center Frequency_Xrange(1,db_level,begin_x,end_x)	在指定的 X 范围内计算波形中心频率(用户选择中心频率对应的分贝数)
Conversion Gain(1,2)	第一个波形的最大值与第二个波形的最大值之比
ConversionGain_XRange(1,2,begin_x,end_x)	在指定的 X 范围内计算第一个波形的最大值与第二个波形的最大值之比
Cutoff_Highpass_3 dB(1)	高通滤波器 3 dB 截止频率
Cutoff_Highpass_3 dB_XRange(1,begin_x,end_x)	在指定的 X 范围内计算高通滤波器 3 dB 截止频率
Cutoff_Lowpass_3 dB(1)	低通滤波器 3 dB 截止频率
Cutoff_Lowpass_3 dB_XRange(1,begin_x,end_x)	在指定的 X 范围内计算低通滤波器 3 dB 截止频率
DutyCycle(1)	计算第一个脉冲、周期的 Duty cycle
DutyCycle_XRange(1,begin_x,end_x)	在指定的 X 范围内计算第一个脉冲、周期的 Duty cycle
Falltime_NoOvershoot(1)	无过脉冲情况阶跃响应曲线的下降时间
Falltime_StepResponse(1)	负向阶跃响应曲线的下降时间
Falltime_StepResponse_XRange(1,begin_x,end_x)	在指定的 X 范围内负向阶跃响应曲线的下降时间
GainMargin(1,2)	在第一个 180°相位时的增益容限(允许增益失真限度的 dB 形式)
Max(1)	波形最大值
Max_XRange(1,begin_x,end_x)	在指定的 X 范围内计算波形最大值
Min(1)	波形最小值
Min_XRange(1,begin_x,end_x)	在指定的 X 范围内计算波形最小值
Nth_Duty_cycle(1,n_occur)	波形的第 N 个周期
NthPeak(1,n_occur)	波形的第 N 个峰值
Overshoot(1)	阶跃响应曲线的过脉冲

续表

函数名	说明
Overshoot_XRange(1,begin_x,end_x)	在指定的 X 范围内阶跃响应曲线的过脉冲
Peak(1,n_occur)	波形的第 N 个峰值(与 NthPeak 功能相同)
Period(1)	时域信号的周期
Period_XRange(1,begin_x,end_x)	在指定的 X 范围内时域信号的周期
PhaseMargin(1,2)	计算相位容限(允许相位失真限度)
PowerDissipation_mW(1,Period)	最后一个周期中的总功耗(以 mW 为单位)
Pulsewidth(1)	计算第一个脉冲的宽度
Pulsewidth_XRange(1,begin_x,end_x)	在指定的 X 范围内计算第一个脉冲的宽度
Q_Bandpass(1,db_level)	计算带通响应曲线的 Q 值(中心频率与带宽之比,用户选择 Q 值对应的 dB 数)
Q_Bandpass_XRange(1,db_level,begin_x,end_x)	在指定的 X 范围内计算带通响应曲线的 Q 值(中心频率与带宽之比,用户选择 Q 值对应的 dB 数)
Risetime_NoOvershoot(1)	无过脉冲情况下阶跃响应曲线的上升时间
Risetime_StepResponse(1)	阶跃响应曲线的上升时间
Risetime_StepResponse_XRange(1,begin_x,end_x)	在指定的 X 范围内计算阶跃响应曲线的上升时间
SettlingTime(1,SBAND,PERCENT)	在指定的带宽内计算从 X 到阶跃响应曲线的响应时间
SettlingTime_XRange(1,SBAND,PERCENT,begin_x,end_x)	在指定带宽和 X 范围内计算从 X 到阶跃响应曲线的响应时间
SlewRate_Fall(1)	负向阶跃响应曲线的响应速率
SlewRate_Fall_XRange(1,begin_x,end_x)	在指定的 X 范围内计算负向阶跃响应曲线的响应速率
SlewRate_Rise(1)	正向阶跃响应曲线的响应速率
SlewRate_Rise_XRange(1,begin_x,end_x)	在指定的 X 范围内计算正向阶跃响应曲线的响应速率
Swing_XRange(1,begin_x,end_x)	在指定的 X 范围内计算波形的最大值和最小值之差
XatNthY(1,Y_value,n_occur)	在指定波形中,计算出与 X 轴相对应的若干 Y 轴的值

续表

函数名	说明
XatNthY_NegativeSlope(1,Y_value,n_occur)	在指定波形中,计算出与 X 轴相对应的若干 Y 轴的负向斜率值
XatNthY_PercentYRage(1,Y_pct,n_occur)	在指定的 Y 轴范围内(百分比形式)计算出于 X 轴相对应的若干 Y 轴的值,特殊情况下 $Y=Y_{min}+(Y_{max}-Y_{min})*Y\_pct/100$
XatNthY_PositiveSlope(1,Y_value,n_occur)	在指定波形 X 轴范围内(百分比形式)的与 X 值相对应的 Y 值
YatFirstX(1)	计算指定 X 范围波形起点处的 Y 坐标值
YatLastX(1)	计算指定 X 范围波形终点处的 Y 坐标值
YatX(1,X_value)	波形上与指定 X 值相对应的 Y 值
YatX_PercentXRange(1,X_pct)	指定波形 X 轴范围内(百分比形式)的与 X 值相对应的 Y 值
ZeroCross(1)	计算波形第一次与 Y 轴相交处的 X 坐标值
ZeroCross_XRange(1,begin_x,end_x)	在指定的 X 范围内计算波形第一次与 Y 轴相交处的 X 坐标值

附录 B　PSpice 中的有关规定

B.1　数字和单位

PSpice 中的数字采用科学表示方式，可以使用整数，如 12，-5；小数，如 2.384 5，5.986 01；或者以 10 为底的指数。用指数表示时，底数 10 用字母 E 来表示，如 6E-14，3.743E+3。对于比较大或比较小的数字，也可在整数或浮点数后面跟比例因子，如 10.18K，表 B.1 列出了可采用的 10 种比例因子。

例如 1 000、1E3 和 1K 都表示同一个数。

特别注意：

（1）比例因子可用大写也可用小写，含义是一样的，如 m 和 M 都表示 10^{-3}。而国标规定，m 表示 10^{-3}，M 表示 10^{6}，我们通常的习惯也是这样。为了防止混淆，在该软件中用 MEG 表示 10^{6}。这一点在使用时应特别小心，稍一疏忽就会出错。

（2）比例因子只能用英文字母，如 10^{-6} 用 U 或 u 表示，而国标规定 10^{-6} 用 μ 表示。这一点在使用时也应注意，如电容容量 $C=1\times10^{-6}$ F，应写成 $C=1$ u（或 1 U）。

表 B.1　OrCAD/PSpice 16.5 中采用的比例因子

符号	比例因子	名称	国家标准
F	10^{-15}	飞	f
P	10^{-12}	皮	p
N	10^{-9}	纳	n
U	10^{-6}	微	μ
MIL	25.4×10^{-6}	密耳	-
M	10^{-3}	毫	m
K	10^{3}	千	k
MEG	10^{6}	兆	M
G	10^{9}	吉	G
T	10^{12}	太	T

PSpice 中以工程单位 m、kg 和 s 为基本单位,采用的是实用工程单位制,如电压用 V(伏)、电流用 A(安)、电阻用 Ω(欧)、功率用 W(瓦)等。在运行中,PSpice 会根据具体对象自动确定其单位。用户在输入数据时,代表单位的字母可以省去。例如给电压源赋值时,键入 12 和 12 V 意思一样;表示频率时,1 000 Hz,1 000,1 E+3,1 k,1 kHz 都表示同一个频率值;同样,W、A 等标准单位在描述时均可省略。

B.2 分隔符

在 PSpice 的有关编辑窗中输入多个参数值或表达式时,数值之间或表达式之间用逗号或空格分开,多个空格等效于一个空格。

B.3 表达式编写规则

PSpice 中可以用表达式定义元器件参数值。参数值以变量或表达式出现时要用花括号"{ }"括起来。例如:{SIN(5)},{254 * 3.8}。

B.4 常用的元器件类别及其字母代号(按字母顺序)

表 B.2 元器件类别及其字母代号

字母代号	元器件类别	字母代号	元器件类别
B	GaAs 场效应晶体管	N	数字输入
C	电容	O	数字输出
D	二极管	Q	双极晶体管
E	电压控制电压源	R	电阻
F	电流控制电流源	S	电压控制开关
G	电压控制电流源	T	传输线
H	电流控制电压源	U	数字电路单元
I	独立电流源	USTIM	数字电路激励信号源
J	结型场效应管(JFET)	V	独立电压源
K	互感(磁芯)、传输线耦合	W	电流控制开关
L	电感	X	单元子电路调用
M	MOS 场效应管(MOSFET)	Z	绝缘栅双极晶体管(IGBT)

B.5 PSpice 元器件库

1. PSpiceA/D 支持的元器件类型

(1) 基本无源元件，如电阻、电容、电感、互感、传输线等。

(2) 常用的半导体器件，如二极管、双极晶体管、结型场效应管、MOS 场效型管、GaAs 场效型管、绝缘栅双极晶体管(IGBT)。

(3) 独立电压源和独立电流源。

(4) 各种受控电压源、电流源及受控开关。

(5) 基本数字逻辑单元，包括门电路、传输门、延迟线、触发器、RAM、ROM 等。

(6) 常用的单元电路，如运算放大器。

2. 元器件库

当点击添加库按钮时，出现图 B.1 所示的界面，PSpice 文件夹中的库如图 B.2 所示。

图 B.1 元器件库

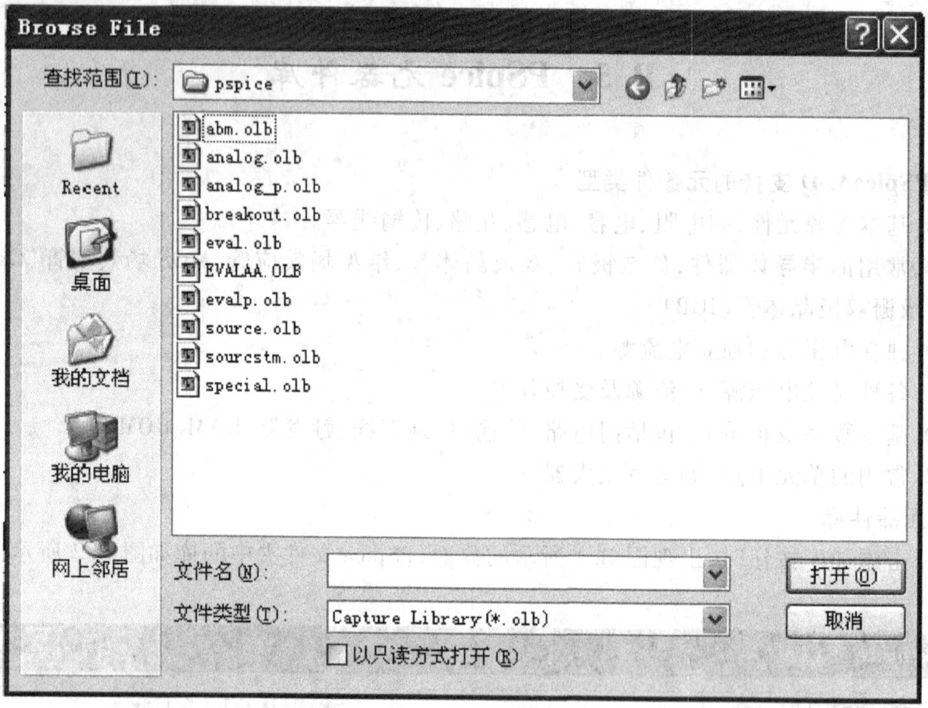

图 B.2 PSpice 库

下面介绍 Library 中每个库所包含的元器件，图 B.1 和图 B.2 中的库分别如表 B.3 和 B.4 所示。

表 B.3 Library 目录下库说明

库名	说明
Amplifier.olb	存放模拟放大器 IC，如 CA3280，TL027C，EL4093 等。
Arithmetic.olb	存放逻辑运算 IC，如 TC4032B，74LS85 等。
ATOD.OLB	存放 A/D 转换 IC，如 ADC0804，TC7109 等。
BusDriverTransceiver.olb	存放汇流排驱动 IC，如 74LS244，74LS373 等数字 IC。
capsym.olb	存放电源、地、输入输出口、标题栏等。
Connector.olb	存放连接器，如 4 HEADER、CON AT62、RCA JACK 等。
Counter.olb	存放计数器 IC，如 74LS90、CD4040B。
Discrete.olb	存放分立式元件，如电阻、电容、电感、开关、变压器等常用零件。
DRAM.OLB	存放动态存储器，如 TMS44C256，MN-10 等。
ElectroMechanical.olb	存放马达，断路器等电机类元件。

续表

库名	说明
FIFO. OLB	存放先进先出资料暂存器,如,SN74LS232。
Filter. olb	存放滤波器类元件,如 MAX270,LTC1065 等。
FPGA. OLB	存放可编程逻辑器件,如 XC6216/LCC。
Gate. olb	存放逻辑门(含 CMOS 和 TTL)。
Latch. olb	存放锁存器,如 4013、74LS73、74LS76 等。
LineDriverReceiver. olb	存放线控驱动与接收器。如 SN、DS275 等。
Mechanical. olb	存放机构图件,如 M HOLE 2、PGASOC - 15 - F 等。
MicroProcessor. olb	存放微处理器,如 Z 等。
Misc2. olb	存放杂项图件,如 TP3071、ZSD100 等未分类零件。
Misc3. olb	存放杂项图件,如 MAX861、M54939 等未分类零件。
Misc. olb	存放杂项图件,如电表(METER MA),微处理器周边(Z80 - DMA)等未分类的零件。
MiscLinear. olb	存放线性杂项图件(未分类),如 4127、VFC32 等。
MiscMemory. olb	存放记忆体杂项图件(未分类),如 28F020、X76F041 等。
MiscPower. olb	存放高功率杂项图件(未分类),如 REF - 01、PWR505、TPS 等。
MuxDecoder. olb	存放解码器,如 4511、4555、74AC157 等。
OPAmp. olb	存放运放,如 101、1458、UA741 等。
PassiveFilter. olb	存放被动式滤波器,如 DIGNSFILTER、RS1517T、LINE FILTER 等。
PLD. OLB	存放可编程逻辑器件,如 22V10、10H8 等。
PROM. OLB	存放只读记忆体运算放大器,如 18SA46、XL93C46 等。
Regulator. olb	存放稳压 IC,如 78xxx、79xxx 等。
ShiftRegister. olb	存放移位寄存器,如 4006、SNLS91 等。
SRAM. OLB	存放静态存储器,如 MCM6164、P4C116 等。
Transistor. olb	存放晶体管(含 FET,UJT,PUT 等),如 2N2222A、2N2905 等。

表 B.4 Library 子目录 PSpice 下库说明

库名	说明
abm. olb	存放各种数学运算单元,如 cos、sin、log、hipass、lopass 等。
analog. olb	存放模拟电路中的各种无源元件,如电阻、电容、电感和受控源等。
analog_p. olb	存放模拟电路中无源元件,如电阻、电容、电感。

续表

库名	说明
breakout. olb	存放用于最坏情况分析的元件,如 RAM、ROM、POT (滑动变阻器)等。
eval. olb	存放模拟电路中的有源元件,如 d、J2N3819、LM111 等。
EVALAA. OLB	存放模拟电路中的有源和无源器件,如 R、L、C 和 VN2222 等。
evalp. olb	存放二极管和三极管,如 PBJN 和 PDIODE。
source. olb	存放各种电源符号及激励信号,如 VDC、IDC 等。
sourcstm. olb	存放数字仿真信号源,如 VSTIM、ISTIM 等。
special. olb	存放特殊元件,如 print、param、IC、nodeset、include 等与仿真功能、设置等相关的元件。

参考文献

[1] 教育部高等学校电子电气基础课程教学指导分委员会. 电子电气基础课程教学基本要求[M]. 北京:高等教育出版社,2011.

[2] 王志功,沈永朝. 电路与电子线路基础(电路部分)[M]. 北京:高等教育出版社,2012.

[3] 邱关源,罗先觉. 电路[M]. 5 版. 北京:高等教育出版社,2006.

[4] 于歆杰,朱桂萍,陆文娟. 电路原理[M]. 北京:清华大学出版社,2007.

[5] 李翰荪. 电路分析基础(上、下册)[M]. 5 版. 北京:高等教育出版社,2006.

[6] 王松林. 电路基础[M]. 西安:西安电子科技大学出版社,2008.

[7] 杨华中,罗嵘,汪惠. 电子电路的计算机辅助分析与设计方法[M]. 北京:清华大学出版社,2008.

[8] 潘银松. 电子电路 CAD[M]. 重庆:重庆大学出版社,2007.

[9] 王辅春. 电子电路 CAD 与 OrCAD 教程[M]. 北京:机械工业出版社,2005.

[10] 贾新章,武岳山. 电子电路 CAD 技术:基于 OrCAD 9.2 [M]. 西安:西安电子科技大学出版社,2002.

[11] 刘明章. PSpice 电路设计与分析[M]. 北京:国防工业出版社,2010.

[12] 李永平. PSpice 电路仿真程序设计[M]. 北京:国防工业出版社,2006.

[13] 刘明山. 电子电路 CAD 与 OrCAD 技术[M]. 北京:机械工业出版社,2009.

[14] 汪建民. PSpice 电路设计与应用[M]. 北京:国防工业出版社,2007.

[15] 周润景,张丽娜,王志军. PSpice 电子电路设计与分析[M]. 北京:机械工业出版社,2011.

[16] Cadence. PSpice Help Product Version 16.5.2011.